高职高专电子信息类"十一五"规划教材

自动控制原理与应用

主　编　高金玉
副主编　李常峰
主　审　刘雨棣

西安电子科技大学出版社

2009

内 容 简 介

　　本书全面阐述了自动控制系统的基本理论及应用。全书共七章,其中前六章主要讲述线性定常连续系统的建模、分析、校正等内容,第 7 章为线性离散系统的分析与设计。全书主要内容包括:线性系统数学模型、时域响应分析、根轨迹分析、频域特性分析、控制系统校正、采样控制系统,以及在 MATLAB 支持下对控制系统的计算机辅助分析与设计。全书内容取材新颖,阐述深入浅出,为了便于自学,各章均有丰富的例题和习题。

　　本书可作为高职高专院校电气自动化技术、仪表及测试、机械、动力及冶金等专业的教材,也可作为相关人员的自学教材。

　　★ 本书配有电子教案,需要者可与出版社联系,免费提供。

图书在版编目(CIP)数据

　　自动控制原理与应用/高金玉主编. —西安:西安电子科技大学出版社,2009.8
　　高职高专电子信息类"十一五"规划教材
　　ISBN 978 - 7 - 5606 - 2251 - 4

　　Ⅰ. 自… Ⅱ. 高… Ⅲ. 自动控制理论-高等学校-教材 Ⅳ. TP13

中国版本图书馆 CIP 数据核字(2009)第 124830 号

策　　划　寇向宏
责任编辑　邵汉平　寇向宏
出版发行　西安电子科技大学出版社(西安市太白南路 2 号)
电　　话　(029)88242885　88201467　　邮　编　710071
网　　址　www. xduph. com　　　　电子邮箱　xdupfxb001@163.com
经　　销　新华书店
印刷单位　陕西天意印务有限责任公司
版　　次　2009 年 8 月第 1 版　　2009 年 8 月第 1 次印刷
开　　本　787 毫米×1092 毫米　1/16　印张 16.5
字　　数　386 千字
印　　数　1~4000 册
定　　价　24.00 元

ISBN 978 - 7 - 5606 - 2251 - 4/TP · 1145

XDUP 2543001 - 1

前　言

　　自动控制技术广泛应用于工农业生产、交通运输和国防建设的各个领域。自动控制技术以控制理论为基础，以计算机为手段，解决了一系列高科技难题，诸如宇宙航行、航空航天工程、导弹制导与导弹防御体系等领域的一些高精度控制问题，在科学技术现代化的发展与创新过程中，发挥着越来越重要的作用。

　　"自动控制原理"是自动化学科的重要理论基础，是专门研究有关自动控制系统中基本概念、基本原理和基本方法的一门课程，是电气自动化技术专业的一门核心基础理论课程。学好自动控制理论对掌握自动化技术有着重要的作用。本书从基本概念、基本分析方法入手，结合生产和生活中的实例，以时域分析方法为主线，时域分析和频域分析并进，利用直观的物理概念，使学生充分理解系统参数与系统指标之间的内在联系，由浅入深地引导学生理解和掌握经典控制理论的精髓。

　　本书是根据电气自动化技术专业"自动控制原理"的教学大纲编写而成的，适用于自动化专业及其它电气信息类学生使用。在编写过程中，编者充分注意到以下几点：

　　（1）注重体系的基本结构，强调控制理论的基本概念、基本原理和基本方法，内容精练，重点突出，不以细节为主。

　　（2）以学生为本，加强能力培养，遵照认知规律，内容叙述力求深入浅出、层次分明；注意理论的完整性与工程实用性相结合，培养学生的工程意识。

　　（3）引入了风靡世界的 MATLAB 软件来实现控制系统的辅助分析和设计，以培养学生现代化的分析与设计能力，适应 21 世纪教学现代化的发展要求。

　　（4）为了便于不同层次的学生和读者自学，各章都有较丰富的、有难度层次的典型例题和习题，并有部分习题需应用 MATLAB 求解。

　　为适应教学要求，针对本门课程的特点，对自动控制理论的内容及习题做了精选，例题量大，便于练习掌握。引入 MATLAB 软件来解决自控原理中复杂的计算问题，简化了解题难度，有利于课堂理论教学向实际工程实践过渡；同时，采用 MATLAB 生成图形提高了绘图精度，便于学生深刻了解变化细节和变化过程。本书在编排上，一方面只介绍古典控制论，这样的结构学生容易接受；另一方面，对内容做了精选，以介绍基础性的理论为重点。随着科学技术的飞速发展，学生要学习的知识越来越多，对于控制理论这样的基础课，学时数没必要太多，只要求学生了解或掌握一种分析系统性能的数学方法而已。不同的学校可根据实际计划学时，选择不同的章节学习，对其余内容可开选修课。

　　本书由山东信息职业技术学院高金玉任主编，济南职业学院李常峰任副主编，西安航空技术高等专科学校刘雨棣任主审。参加编写的人员有：山东信息职业技术学院赵钿（第3、5、6章），高金玉（第1、2章），李常峰（第4、7章），全书由高金玉统稿。在审稿会上，主编、主审及参编又对书稿进行了认真细致的审阅、修改和订正，进一步提高了本书的质量。在此，对各位老师的辛勤参与以及有关院校和西安电子科技大学出版社的大力支持，一并致以诚挚的感谢。

限于作者水平，且时间较紧，书中难免有不妥之处，敬请各位读者批评指正，便于进一步修订与完善。

编　者

2009 年 3 月

目　　录

第1章 绪 论

本章要点

- 自动控制系统的基本控制方式；
- 自动控制系统的分类和基本性能要求；
- MATLAB 7.0 软件的基本介绍。

本章难点

- 自动控制系统的基本控制方式、分类和性能要求；
- MATLAB 7.0 软件的应用。

1.1 自动控制系统的一般概念

所谓自动控制是指在没有人直接参与的情况下，利用控制装置（或控制器）操作被控对象的某个状态或参数，使其按预设定的规律自动运行。

自动控制技术在工农业生产、军事及航空航天领域都得到了广泛应用。例如，在工业上，机器设备的速度控制，锅炉的温度和压力控制，数控机床按照预定的程序自动地切削工件等；在军事上，雷达和火炮自动跟踪目标的随动控制，导弹自动制导控制等；在航空航天方面，人造卫星及宇宙飞船能准确地进入预定轨道并返回地面控制等，都是自动控制技术的具体应用。

在这些自动控制系统实例中，尽管功能、结构不同，但它们都由控制装置和被控对象组成，我们称之为系统。

自动控制原理是研究自动控制技术的基础理论，主要研究自动控制系统的组成、分析与设计。其发展过程一般可分为以下三个阶段：

（1）20 世纪 40～60 年代，称为"经典控制理论"时期。经典控制理论主要解决单输入单输出问题，主要采用传递函数、频率特性、根轨迹为基础的频域分析方法。此阶段所研究的系统大多是线性定常系统；对非线性系统，分析时采用的相平面法一般不超过两个变量。

（2）20 世纪 60～70 年代，称为"现代控制理论"时期。在这个时期，计算机技术的飞速发展推动了自动控制技术的发展。此阶段所采用的状态空间法，可以解决多输入多输出问题；系统既可以是线性的、定常的，也可以是非线性的、时变的。

（3）20 世纪 70 年代末至今，控制理论主要在"大系统理论"和"智能控制"方面发展。前者是用控制和信息的观念，研究各种大系统的结构方案、总体设计中的分解方法和协调等问题的技术理论；后者研究与模拟人类智能活动及其信息传递过程的规律，研究人工智能的工程控制与信息处理系统。

近年来，随着计算机和信息技术的迅速发展，自动控制理论的发展已经超越了学科界限，朝着以控制论、信息论和仿生学为基础的智能控制方向发展。

1.2　自动控制系统的基本控制方式

自动控制系统的形式是多种多样的，对于某一个具体的系统，采用什么样的控制手段，要视具体的用途和目的而定。

1.2.1　开环控制方式

开环控制是一种最简单的控制方式，其特点是，在控制器与被控对象之间只有正向控制作用而没有反馈控制作用，即系统的输出量对控制量没有影响。开环控制系统的框图如图 1-1 所示。

图 1-1　开环控制系统

由图可见，这种控制系统结构简单，对于每一个参考输入量，都有一个相应的输出量与之对应。系统的精度主要取决于元器件的精度、系统的调整精度及被控对象的状态。

当系统的内部干扰和外部干扰影响不大、精度要求不高时，可采用开环控制方式。这种控制系统由于没有输出反馈，对控制量没有任何影响，因此系统没有消除或减少偏差的功能，这是开环系统最大的缺点。

例如，图 1-2(a)是一个直流电动机开环控制系统。图中，电动机是电枢控制的直流电动机，要求带动负载以一定的转速转动。其电枢电压由功率放大器提供，当调节电位器滑臂位置时，可以改变功率放大器的输入电压，从而改变电动机的电枢电压，最终改变电动机的转速。图 1-2(b)是它的框图，该系统的控制精度完全取决于所用元件性能的优劣及校准的精度。

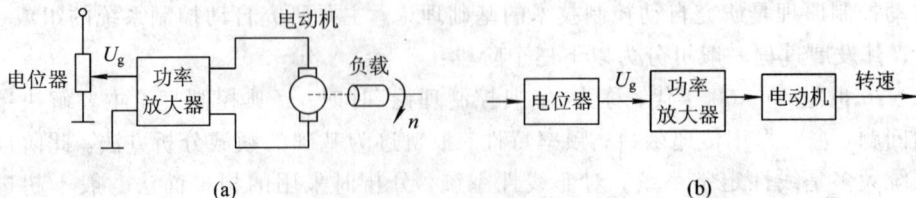

(a)　　　　　　　　　　　　　　　(b)

图 1-2　开环直流调速系统

这种开环控制方式的作用路径不闭合，结构简单、调整方便、成本低，应用在很多场合，如自动售货机、自动洗衣机、数控机床等。

1.2.2 闭环控制方式

若将输出量反馈到系统的输入端，并与参考输入量进行比较，则构成闭环控制系统，框图如图 1-3 所示。其特点是，控制作用不是直接来自给定输入，而是系统的偏差信号，由偏差信号对控制对象进行控制；系统被控量的反馈信息又反过来影响系统的偏差信号，即影响控制作用的大小。这种自成循环的控制作用使信息的传递路径形成一个闭环。闭环控制的实质是利用负反馈作用来减小系统的输出误差，故又称闭环控制为反馈控制。

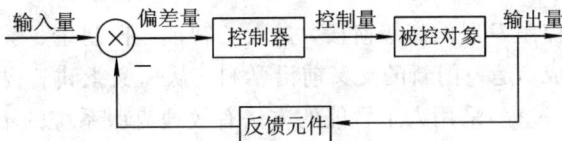

图 1-3 闭环控制系统

闭环控制实例如图 1-4(a)所示，为直流电动机闭环控制系统，图 1-4(b)为其控制方框图。

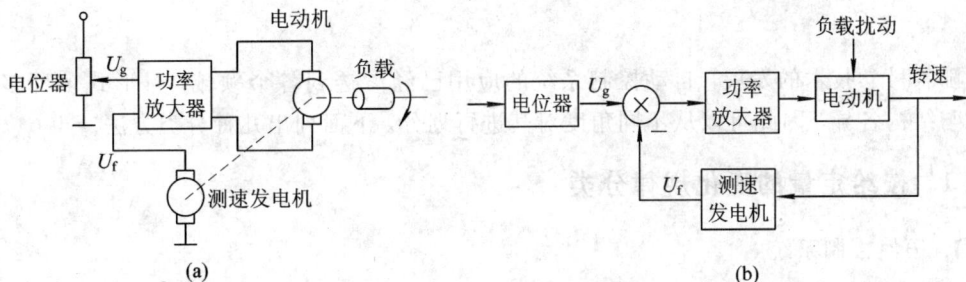

图 1-4 直流电动机闭环控制系统

该系统在原有开环控制的基础上，增加了一个由测速发电机构成的反馈回路，用来检测输出的转速，并给出与电动机转速成正比的反馈电压。将这个代表实际输出转速的反馈电压与代表希望输出转速的给定电压进行比较，所得出的偏差信号将作为产生控制作用的基础，通过功率放大器来控制电动机的转速。在控制过程中，只要偏差存在，控制作用就总是存在，控制的最终目的是减少偏差，提高控制精度。

控制过程如下：当系统受到扰动影响时，例如负载增大，则电动机的转速降低，测速发电机的端电压减小；在给定电压不变时，则偏差也会增大，使功率放大器的输入电压增加，电动机的电枢电压升高，使转速增加。反之亦然，这样就抑制了负载扰动对电动机转速的影响。同样，对其它扰动因素，只要影响到输出转速的变化，上述调节过程就会自动进行，从而保证系统的控制精度，提高抗干扰能力。

1.2.3 其它控制方式

1. 最优控制

最优控制是要求控制系统实现对某种性能标准的最佳控制。它通常要求优质、高产、低耗、高效率，一般与时间、燃料消耗、能源供给等有关。例如，钢铁冶炼过程中往往希望时间最短或燃料最省；远程飞机希望实现每单位体积燃料的最大飞行距离，以提高飞机的远航能力等。其中，最简单的一种最优控制是时间最优控制，它在自动化仪表、电机电压控制及轧钢机控制中得到了广泛应用。

2. 自适应控制

自适应控制有自动适应的能力，即当系统特性或元件参数变化或扰动作用很剧烈时，它能自动测量这些变化并自动改变系统结构与参数，使系统适应环境的变化并始终保持最优的性能指标。例如，飞机的位置能随飞行高度、速度而变化；导弹质量重心能随燃料消耗而变化等，这时，必须采用自适应控制才能保持最优控制性能。

3. 智能控制

智能控制是自动控制发展的高级阶段，是人工智能、控制论、系统论和信息论等多种学科的高度综合与集成，是一门新的交叉前沿学科。从广义上讲，智能控制是研究对复杂的不确定性被控对象（过程）采用人工智能的方法有效地克服系统的不确定性，使系统从无序到期望的有序状态转移的方法及其规律。

1.3　自动控制系统的分类

随着科学技术的发展，自动控制系统的应用已经渗透到各个领域，且形式多种多样，性能与结构各异，因此可以从不同角度对其进行划分。下面列出几种分类方法。

1.3.1　按给定量的变化规律分类

1. 恒值控制系统

当系统的输入为恒定量时，能克服扰动量对系统的影响，使输出量为对应于输入量的恒定值，这类系统称为恒值控制系统。

例如，工业中采用的液位控制系统、直流电动机调速系统，及其它恒定压力、恒定流量、恒定温度等系统都属于这类系统。

2. 随动系统（又称伺服系统）

如果输入信号为预先未知的随时间任意变化的函数，要求输出量精确地、快速地跟随输入信号，则这类系统称为随动系统。

随动系统在工业、国防中有着极为广泛的应用，例如火炮自动控制系统、雷达跟踪系统、自动驾驶系统、函数记录仪、自动导航系统等都属于这类系统。

3. 程序控制系统

如果系统的输入量按既定规律变化，系统的控制过程按预定的程序进行，则这类系统称为程序控制系统。例如数控机床控制系统，其输入命令是根据加工要求，事先编制好的程序。

1.3.2　按系统的特性分类

1. 线性系统

当系统中各元件的输入、输出特性是线性特性，系统的状态和性能以线性微分方程或差分方程来描述时，这种系统称为线性系统。线性系统的主要特性是具有齐次性和叠加性；系统的时间响应特性与初始状态无关。

根据表示线性系统的方程的系数是否是时间的函数，也可将线性系统分为线性定常系统和线性时变系统。若线性微分方程的各项系数均为与时间无关的常数，则为线性定常系统；若线性微分方程的系数中有时间函数项，则称为线性时变系统。

2．非线性系统

当系统中有一个非线性特性元件时，则系统的微分方程只能由非线性方程来描述，这样的系统称为非线性系统。非线性系统也有定常系统和时变系统之分，非线性常系数微分方程没有完整统一的解法，在数学上较难处理，不能应用叠加原理，研究起来也不方便，所以只能在一定条件下用近似分析的方法来处理。

1.3.3 按系统的信号形式分类

1．连续控制系统

若系统中各元件的输入量和输出量均为时间的连续函数，则这类系统称为连续系统。这类系统的运动规律可用微分方程来描述。

2．离散控制系统

在控制系统中，只要有一处的信号是脉冲序列或数码时，该系统即为离散系统。这种系统的状态和性能一般采用差分方程来描述。

对连续信号采样，可以得到离散的脉冲序列，再对脉冲序列进行量化，可以得到序列的数字信号。通常把数字序列形成的离散系统称为数字控制系统。计算机控制系统是典型的数字控制系统，其结构框图如图 1-5 所示。

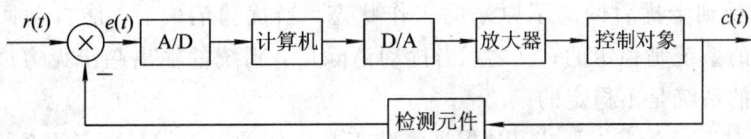

图 1-5 典型的计算机控制系统框图

1.3.4 按系统的输入与输出信号的数量分类

1．单变量系统(SISO，Simple Input Simple Output)

所谓单变量系统，是指不考虑系统内部的通路与结构，只有一个输入量和一个输出量的控制系统，其构成框图如图 1-6 所示。单变量系统是经典控制理论的主要研究对象，也是本课程主要研究的内容。

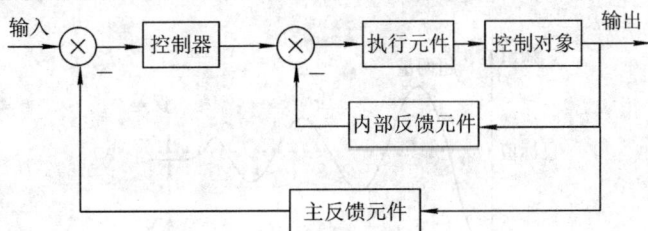

图 1-6 单变量系统构成框图

2. 多变量系统（MIMO，Multiple Input Multiple Output）

多变量系统有多个输入量和多个输出量，其特点是变量多、回路也多，且相互之间出现多路耦合。多变量系统构成框图如图 1-7 所示。

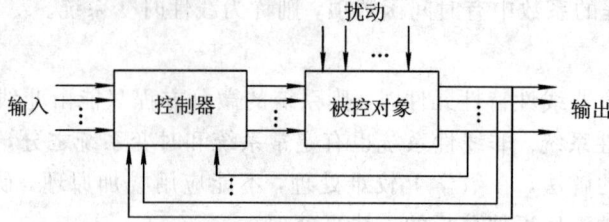

图 1-7　多变量系统构成框图

多变量系统是现代控制理论研究的主要对象，以状态空间法分析为基础。

除此之外，还可以从其它角度将控制系统分为确定性系统和非确定性系统、集中参数系统和分布参数系统等。

1.4　对自动控制系统性能的基本要求

实际的控制系统多种多样，对每一个控制系统都有不同的特殊要求，但对所有的控制系统来说，都有最基本的要求，那就是稳定性、快速性和准确性。

1. 稳定性

如果系统受到干扰后偏离了原来的工作状态，当扰动消失后，能自动回到原工作状态，则称这样的系统是稳定的；反之，当扰动消除后，系统的输出趋于无穷或进入振荡状态，则称这样的系统是不稳定的。

稳定性是对系统的基本要求，是保证系统正常工作的前提，不稳定的系统不能实现预定任务。稳定性通常由系统内部的结构决定，与外界因素无关。

2. 快速性

对过渡过程的形式和快慢提出的要求，一般称为动态性能。动态性能是指系统过渡过程的快速性和振荡性。

由于系统总是包含一些惯性元件，因此系统的输出跟随输入的变化总是有一定的延迟，这个时间越短，快速性就越好。又由于有些系统的阻尼比较小，因此系统从一个稳态进入另一个稳态时，要经过若干次衰减振荡，如图 1-8 所示，且在振荡过程中会出现超调现象。

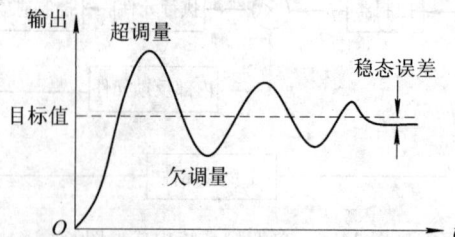

图 1-8　控制系统稳定性示意图（阶跃输入）

3. 准确性

系统的准确性用稳态误差来衡量，也就是指系统的控制精度。

对一个稳定的系统而言，过渡过程结束后，系统输出量的实际值与期望值之差称为稳态误差，它是衡量系统控制精度的重要指标。稳态误差越小，表示系统的准确性越好，控制精度越高。

1.5 基于 MATLAB 的控制系统分析与设计

MATLAB 是由美国 Mathworks 公司推出的一种科学计算和工程仿真软件，它的名称源自 Matrix Laboratory，专门以矩阵的形式处理数据。MATLAB 将高性能的数值计算和可视化编程集成在一起，并提供了大量的内置函数，具有强大的矩阵计算和绘图功能，从而被广泛地应用于科学计算、控制系统、信息处理等领域的分析、仿真和设计工作中。

目前，MATLAB 产品族的功能包括：

・数值分析；
・数值和符号计算；
・工程与科学绘图；
・控制系统的设计与仿真；
・数字图像处理；
・数字信号处理；
・通信系统设计与仿真；
・财务与金融工程。

本书在介绍传统自动控制理论的同时，也将这一功能强大的计算机辅助工具列入本课程的教学内容中，穿插学习 MATLAB 在控制系统分析设计中的应用，初步了解如何利用 MATLAB 软件来解决控制系统设计的部分实际问题。

1.5.1 MATLAB 7.0 的界面环境

双击 Windows 桌面上的快捷图标 ，会出现如图 1-9 所示的 MATLAB 7.0 启动画面，首次启动后的界面窗口如图 1-10 所示。

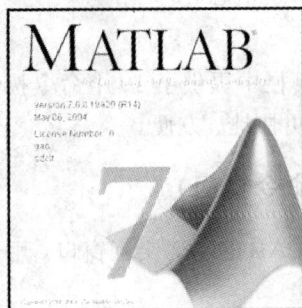

图 1-9 MATLAB 7.0 启动画面

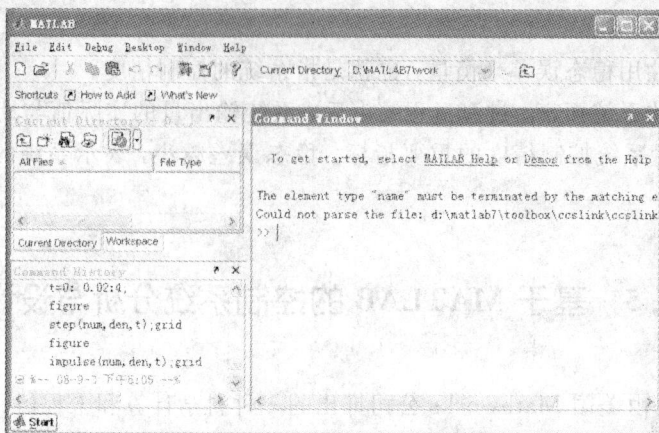

图 1-10　MATLAB 7.0 首次启动后的画面

MATLAB 7.0 的工作环境主要由 MATLAB 主窗口、Command Window（命令窗口）、Workspace（工作空间窗口）、Current Directory（当前目录窗口）、Command History（命令历史窗口）等部分组成。对这些窗口的认识是掌握 MATLAB 7.0 的基础。下面将对主要窗口作简单介绍。

1.5.2　MATLAB 7.0 主窗口

MATLAB 主窗口是 MATLAB 的主要工作界面，主窗口除了嵌入一些子窗口外，还包括菜单栏和工具栏。

1. 菜单栏

在 MATLAB 7.0 主窗口的菜单栏中，共包含 File、Edit、Debug、Desktop、Window 和 Help 6 个菜单项。

① File 菜单项：实现有关文件的操作。

② Edit 菜单项：主要用于命令窗口的编辑操作。

③ Debug 菜单项：主要用于设置 MATLAB 集成环境的调试方式。

④ Desktop 菜单项：主要用于设置 MATLAB 的窗口和工具栏的操作。

⑤ Window 菜单项：只包含一个子菜单 Close all Documents，用于关闭所有打开的编辑器窗口，包括 Command Window、Workspace、Current Directory 和 Command History 窗口。

⑥ Help 菜单项：用于提供帮助信息。

2. 工具栏

MATLAB 7.0 主窗口的工具栏中提供了 10 个命令按钮，这些命令按钮均有对应的菜单命令，但比菜单命令使用起来更快捷、方便。

1.5.3　Command Window（命令窗口）

Command Window 是 MATLAB 的主要交互窗口，用于输入命令并显示除图形以外的所有执行结果。

MATLAB 命令窗口中的">>"为命令提示符，表示 MATLAB 正处于准备状态。在命令提示符后键入命令并按下回车键后，MATLAB 就会解释执行所输入的命令，并在命令后面给出计算结果。执行完后，提示符"＞＞"依然存在，表示 MATLAB 又处于新的准备状态，如图 1－11 所示。

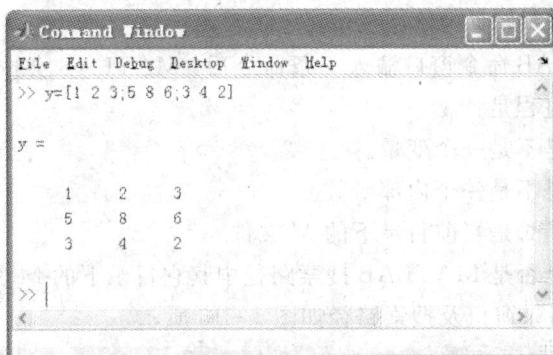

图 1－11 Command Window

MATLAB 的常用窗口命令如下：

clc：清除 Command Window 里的内容。

home：光标回到窗口的左上角。

clf：清除当前 Figure 窗口的所有非隐藏对象。

close：关闭当前 Figure 窗口。

close all：关闭所有 Figure 窗口。

1.5.4 Workspace(工作空间窗口)

Workspace 是 MATLAB 用于存储各种变量和结果的内存空间。该窗口用来显示工作空间中所有变量的名称、大小、字节数和变量类型说明，可对变量进行观察、编辑、保存和删除。在 MATLAB 中，不同的数据类型对应不同的变量名图标，如图 1－12 所示。

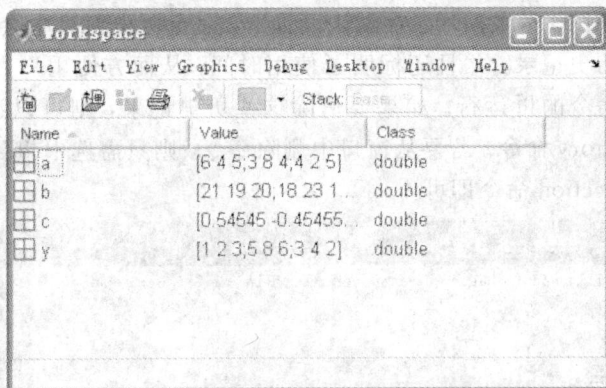

图 1－12 Workspace

1.5.5 Current Directory(当前目录窗口)

1. 当前目录窗口

当前目录是指 MATLAB 运行文件时的工作目录，只有在当前目录或搜索路径下的文件、函数才可以被运行或调用。

在当前目录窗口中可以显示或改变当前目录，还可以显示当前目录下的文件并提供搜索功能。

2. MATLAB 的搜索路径

当用户在 MATLAB 命令窗口输入一条命令后，MATLAB 会按照一定次序寻找相关的文件。基本的搜索过程是：

（1）检查该命令是不是一个变量。

（2）检查该命令是不是一个内部函数。

（3）检查该命令是否是当前目录下的 M 文件。

（4）检查该命令是否是 MATLAB 搜索路径中其它目录下的 M 文件。

MATLAB 当前目录窗口及搜索路径如图 1-13 所示。

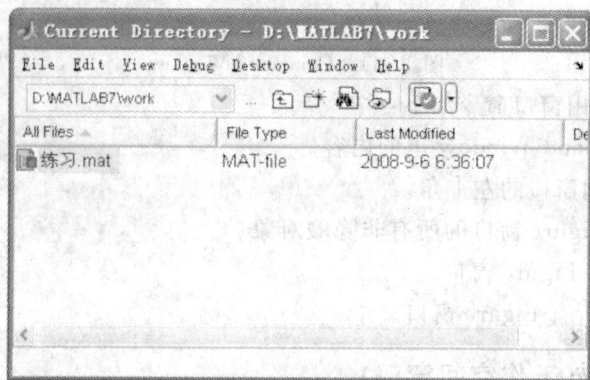

图 1-13　Current Directory

1.5.6　Command History(命令历史窗口)

命令历史窗口如图 1-14 所示。在默认设置下，命令历史窗口中会自动保留自安装起所有用过的命令的历史记录，并且还标明了使用时间，从而方便用户查询。而且，通过双击命令可进行历史命令的再运行。如果要清除这些历史记录，则可以选择 Edit 菜单中的 Clear Command History 命令。若要从窗口中删除命令，则只需选中想要删除的命令，单击右键选择 Delete Selection 命令即可。

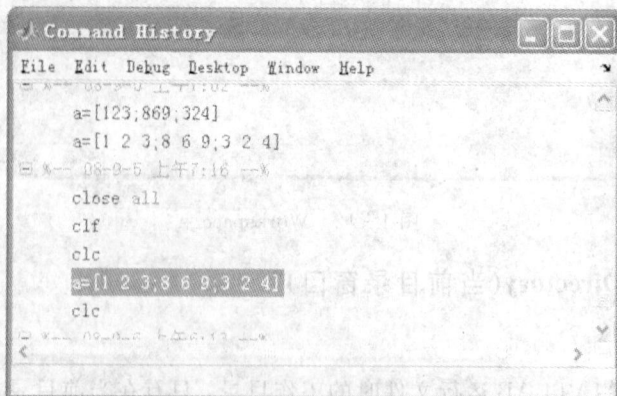

图 1-14　Command History

1.5.7 启动平台窗口和 Start 按钮

MATLAB 7.0 的启动平台窗口可以帮助用户方便地打开和调用 MATLAB 的各种程序、函数和帮助文件。

MATLAB 7.0 主窗口左下角还有一个 Start 按钮，单击该按钮会弹出一个菜单，选择其中的命令可以执行 MATLAB 产品的各种工具，并且可以查阅 MATLAB 包含的各种资源。

1.5.8 MATLAB 帮助系统

1. 帮助系统

单击主窗口中的 Help 菜单，再单击"MATLAB help"子菜单，可进入 MATLAB 的联机帮助系统。

2. 演示系统

单击主窗口中的 Help 菜单，再单击"Demos"子菜单，然后在其中选择相应的演示模块，或者在命令窗口输入 Demos，可打开演示系统。

3. 远程帮助系统

单击主窗口中的 Help 菜单，选择"Web Resources"中的"The Mathworks Web Site"子菜单，在 Mathworks 公司的主页(http://www.mathworks.com)上可以找到很多有用的信息，国内的一些网站也有丰富的信息资源。

小 结

(1) 自动控制系统是指在没有人直接参与的情况下，利用控制装置操作被控对象的某个状态或参数，使其按预设定的规律自动运行的系统。自动控制原理的发展经历了三个阶段。

(2) 自动控制系统的基本控制方式有开环控制、闭环控制和其它控制方式(最优控制、自适应控制和智能控制等)。

(3) 自动控制系统按给定量的变化规律分为恒值控制系统、随动控制系统和程序控制系统；按系统的特性分为线性系统和非线性系统；按系统的信号形式分为连续控制系统和离散控制系统；按系统的输入与输出信号的数量分为单变量系统和多变量系统。

(4) 对自动控制系统性能的基本要求为稳定性、快速性和准确性。

(5) MATLAB 7.0 软件的基本介绍。

习 题

1-1 试举几个开环与闭环自动控制系统的例子，画出它们的方框图，并说明它们的工作原理。

1-2　比较开环控制和闭环控制的区别及优缺点。

1-3　恒值、随动和程序控制系统的主要区别是什么？

1-4　判定下列方程式描述的系统是否是线性或定常系统（其中 $y(t)$ 为输出，$x(t)$ 为输入）。

① $y(t) = 3x(t) + 6\dfrac{\mathrm{d}x(t)}{\mathrm{d}t} + 5\dfrac{\mathrm{d}^2 x(t)}{\mathrm{d}t^2}$　　　② $y(t) = 2x(t)^2 + t\dfrac{\mathrm{d}^2 x(t)}{\mathrm{d}t^2}$

③ $y(t) = 5 + x(t)\cos\omega t$　　　　　　　　④ $t\dfrac{\mathrm{d}y(t)}{\mathrm{d}t} + y(t) = x(t) + 3\dfrac{\mathrm{d}x(t)}{\mathrm{d}t}$

1-5　电冰箱制冷系统工作原理如题图 1-1 所示，继电器的输出电压 u_a 是加给压缩机的电压。简述其工作原理，并指出控制对象、执行元件、测量元件、被控变量、参考输入，绘出系统元件框图。

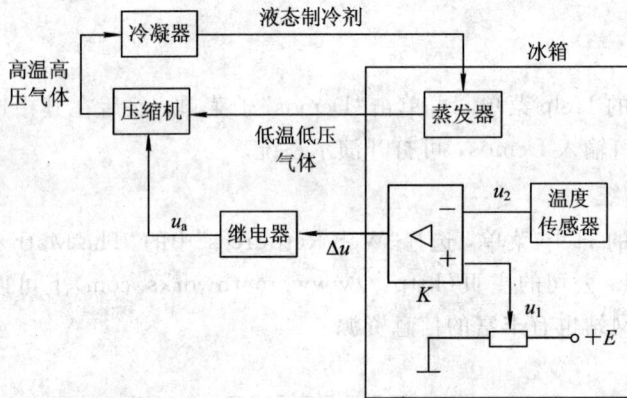

题图 1-1　电冰箱制冷系统原理图

第 2 章　控制系统的数学模型

- 控制系统的数学模型——微分方程、传递函数和结构图;
- 拉普拉斯变换数学基础;
- 控制系统的重要传递函数。

- 控制系统微分方程、传递函数和结构图的建立、推导及化简;
- 控制系统重要传递函数的推导及化简;
- 利用 MATLAB 7.0 软件求解系统的传递函数。

2.1　控制系统的时域数学模型——微分方程

　　微分方程是在时域中描述系统(或元件)动态特性的数学模型。利用微分方程可以得到其它形式(例如传递函数、结构图等)的数学模型,因此它是数学模型的最基本形式。

　　下面通过几个典型的例子来学习系统微分方程的建立方法。

　　【例题 2-1】　R-L-C 电路系统如图 2-1 所示,$u_r(t)$ 为输入电压,$u_c(t)$ 为输出电压,试列出 $u_r(t)$ 和 $u_c(t)$ 之间的微分方程。

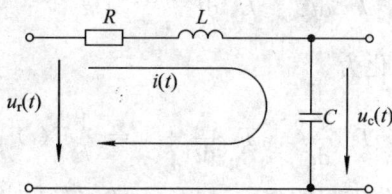

图 2-1　R-L-C 电路系统

　　解　(1) 该系统为电学系统,遵循电学系统的相关规律。

　　(2) 确定输入量为 $u_r(t)$,输出量为 $u_c(t)$,中间变量为 $i(t)$。

　　(3) 电路按集中参数考虑,且忽略输出端负载效应。根据基尔霍夫定律,可得

$$Ri + L\frac{\mathrm{d}i}{\mathrm{d}t} + u_c = u_r$$

　　(4) 列出中间变量的表达式:

$$i = C \frac{\mathrm{d}u_c}{\mathrm{d}t}$$

（5）消去中间变量 i，可得

$$LC \frac{\mathrm{d}^2 u_c}{\mathrm{d}t^2} + RC \frac{\mathrm{d}u_c}{\mathrm{d}t} + u_c = u_r$$

（6）整理成标准型，令 $T_1 = \frac{L}{R}$，$T_2 = RC$，则方程化为

$$T_1 T_2 \frac{\mathrm{d}^2 u_c}{\mathrm{d}t^2} + T_2 \frac{\mathrm{d}u_c}{\mathrm{d}t} + u_c = u_r \tag{2-1}$$

【例题 2-2】 弹簧-质量-阻尼机械系统如图 2-2 所示。试求该系统在外力 $F(t)$ 作用下，m 的位移 $y(t)$ 与外力 $F(t)$ 的微分方程。

解　（1）确定输入量为 $F(t)$，输出量为 $y(t)$，作用于质量 m 的力还有弹性阻力 $F_k(t)$ 和粘滞阻力 $F_f(t)$，均作为中间变量。

（2）设系统按线性集中参数考虑，且当无外力作用时，系统处于平衡状态。

（3）按牛顿第二定律写原始方程，即

$$F(t) + F_k(t) + F_f(t) = m \frac{\mathrm{d}^2 y}{\mathrm{d}t^2}$$

图 2-2　弹簧-质量-阻尼机械系统

（4）写中间变量与输出变量的关系式：

$$F_k(t) = -ky, \quad F_f(t) = -f \frac{\mathrm{d}y}{\mathrm{d}t}$$

其中 k 为弹簧的弹性系数，f 为阻尼系统的阻尼系数。

（5）将中间变量的方程式代入原始方程，消去中间变量，得

$$F(t) - ky - f \frac{\mathrm{d}y}{\mathrm{d}t} = m \frac{\mathrm{d}^2 y}{\mathrm{d}t^2}$$

（6）整理方程，得标准型：

$$\frac{m}{k} \frac{\mathrm{d}^2 y}{\mathrm{d}t^2} + \frac{f}{k} \frac{\mathrm{d}y}{\mathrm{d}t} + y = \frac{1}{k} F(t)$$

令 $T_m^2 = \frac{m}{k}$，$T_f = \frac{f}{k}$，则方程化为

$$T_m^2 \frac{\mathrm{d}^2 y}{\mathrm{d}t^2} + T_f \frac{\mathrm{d}y}{\mathrm{d}t} + y = \frac{1}{k} F(t) \tag{2-2}$$

对于一般物理系统的微分方程的建立过程，无论系统结构多么简单或多么复杂，以下步骤总是存在的。建立系统微分方程的一般步骤如下：

（1）确定系统的输入量和输出量。系统的输入量包括给定输入和扰动输入两类信号，而输出量是指被控制量。对于一个元件或一个环节而言，可以根据信号传递的先后顺序来确定输入量和输出量。

（2）按照信号传递的顺序，根据各变量所遵循的运动规律写出各环节的动态方程。即从系统的输入端开始，根据各元件或环节所遵循的物理规律，写出各环节的微分方程。

（3）消去中间变量，推导出只含有输入变量和输出变量的系统微分方程。

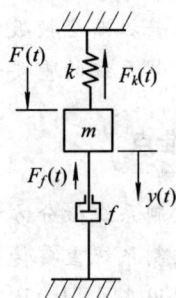

（4）规范化、整理微分方程，将输出项归放到方程左侧，输入项归放到方程右侧，各阶导数项按阶次从高到低的顺序排列。

2.2　拉普拉斯变换基础

线性连续系统的动态数学模型通常是由微分方程描述的，为了分析系统的控制过程性能，最直接的方法就是求出微分方程的解。用拉普拉斯（Laplace）变换（简称为拉氏变换）求解微分方程，可以将微积分运算转化为易于处理的代数运算，借助于拉氏变换表可以简化微分方程的求解过程；另外，利用这一数学工具可以引出自动控制理论极为重要的概念——传递函数。经典控制理论广泛应用的频率法和根轨迹法就是在传递函数的基础上建立起来的。因此，拉氏变换成为了自动控制理论的重要数学基础。

2.2.1　拉氏变换的概念

设函数 $f(t)$，t 为实变量，若满足：

① 当 $t<0$ 时，$f(t)=0$；

② 当 $t\geq 0$ 时，如果线性积分 $\int_0^\infty f(t)e^{-st}\,dt$（$s$ 为复变量），在 s 的某一域内收敛，则称其为 $f(t)$ 的拉氏变换，变换后的新函数是复变量 s 的函数，记为 $F(s)$ 或 $L[f(t)]$，即

$$F(s)=L[f(t)]=\int_0^\infty f(t)e^{-st}\,dt \tag{2-3}$$

拉氏变换是一种单值变换，$F(s)$ 和 $f(t)$ 之间具有一一对应的关系，通常称 $F(s)$ 为 $f(t)$ 的象函数，而 $f(t)$ 为 $F(s)$ 的原函数。

2.2.2　几个常用函数的拉氏变换

1. 阶跃函数

阶跃函数如图 2-3 所示，其表达式为

$$f(t)=\begin{cases} A & t\geq 0 \\ 0 & t<0 \end{cases} \quad (A\ 为常量)$$

则其拉氏变换为

$$F[s]=L[f(t)]=\int_0^\infty Ae^{-st}\,dt=-\frac{A}{s}e^{-st}\bigg|_0^\infty=\frac{A}{s} \tag{2-4}$$

当 $A=1$ 时，即为单位阶跃函数，记为 $u(t)$，有

$$u(t)=1(t)=\begin{cases} 1 & t\geq 0 \\ 0 & t<0 \end{cases}$$

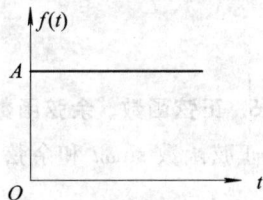

图 2-3　阶跃函数

则

$$F[s]=L[u(t)]=\int_0^\infty e^{-st}\,dt=-\frac{1}{s}e^{-st}\bigg|_0^\infty=\frac{1}{s} \tag{2-5}$$

2. 斜坡函数

斜坡函数如图 2-4 所示，其表达式为

$$f(t) = \begin{cases} At & t \geqslant 0 \\ 0 & t < 0 \end{cases} \quad (A \text{ 为常量})$$

则其拉氏变换为

$$F[s] = L[f(t)] = \int_0^\infty At\,\mathrm{e}^{-st}\,\mathrm{d}t = At\frac{\mathrm{e}^{-st}}{-s}\bigg|_0^\infty - \int_0^\infty \frac{A\mathrm{e}^{-st}}{-s}\mathrm{d}t$$

$$= \frac{A}{s}\int_0^\infty \mathrm{e}^{-st}\,\mathrm{d}t = \frac{A}{s^2} \qquad (2-6)$$

若 $A=1$，则单位斜坡函数的拉氏变换为

$$F(s) = L[t] = \frac{1}{s^2} \qquad (2-7)$$

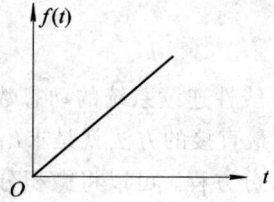

图 2-4　斜坡函数

3. 抛物线函数

抛物线函数也称加速度函数，如图 2-5 所示，其表达式为

$$f(t) = \begin{cases} At^2 & t \geqslant 0 \\ 0 & t < 0 \end{cases} \quad (A \text{ 为常量})$$

则其拉氏变换为

$$F[s] = L[f(t)] = \int_0^\infty At^2\,\mathrm{e}^{-st}\,\mathrm{d}t$$

$$= At^2\frac{\mathrm{e}^{-st}}{-s}\bigg|_0^\infty - \int_0^\infty \frac{2At\mathrm{e}^{-st}}{-s}\,\mathrm{d}t$$

$$= \frac{2A}{s}\int_0^\infty t\mathrm{e}^{-st}\,\mathrm{d}t = \frac{2A}{s^3} \qquad (2-8)$$

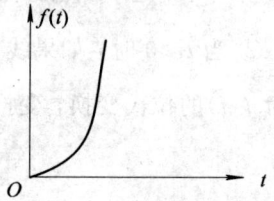

图 2-5　抛物线函数

当 $A=1/2$ 时，为单位加速度函数。其拉氏变换为

$$F(s) = L\left[\frac{1}{2}t^2\right] = \frac{1}{s^3} \qquad (2-9)$$

4. 指数函数 e^{-at}

指数函数 e^{-at} 的拉氏变换为

$$F[s] = L[\mathrm{e}^{-at}] = \int_0^\infty \mathrm{e}^{-at}\mathrm{e}^{-st}\mathrm{d}t = \int_0^\infty \mathrm{e}^{-(s+a)t}\,\mathrm{d}t$$

$$= -\frac{1}{s+a}\mathrm{e}^{-(s+a)t}\bigg|_0^\infty = \frac{1}{s+a} \qquad (2-10)$$

5. 正弦函数、余弦函数

正弦函数 $\sin\omega t$ 和余弦函数 $\cos\omega t$ 的拉氏变换分别为：

$$F[s] = L[\sin\omega t] = \int_0^\infty \sin\omega t \cdot \mathrm{e}^{-st}\,\mathrm{d}t$$

$$= \int_0^\infty \frac{1}{2\mathrm{j}}(\mathrm{e}^{\mathrm{j}\omega t} - \mathrm{e}^{-\mathrm{j}\omega t})\mathrm{e}^{-st}\,\mathrm{d}t = \frac{\omega}{s^2+\omega^2} \qquad (2-11)$$

$$F[s] = L[\cos\omega t] = \int_0^\infty \cos\omega t \cdot \mathrm{e}^{-st}\,\mathrm{d}t = \frac{s}{s^2+\omega^2} \qquad (2-12)$$

6. 脉冲函数

脉冲函数又称冲击信号，其数学表达式为

$$r(t) = \begin{cases} \dfrac{A}{\varepsilon} & 0 \leqslant t \leqslant \varepsilon \\ 0 & t < 0, t > \varepsilon \end{cases}$$

式中 A 为常数，为冲击作用的强度。脉冲函数如图 2-6 所示，图中矩形的面积为 A。

当 $A=1$ 时，即为单位脉冲函数，其数学表达式为

$$\delta(t) = \lim_{\varepsilon \to 0} r(t) = \begin{cases} \infty & t = 0 \\ 0 & t \neq 0 \end{cases}$$

且 $\int_{-\infty}^{+\infty} \delta(t)\,\mathrm{d}t = 1$。

单位脉冲函数如图 2-7 所示，其拉氏变换为

$$R(s) = L[\delta(t)] = 1$$

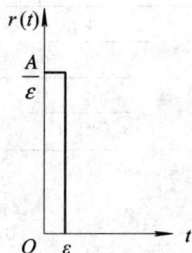

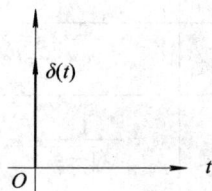

图 2-6　脉冲函数　　　　　　　图 2-7 单位脉冲函数

实际上，把原函数与象函数之间的对应关系列成对照表的形式，通过查表，就能够知道原函数的象函数或象函数的原函数，十分方便。常用函数的拉氏变换对照表见表 2-1。

表 2-1　常用函数的拉氏变换对照表

序号	原函数 $f(t)$	象函数 $F(s)$
1	$\delta(t)$	1
2	$1(t)$	$\dfrac{1}{s}$
3	$k(t)$	$\dfrac{K}{s}$
4	t^n	$\dfrac{n!}{s^{n+1}}$
5	$u(t-a)$ 在 $t=a$ 开始的单位阶跃	$\dfrac{1}{s}\mathrm{e}^{-as}$
6	e^{at}	$\dfrac{1}{s-a}$
7	e^{-at}	$\dfrac{1}{s+a}$
8	$\dfrac{1}{(n-1)!}t^{n-1}\mathrm{e}^{-at}$	$\dfrac{1}{(s+a)^n}$
9	$\sin\omega t$	$\dfrac{\omega}{s^2+\omega^2}$

续表

序号	原函数 $f(t)$	象函数 $F(s)$
10	$\cos\omega t$	$\dfrac{s}{s^2+\omega^2}$
11	$\dfrac{1}{a}(1-\mathrm{e}^{-at})$	$\dfrac{1}{s(s+a)}$
12	$\dfrac{1}{b-a}(\mathrm{e}^{-at}-\mathrm{e}^{-bt})$	$\dfrac{1}{(s+a)(s+b)}$
13	$\dfrac{1}{b-a}(b\mathrm{e}^{-bt}-a\mathrm{e}^{-at})$	$\dfrac{s}{(s+a)(s+b)}$
14	$\dfrac{1}{ab}\left[1+\dfrac{1}{a-b}(b\mathrm{e}^{-at}-a\mathrm{e}^{-bt})\right]$	$\dfrac{1}{s(s+a)(s+b)}$
15	$\mathrm{e}^{-at}\sin\omega t$	$\dfrac{\omega}{(s+a)^2+\omega^2}$
16	$\mathrm{e}^{-at}\cos\omega t$	$\dfrac{s+a}{(s+a)^2+\omega^2}$
17	$\dfrac{1}{a^2}(\mathrm{e}^{-at}+at-1)$	$\dfrac{1}{s^2(s+a)}$
18	$1-\dfrac{1}{\sqrt{1-\xi^2}}\mathrm{e}^{-\xi\omega_\mathrm{n}t}\sin(\omega_\mathrm{n}\sqrt{1-\xi^2}\,t+\varphi)$ $\varphi=\arctan\dfrac{\sqrt{1-\xi^2}}{\xi}$	$\dfrac{\omega_\mathrm{n}^2}{s(s^2+2\xi\omega_\mathrm{n}s+\omega_\mathrm{n}^2)}$ $\quad 0<\xi<1$

在分析系统性能时，实际应用中究竟采用哪一种典型输入信号，取决于系统的工作状态；同时，在所有影响系统工作的输入信号中，往往选取对系统最不利的信号作为典型输入信号。例如，温度控制系统，水位调节系统，以及工作状态突然改变的控制系统，都可以采用阶跃函数作为典型输入信号；跟踪通信卫星的天线控制系统，以及输入信号随时间逐渐变化的控制系统，采用斜坡函数是比较合适的；加速度函数可以用于宇宙飞船的控制系统；当控制系统的输入信号是瞬间的冲击信号时，可采用脉冲函数作为典型输入来分析系统的性能；当系统输入作用具有周期性的变化时，可选择正弦函数作为输入。

2.2.3 拉氏变换的几个重要运算定理

1. 线性定理

设 $F_1(s)=L[f_1(t)]$，$F_2(s)=L[f_2(t)]$，a、b 均为常数，则有

$$L[af_1(t)+bf_2(t)]=aL[f_1(t)]+bL[f_2(t)]=aF_1(s)+bF_2(s) \qquad (2-13)$$

2. 比例定理

设 $F(s)=L[f(t)]$，则

$$L[Kf(t)]=KL[f(t)]=KF(s) \qquad (2-14)$$

3. 微分定理

设 $F(s)=L[f(t)]$，则有

$$L[f'(t)] = L\left[\frac{\mathrm{d}f(t)}{\mathrm{d}t}\right] = \int_0^\infty \left[\frac{\mathrm{d}f(t)}{\mathrm{d}t}\right]\mathrm{e}^{-s}\mathrm{d}t = sF(s) - f(0) \qquad (2-15)$$

式中 $f(0)$ 是当 $t=0$ 时 $f(t)$ 的值。

证明

$$L\left[\frac{\mathrm{d}f(t)}{\mathrm{d}t}\right] = \int_0^\infty \mathrm{e}^{-st}\cdot\frac{\mathrm{d}f(t)}{\mathrm{d}t}\,\mathrm{d}t = \int_0^\infty \mathrm{e}^{-st}\mathrm{d}f(t) = f(t)\mathrm{e}^{-st}\Big|_0^\infty - \int_0^\infty f(t)(-s)\mathrm{e}^{-st}\,\mathrm{d}t$$

$$= -f(0) + s\int_0^\infty f(t)\mathrm{e}^{-st}\,\mathrm{d}t = sF(s) - f(0)$$

当初始条件 $f(0)=0$ 时，有

$$L[f'(t)] = sF(s)$$

与此类似：

$$L[f''(t)] = s^2 F(s) - sf(0) - f'(0)$$
$$\vdots$$
$$L[f^{(n)}(t)] = s^n F(s) - s^{n-1}f(0) - s^{n-2}f'(0) - \cdots - f^{(n)}(0)$$

若具有零初始条件，即 $f(0) = f'(0) = \cdots = f^{(n)}(0) = 0$，则

$$L[f''(t)] = s^2 F(s)$$
$$\vdots$$
$$L[f^{(n)}(t)] = s^n F(s)$$

上式表明，在初始条件为零的前提下，原函数的 n 阶导数的拉氏变换等于其象函数乘以 s^n，这使函数的微分运算变得十分简单。

4. 积分定理

设 $F(s) = L[f(t)]$，则有：

$$L\left[\int_0^t f(t)\mathrm{d}t\right] = \frac{1}{s}F(s) + \frac{1}{s}f^{-1}(0)$$

$$L\left[\iint f(t)(\mathrm{d}t^2)\right] = \frac{1}{s^2}F(s) + \frac{1}{s^2}f^{(-1)}(0) + \frac{1}{s}f^{(-2)}(0)$$

$$L\left[\int\cdots\int f(t)(\mathrm{d}t)^n\right] = \frac{1}{s^n}F(s) + \frac{1}{s^n}f^{(-1)}(0) + \cdots + \frac{1}{s}f^{(-n)}(0)$$

式中，$f^{(-1)}(0)$，$f^{(-2)}(0)$，$\cdots$，$f^{(-n)}(0)$ 为 $f(t)$ 及各重积分在 $t=0$ 的值。

若 $f^{(-1)}(0) = f^{(-2)}(0) = \cdots = f^{(-n)}(0) = 0$，则有

$$L\left[\int\cdots\int f(t)(\mathrm{d}t)^n\right] = \frac{1}{s^n}F(s) \qquad (2-16)$$

5. 位移定理

位移定理分两个方面说明：一是在时间坐标中有一个位移；另一个是在复数 s 坐标中有一个位移。

（1）实位移定理。若 $F(s) = L[f(t)]$，则

$$L[f(t-\tau)] = \mathrm{e}^{-\tau s}\cdot F(s) \qquad (2-17)$$

此式说明，如果时域函数 $f(t)$ 平移 τ，则相当于复域中的象函数乘以 $\mathrm{e}^{-\tau s}$，利用变量置换法可以得到证明，该定理又称延迟定理。

（2）复位移定理。若 $F(s) = L[f(t)]$，则

$$L[e^{-at} \cdot f(t)] = F(s+a) \tag{2-18}$$

此式说明，一个指数函数乘以原函数 $f(t)$，其拉氏变换相当于象函数在复域中作位移 a。例如：$L[\sin\omega t]=\dfrac{\omega}{s^2+\omega^2}$，则 $L[e^{-at} \cdot \sin\omega t]=\dfrac{\omega}{(s+a)^2+\omega^2}$。

6. 终值定理

若 $L[f(t)]=F(s)$，且 $t\to\infty$ 和 $s\to 0$ 时，各有极限存在，则有

$$\lim_{t\to\infty} f(t) = \lim_{s\to 0} s \cdot F(s) \tag{2-19}$$

证明

由微分定理有

$$\int_0^\infty f'(t)e^{-st}\,dt = sF(s) - f(0)$$

对上式两边取极限：

$$\lim_{s\to 0}\left[\int_0^\infty f'(t)e^{-st}\,dt\right] = \lim_{s\to 0}[sF(s) - f(0)]$$

由于当 $s\to 0$ 时，$e^{-st}\to 1$，因此上式左边为

$$\lim_{s\to 0}\left[\int_0^\infty f'(t)e^{-st}\,dt\right] = \int_0^\infty f'(t)dt = f(t)\Big|_0^\infty = \lim_{t\to\infty} f(t) - f(0)$$

上式右边为

$$\lim_{s\to 0}[sF(s) - f(0)] = \lim_{s\to 0} sF(s) - f(0)$$

故有

$$\lim_{t\to\infty} f(t) = \lim_{s\to 0} sF(s)$$

7. 初值定理

若 $L[f(t)]=F(s)$，且当 $t\to 0$ 和 $s\to\infty$ 时，各有极限存在，则有

$$\lim_{t\to 0} f(t) = \lim_{s\to\infty} s \cdot F(s)$$

此定理可仿照终值定理得到证明。

8. 卷积定理

若原函数 $x(t)$ 和 $g(t)$ 的卷积为 $\displaystyle\int_0^\infty x(t-\tau) \cdot g(\tau)d\tau$，则它的拉氏变换为

$$L\left[\int_0^\infty x(t-\tau) \cdot g(\tau)d\tau\right] = X(s) \cdot G(s) \tag{2-20}$$

证明

由于

$$L\left[\int_0^\infty x(t-\tau) \cdot g(\tau)d\tau\right] = \int_0^\infty\left[\int_0^\infty x(t-\tau) \cdot g(\tau)d\tau\right] \cdot e^{-st}\,dt$$

$$= \int_0^\infty x(t-\tau) \cdot e^{-s(t-\tau)}\,dt \int_0^\infty g(\tau)e^{-s\tau}\,d\tau$$

令 $t-\tau=\sigma$，当 $\sigma<0$ 时，$x(t-\tau)=x(\sigma)=0$，则有

$$L\left[\int_0^\infty x(t-\tau) \cdot g(\tau)d\tau\right] = X(s) \cdot G(s)$$

卷积定理表明，时域 $x(t)$ 和 $g(t)$ 卷积的拉氏变换等于复域 $X(s)$ 和 $G(s)$ 的乘积。

2.2.4　拉氏反变换

拉氏反变换定义为

$$f(t) = L^{-1}[F(s)] = \frac{1}{2\pi j} \int_{c-j\infty}^{c+j\infty} F(s) e^{st} \, ds \qquad (2-21)$$

即已知象函数 $F(s)$，可以通过上式求出原函数 $f(t)$。

这是复变函数积分，一般很难计算，故由 $F(s)$ 求出 $f(t)$ 时常用部分分式法。即首先将 $F(s)$ 分解成一些简单的有理分式函数之和，然后由拉氏变换表一一查出所对应的反变换函数，即得所求的原函数 $f(t)$。

$F(s)$ 通常是 s 的有理分式，其一般数学表达式为

$$F(s) = \frac{B(s)}{A(s)} = \frac{b_m s^m + b_{m-1} s^{m-1} + \cdots + b_1 s + b_0}{a_n s^n + a_{n-1} s^{n-1} + \cdots + a_1 s + a_0}$$

式中 a_n, a_{n-1}, $\cdots$, a_0 与 b_m, b_{m-1}, $\cdots$, b_0 均为实数，m、n 为正数，且 $n > m$。

首先对 $F(s)$ 的分母多项式作因式分解，得 $A(s) = (s-s_1)(s-s_2)\cdots(s-s_n)$，式中 s_1, s_2, $\cdots$, s_n 为 $A(s)=0$ 的根。分两种情况讨论：

1）$A(s)=0$ 无重根

将 $F(s)$ 换写为 n 个部分分式之和的形式，即

$$F(s) = \frac{c_1}{s-s_1} + \frac{c_2}{s-s_2} + \cdots + \frac{c_i}{s-s_i} + \cdots + \frac{c_n}{s-s_n} = \sum_{i=1}^{n} \frac{c_i}{s-s_i}$$

式中 c_i 是常数，为 $s=s_i$ 极点处的留数。

若确定了每个部分分式中的待定常数 c_i，则由拉氏变换表可查得 $F(s)$ 的反变换为

$$L^{-1}[F(s)] = f(t) = L^{-1}\left[\sum_{i=1}^{n} \frac{c_i}{s-s_i}\right] = \sum_{i=1}^{n} c_i e^{s_i t}$$

c_i 可由下式求得：

$$c_i = \lim_{s \to s_i}(s-s_i) \cdot F(s) \quad \text{或} \quad c_i = \left.\frac{B(s)}{A'(s)}\right|_{s=s_i}$$

【例题 2-3】　求 $F(s) = \dfrac{s+3}{(s+1)(s+2)}$ 的反变换。

解　$F(s)$ 的部分展开式为

$$F(s) = \frac{s+3}{(s+1)(s+2)} = \frac{c_1}{s+1} + \frac{c_2}{s+2}$$

$$c_1 = [(s+1) \cdot F(s)]_{s=-1} = 2$$

$$c_2 = [(s+2) \cdot F(s)]_{s=-2} = -1$$

所以

$$f(t) = L^{-1}[F(s)] = L^{-1}\left[\frac{2}{s+1}\right] + L^{-1}\left[\frac{-1}{s+2}\right] = 2e^{-t} - e^{-2t}$$

【例题 2-4】　求 $F(s) = \dfrac{s+3}{s^2+2s+2}$ 的原函数。

解　令分母多项式 $A(s)=0$，可求得分母多项式方程的根为 $s_1 = -1+j1$, $s_2 = -1-j1$，为共轭复根。此时

$$F(s) = \frac{s+3}{(s-s_1)(s-s_2)} = \frac{s+3}{(s+1-j1)(s+1+j1)} = \frac{c_1}{s+1-j1} + \frac{c_2}{s+1+j1}$$

$$c_1 = [(s+1-j1) \cdot F(s)]_{s=-1+j1} = \frac{2+j}{2j}$$

$$c_2 = [(s+1+j1) \cdot F(s)]_{s=-1-j1} = -\frac{2-j}{2j}$$

所以原函数为

$$f(t) = \frac{2+j}{2j} e^{(-1+j)t} - \frac{2-j}{2j} e^{(-1-j)t} = \frac{1}{2j} e^{-t} [(2+j)e^{jt} - (2-j)e^{-jt}]$$

$$= \frac{1}{2j} e^{-t} [2\cos t + 4 \sin t]j = e^{-t} [\cos t + 2\sin t]$$

2) $A(s) = 0$ 有重根

设 s_1 为 m 重根，$s_{m+1}, s_{m+2}, \cdots, s_n$ 为单根，则 $F(s)$ 可展开如下

$$F(s) = \frac{c_m}{(s-s_1)^m} + \frac{c_{m-1}}{(s-s_1)^{m-1}} + \cdots + \frac{c_1}{s-s_1} + \frac{c_{m+1}}{s-s_{m+1}} + \cdots + \frac{c_n}{s-s_n}$$

式中 $c_{m+1}, \cdots, c_n$ 为单根部分分式的待定常数，可按下面计算公式求得：

$$c_m = \lim_{s \to s_1}(s-s_1)^m \cdot F(s)$$

$$c_{m-1} = \lim_{s \to s_1} \frac{d}{ds}[(s-s_1)^m \cdot F(s)]$$

$$c_{m-j} = \frac{1}{j!} \lim_{s \to s_1} \frac{d^j}{ds^j}[(s-s_1)^m \cdot F(s)]$$

$$c_1 = \frac{1}{(m-1)!} \lim_{s \to s_1} \frac{d^{(m-1)}}{ds^{(m-1)}}[(s-s_1)^m \cdot F(s)]$$

将求出的各待定常数代入式 $F(s)$，求反变换，得

$$f(t) = L^{-1}[F(s)] = L^{-1}\left[\frac{c_m}{(s-s_1)^m} + \frac{c_{m-1}}{(s-s_1)^{m-1}} + \cdots + \frac{c_1}{s-s_1} + \frac{c_{m+1}}{s-s_{m+1}} + \cdots + \frac{c_n}{s-s_n}\right]$$

$$= \left[\frac{c_m}{(m-1)!} t^{m-1} + \frac{c_{m-1}}{(m-2)!} t^{m-2} + \cdots + c_2 t + c_1\right]e^{s_1 t} + \sum_{i=m+1}^{n} c_i e^{s_i t}$$

【例题 2-5】 求 $F(s) = \dfrac{s^2+2s+3}{(s+1)^3}$ 的原函数。

解 将 $F(s)$ 展开为部分分式，得

$$F(s) = \frac{c_3}{(s+1)^3} + \frac{c_2}{(s+1)^2} + \frac{c_1}{s+1}$$

式中：

$$c_3 = [(s+1)^3 \cdot F(s)]_{s=-1} = (s^2+2s+3)_{s=-1} = 2$$

$$c_2 = \left\{\frac{d}{ds}[(s+1)^3 \cdot F(s)]\right\}_{s=-1} = \left[\frac{d}{ds}(s^2+2s+3)\right]_{s=-1} = 0$$

$$c_1 = \frac{1}{(3-1)!}\left\{\frac{d^2}{ds^2}[(s+1)^3 \cdot F(s)]\right\}_{s=-1} = \frac{1}{2}\left[\frac{d^2}{ds^2}(s^2+2s+3)\right]_{s=-1} = 1$$

所以

$$f(t) = L^{-1}[F(s)] = L^{-1}\left[\frac{2}{(s+1)^3}\right] + L^{-1}\left[\frac{1}{s+1}\right] = (t^2+1)e^{-t} \qquad (t \geqslant 0)$$

2.2.5　用拉氏变换求解微分方程

用拉氏变换求解微分方程的步骤为:

(1) 对微分方程进行拉氏变换,将微分方程转换为以 s 为变量的代数方程,又称象方程。

(2) 求解象方程,得到输出的象函数。

(3) 对输出象函数求拉氏反变换,得到微分方程的解。

【例题 2 - 6】　设有微分方程 $\ddot{y}+5\dot{y}+6y=6$,初始条件为 $\dot{y}(0)=y(0)=2$。

解　对上述方程两边求拉氏变换,得

$$s^2 y(s) - sy(0) - \dot{y}(0) + 5sy(s) - 5y(0) + 6y(s) = \frac{6}{s}$$

代入初始条件,求得

$$y(s) = \frac{2s^2 + 12s + 6}{s(s^2 + 5s + 6)} = \frac{2s^2 + 12s + 6}{s(s+2)(s+3)} = \frac{1}{s} - \frac{4}{s+3} + \frac{5}{s+2}$$

求反变换,得

$$y(t) = 1 - 4\mathrm{e}^{-3t} + 5\mathrm{e}^{-2t} \qquad (t > 0)$$

2.3　控制系统的复数域数学模型——传递函数

传递函数是在拉氏变换法求解线性定常微分方程中引申出来的复数域数学模型。传递函数不仅可以表征系统的动态特性,而且还可以用来研究系统的结构或参数变化对系统性能的影响,因此它是经典控制理论中最基本最重要的数学模型。

2.3.1　传递函数的定义及特点

1. 传递函数的定义

线性定常系统在输入信号 $x(t)$、输出信号 $y(t)$ 时的数学模型可用如下常系数线性微分方程来描述:

$$a_n y^{(n)}(t) + a_{n-1} y^{(n-1)}(t) + \cdots + a_1 \dot{y}(t) + a_0 y(t)$$
$$= b_m x^{(m)}(t) + b_{m-1} x^{(m-1)}(t) + \cdots + b_1 \dot{x}(t) + b_0 x(t) \qquad (n \geqslant m)$$

式中 a_i、b_i 为系统结构的常数。

在零初始条件下,对上式进行拉氏变换,得

$$(a_n s^n + a_{n-1} s^{n-1} + \cdots + a_1 s + a_0)Y(s) = (b_m s^m + b_{m-1} s^{m-1} + \cdots + b_1 s + b_0)X(s)$$

即

$$\frac{Y(s)}{X(s)} = \frac{b_m s^m + b_{m-1} s^{m-1} + \cdots + b_1 s + b_0}{a_n s^n + a_{n-1} s^{n-1} + \cdots + a_1 s + a_0} \qquad (n \geqslant m)$$

对于线性定常系统,当初始条件为零时,系统输出量的拉氏变换与输入量的拉氏变换之比,称为系统的传递函数,用 $G(s)$ 表示,$G(s) = \dfrac{Y(s)}{X(s)}$,或者 $Y(s) = G(s) \cdot X(s)$。

传递函数是描述线性系统的一种方法。它反映系统的内部结构特性，就好像 $X(s)$ 经过 $G(s)$ 的传递后变成了输出信号 $Y(s)$，故称 $G(s)$ 为传递函数。

2. 传递函数的特点

（1）传递函数是将线性定常系统的微分方程作拉氏变换后得到的，因此传递函数只适用于线性定常系统。

（2）传递函数与系统微分方程一一对应，其形式完全取决于系统本身的结构和参数，与输入信号的形式无关，是系统的动态数学模型。

（3）传递函数是从实际物理系统出发用数学方法抽象出来的，但它不代表系统的物理结构，许多物理性质不同的系统可以具有相同的传递函数。

（4）传递函数中分子多项式的阶次 m 不会大于分母多项式的阶次 n，即 $n \geqslant m$。这反映了一个物理系统的客观属性，任何系统都具有惯性，即任何系统的输出都不能立即完全复现输入信号，只有经过一段时间后，输出量才能达到输入量所希望的值。

（5）一个传递函数只能表示系统的一个输入量与一个输出量之间的关系。如果系统有多个输入量或多个输出量，则不可能用一个传递函数来表示系统各输入量与各输出量之间的关系（在这种情况下，可以使用传递函数矩阵的概念）。因为传递函数只是对系统的一种外部描述，故不能反映系统内部各中间变量之间的关系。

2.3.2 典型环节的传递函数

1. 比例环节（放大环节）

微分方程：$y(t) = k \cdot x(t)$，对应的传递函数为：$G(s) = \dfrac{Y(s)}{X(s)} = k$。

2. 惯性环节

微分方程：$T\dfrac{\mathrm{d}y(t)}{\mathrm{d}t} + y(t) = k \cdot x(t)$，对应的传递函数为：$G(s) = \dfrac{Y(s)}{X(s)} = \dfrac{k}{Ts+1}$。

3. 积分环节

微分方程：$y(t) = \dfrac{1}{T}\displaystyle\int x(t)\mathrm{d}t$，对应的传递函数为：$G(s) = \dfrac{Y(s)}{X(s)} = \dfrac{1}{Ts}$，$T$ 为积分时间常数。

4. 微分环节

微分方程：$y(t) = T \cdot \dfrac{\mathrm{d}x(t)}{\mathrm{d}t}$，对应的传递函数为：$G(s) = \dfrac{Y(s)}{X(s)} = Ts$。

5. 振荡环节

微分方程：$T^2\dfrac{\mathrm{d}^2}{\mathrm{d}t^2}y(t) + 2\xi T\dfrac{\mathrm{d}}{\mathrm{d}t}y(t) + y(t) = kx(t)$，对应的传递函数为：$G(s) = \dfrac{Y(s)}{X(s)} = \dfrac{k}{T^2s^2 + 2\xi Ts + 1}$，$T$ 为时间常数，ξ 为阻尼系数。

6. 纯滞后环节（又称时滞环节）

微分方程：$y(t) = x(t-\tau)$，对应的传递函数为：$G(s) = \dfrac{Y(s)}{X(s)} = \mathrm{e}^{-\tau s}$。

2.4　控制系统的动态结构图

在系统分析中，为了表示各个元(部)件所起的作用及相互关系，往往需要画出完整的系统原理图。工程上常把每个元件用一个方框表示，方框内标明元件的传递函数，元件之间的信号传递关系用方框之间的连接线表示。这种用标明传递函数的方框和连接线表示系统功能的方框图形叫结构图，它是在传递函数的基础上建立的，是描述元件动态特性的图示模型。

由于控制系统是由许多元件组成的，当各个元件的结构图确定后，根据信号的传递关系和方向，用带箭头的线段将它们连接起来就可以得到整个控制系统的结构图。

2.4.1　结构图的组成与作用

1. 结构图的组成

结构图由信号线、分支点、比较点和函数方框组成。

(1) 信号线：如图 2-8(a)所示，是带箭头的直线，箭头表示信号的传递方向，信号线上标明被传递的信号。

(2) 分支点：如图 2-8(b)所示，它表示信号引出或测量的位置，同一分支点引出的信号，其信号和数值完全相同。

(3) 比较点(又称相加点)：如图 2-8(c)所示，用一个小圆圈表示两个以上的信号进行加减运算，"＋"号表示相加，"－"号表示相减。"＋"号可省略不写。

(4) 函数方框(又称环节方框)：如图 2-8(d)所示，它表示对信号进行的数学变换。方框中写入系统(或元件)的传递函数，显然方框的输出变量等于其输入变量与传递函数的乘积。

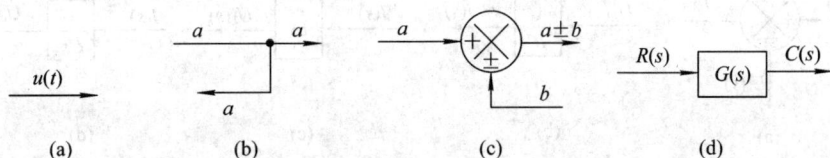

图 2-8　结构图的结构要素

2. 结构图的作用

(1) 能够简单表达系统的组成和相互关系，方便评价每一个元件对系统性能的影响。信号的传递严格按照单向性原则，对于输出对输入的反作用，通过反馈支路来单独表示。

(2) 对结构图进行一定的代数运算和等效变换，可方便地求得整个系统的传递函数。

(3) 当 $s=0$ 时，结构图表示各变量之间的静特性关系，故称为静态结构图；当 $s\neq0$ 时，即为动态结构图。

2.4.2　建立系统的结构图

结构图的绘制有三个步骤：

（1）列出每个元件的原始方程（可以保留所有变量，这样在结构图中可以明显看出各元件的内部结构和变量，便于分析作用原理），要考虑相互之间的负载效应。

（2）设初始条件为零，对这些方程进行拉氏变换，并将每个变换后的方程，分别以一个方框的形式将因果关系表示出来，而且这些方框中的传递函数都具有典型环节的形式。

（3）将这些方框单元按信号流向连接起来，就组成了完整的结构图。

【例题 2 - 7】 画出图 2 - 9 所示 R - L - C 电路系统的结构图。

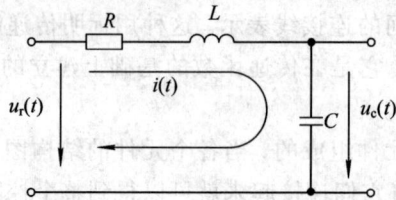

图 2 - 9 R - L - C 电路系统

解   （1）列出各元件的原始方程式：

$$u_R = u_r - u_L - u_c, \; i = \frac{u_R}{R}$$

$$u_L = L \, \frac{\mathrm{d}i}{\mathrm{d}t}, \; u_c = \frac{1}{C} \int i \, \mathrm{d}t$$

（2）取拉氏变换，在零初始条件下，表示成方框形式：

$$U_R(s) = U_r(s) - U_L(s) - U_c(s), \; I(s) = \frac{U_R(s)}{R}$$

$$U_L(s) = L \cdot I(s) \cdot s, \; U_c(s) = \frac{1}{Cs} I(s)$$

各元件或环节的方框图如图 2 - 10 所示。

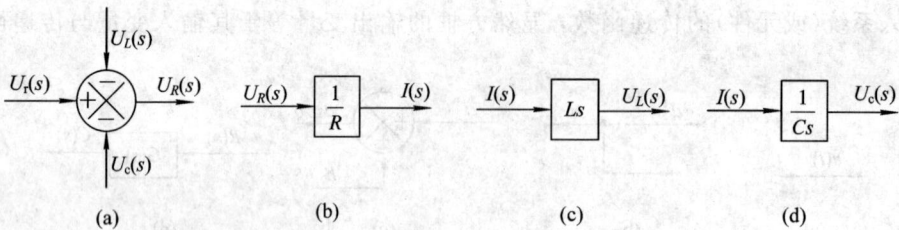

图 2 - 10   各元件或环节的方框图

（3）将这些方框图依次连接起来，便得到 R - L - C 电路系统的结构图，如图 2 - 11 所示。

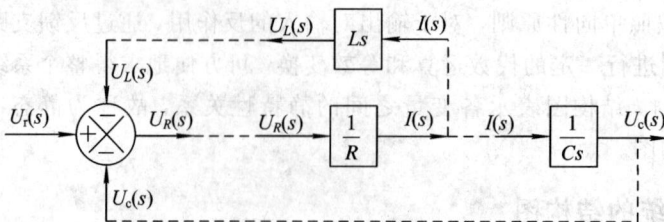

图 2 - 11 R - L - C 电路系统的结构图

2.4.3　结构图的等效变换及简化

1. 结构图的等效变换

在控制工程实践中，常常会碰到一些包含许多反馈回路的控制工程，其结构图比较复杂。对于这种系统，为了便于分析计算，总要对其结构图在等效变换的原则下进行简化。下面介绍几种常用的等效变换原则。

1）串联环节的合并

在控制系统中，串联环节是最常见的一种结构形式，其特点是前一环节的输出量即为后一环节的输入量，如图 2-12(a) 所示。

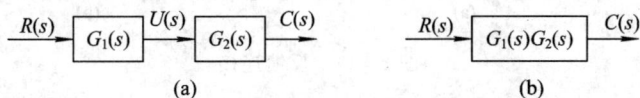

图 2-12　串联环节的合并

由图 2-12(a) 可得：

$$U(s) = G_1(s) \cdot R(s), \quad C(s) = G_2(s) \cdot U(s)$$

所以

$$C(s) = G_2(s) \cdot U(s) = G_2(s) \cdot G_1(s) \cdot R(s)$$

$$G(s) = \frac{C(s)}{R(s)} = G_1(s) \cdot G_2(s)$$

合并后的结构图如图 2-12(b) 所示。由此可知，两个或两个以上环节串联（相互之间无负载效应的影响），其等效传递函数等于各个环节的传递函数之积。

2）并联环节的合并

并联环节的结构图如图 2-13(a) 所示。

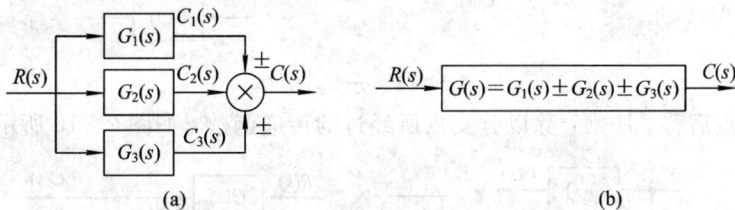

图 2-13　并联环节的合并

由图 2-13(a) 知：

$$C(s) = C_1(s) \pm C_2(s) \pm C_3(s)$$

对于各环节有：

$$G_1(s) = \frac{C_1(s)}{R(s)}, \quad G_2(s) = \frac{C_2(s)}{R(s)}, \quad G_3(s) = \frac{C_3(s)}{R(s)}$$

所以

$$G_1(s) \pm G_2(s) \pm G_3(s) = \frac{C_1(s) \pm C_2(s) \pm C_3(s)}{R(s)} = \frac{C(s)}{R(s)} = G(s)$$

即

$$G(s) = G_1(s) \pm G_2(s) \pm G_3(s)$$

合并后的结构图如图 2-13(b)所示。由此可知，两个或两个以上环节并联，其等效传递函数等于各个环节的传递函数的代数和。

3）反馈连接

反馈连接的形式是两个方框反向并联，如图 2-14(a)所示，相加点处作加法时为正反馈，作减法时为负反馈。

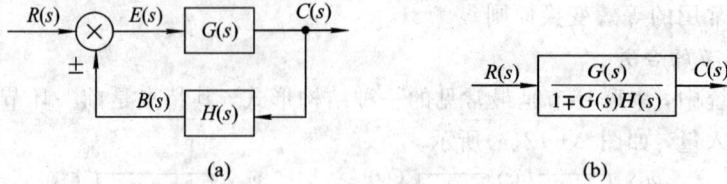

图 2-14　反馈连接

由图知：

$$C(s) = G(s) \cdot E(s), E(s) = R(s) \pm B(s), B(s) = H(s) \cdot C(s)$$

所以

$$\frac{C(s)}{R(s)} = \frac{G(s)}{1 \mp G(s)H(s)}$$

变换后的结构图如图 2-14(b)所示。

4）分支点移动规则

分支点移动通常有两种方法：

（1）分支点前移。法则：乘以分支点所经过的传递函数，如图 2-15 所示。

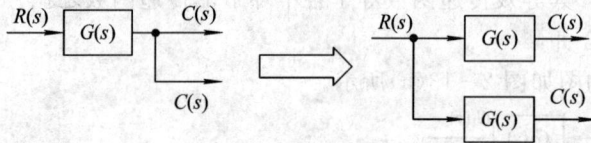

图 2-15　分支点前移

（2）分支点后移。法则：除以分支点所经过的传递函数，如图 2-16 所示。

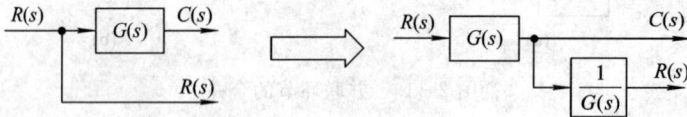

图 2-16　分支点后移

5）相加点移动规则

相加点移动通常有两种方法：

（1）相加点前移。法则：除以相加点所经过的传递函数，如图 2-17 所示。

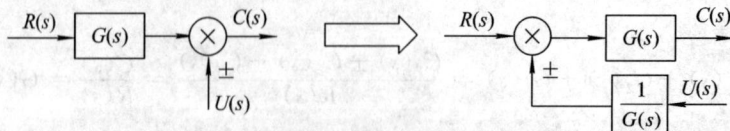

图 2-17　相加点前移

（2）相加点后移。法则：乘以相加点所经过的传递函数，如图 2-18 所示。

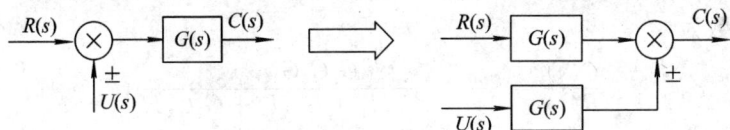

图 2-18 相加点后移

6）分支点之间、相加点之间的移动

分支点之间、相加点之间信号的移动，均不改变原有的数学关系，如图 2-19 所示。但须注意，分支点与相加点之间不能相互移动，因为它们不存在等效关系。

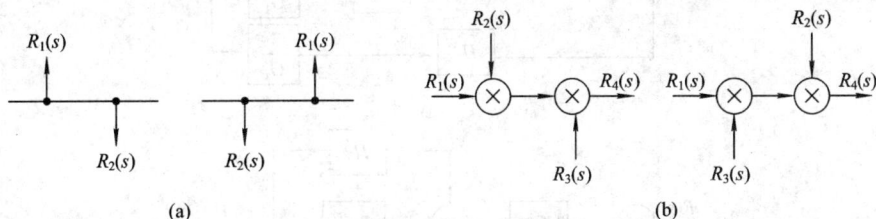

图 2-19 分支点之间、相加点之间的移动

2. 结构图的简化

利用结构图等效变换的原则，可以使包含许多反馈回路的复杂结构图通过整理和重新排列而得到简化。利用这种办法，可方便地确定系统的传递函数。

化简结构图求传递函数的步骤如下：

（1）确定系统的输入量和输出量。

（2）利用代数法则进行等效变换，把相互交叉的回环分开，整理成规范的串联、并联、反馈连接形式。

（3）将规范连接部分利用相应运算公式化简，然后进一步组合整理，形成新的规范连接，依次化简，最终化成一个方框，该方框所表示的即为待求的总传递函数。

【例题 2-8】 系统结构图如图 2-20 所示，求传递函数。

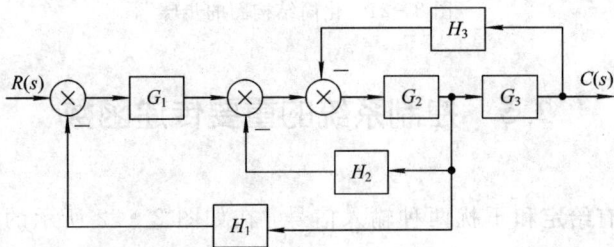

图 2-20 系统结构图

解 （1）将包含 H_1、H_2 的负反馈环的分支点后移，同时将包含 H_3 的负反馈环的相加点前移，得到如图 2-21(a)所示的结构图。

（2）将包含 G_2、G_3，H_2、$\dfrac{1}{G_3}$，H_1、$\dfrac{1}{G_3}$ 的三条串联环节分别合并，得到如图 2-21(b)所示的结构图。

（3）将负反馈支路 H_3、$\dfrac{H_2}{G_3}$ 与 G_2G_3 进行反馈连接，得到如图 2-21(c)所示的结构图。

（4）根据图 2-21(c)所示的结构图，联系串联环节的合并和反馈连接，经过化简，可以得到传递函数为

$$\frac{C(s)}{R(s)} = \frac{G_1 G_2 G_3}{1 + G_1 G_2 H_1 + G_2 H_2 + G_2 G_3 H_3}$$

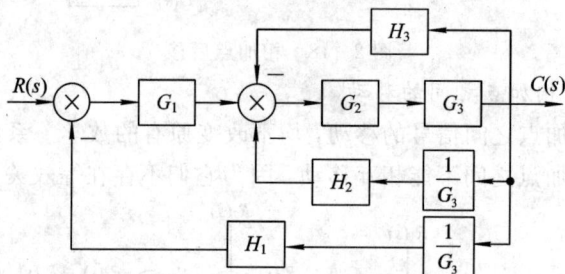

(a)

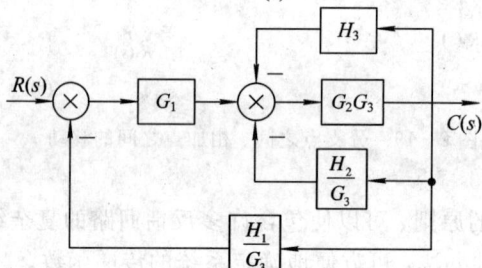

(b)

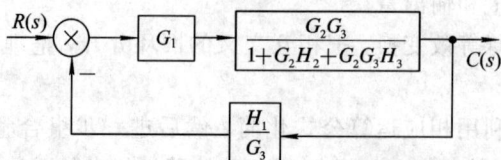

(c)

图 2-21　化简结构图的步骤

2.5　控制系统的重要传递函数

控制系统一般有给定和干扰两种输入信号，在如图 2-22 所示的典型闭环系统框图中，分别为 $R(s)$ 和 $N(s)$。在该结构图中，从输入信号到输出信号之间的通道，称为前向通道；从输出信号到反馈信号之间的通道，称为反馈通道。

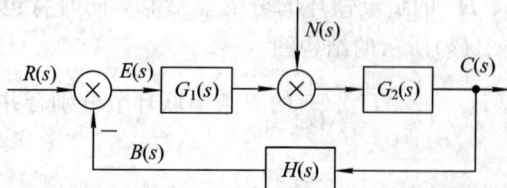

图 2-22　典型闭环系统框图

下面讨论控制系统中几种常用传递函数的定义和求法。

1. 开环传递函数

闭环系统的开环传递函数定义为前向通道传递函数与反馈通道传递函数之积，即 $G_1(s)G_2(s)H(s)$。显然，在图 2-22 中，如果将反馈信号 $B(s)$ 在相加点处断开，则反馈信号 $B(s)$ 与偏差信号 $E(s)$ 之比，就是该系统的开环传递函数，即

$$\frac{B(s)}{E(s)} = G_1(s)G_2(s)H(s)$$

2. 闭环传递函数

（1）给定输入信号作用下系统的闭环传递函数。

令扰动量 $N(s)=0$，由图 2-22 可得到图 2-23，即 $N(s)=0$ 时的系统框图。

其闭环传递函数为

$$\Phi_{\mathrm{r}}(s) = \frac{C(s)}{R(s)} = \frac{G_1(s)G_2(s)}{1 + G_1(s)G_2(s)H(s)}$$

此时的输出量为

$$C(s) = \Phi_{\mathrm{r}}(s)R(s) = \frac{G_1(s)G_2(s)R(s)}{1 + G_1(s)G_2(s)H(s)}$$

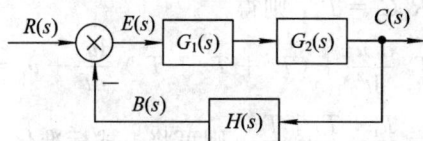

图 2-23 $N(s)=0$ 时的系统框图

（2）扰动作用下系统的闭环传递函数。

为了研究扰动对系统的影响，令 $R(s)=0$，则图 2-23 所示的系统框图变为图 2-24。

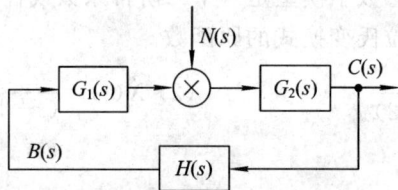

图 2-24 $R(s)=0$ 时的系统框图

在 $N(s)$ 单独作用下，系统的闭环传递函数为

$$\Phi_{\mathrm{n}}(s) = \frac{C(s)}{N(s)} = \frac{G_2(s)}{1 - G_1(s)G_2(s)H(s)}$$

此时的输出量为

$$C(s) = \Phi_{\mathrm{n}}(s)R(s) = \frac{G_2(s)N(s)}{1 - G_1(s)G_2(s)H(s)}$$

（3）系统总的输出。

根据线性系统的叠加原理，系统总的输出为给定输入和扰动引起的输出的总和，所以系统总输出量为

$$C(s) = \frac{G_1(s)G_2(s)R(s)}{1 + G_1(s)G_2(s)H(s)} + \frac{G_2(s)N(s)}{1 - G_1(s)G_2(s)H(s)}$$

2.6　解　题　示　范

【例题 2 - 9】　试建立如图 2 - 25 所示系统的微分方程。其中，电压 u_r 为输入量，u_c 为输出量。

　　解　根据基尔霍夫电压定律，可写出下列方程组：

$$\begin{cases} u_r = R_1 i_1 + \dfrac{1}{C_1} \displaystyle\int (i_1 - i_2)\,\mathrm{d}t \\[2mm] \dfrac{1}{C_1} \displaystyle\int (i_1 - i_2)\,\mathrm{d}t = R_2 i_2 + \dfrac{1}{C_2} \displaystyle\int i_2\,\mathrm{d}t \\[2mm] u_c = \dfrac{1}{C_2} \displaystyle\int i_2\,\mathrm{d}t \end{cases}$$

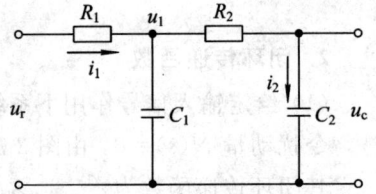

图 2 - 25　RC 系统原理图

消去中间变量 i_1，i_2 后得到

$$R_1 C_1 R_2 C_2 \frac{\mathrm{d}^2 u_c}{\mathrm{d}t^2} + (R_1 C_1 + R_2 C_2 + R_1 C_2) \frac{\mathrm{d}u_c}{\mathrm{d}t} + u_c = u_r$$

令 $R_1 C_1 = T_1$，$R_2 C_2 = T_2$，$R_1 C_2 = T_3$，则得

$$T_1 T_2 \frac{\mathrm{d}^2 u_c}{\mathrm{d}t^2} + (T_1 + T_2 + T_3) \frac{\mathrm{d}u_c}{\mathrm{d}t} + u_c = u_r$$

若进一步令 $T = \sqrt{T_1 T_2}$，$\xi = \dfrac{T_1 + T_2 + T_3}{2\sqrt{T_1 T_2}}$，则可将上式标准化，得

$$T^2 \frac{\mathrm{d}^2 u_c}{\mathrm{d}t^2} + 2\xi T \frac{\mathrm{d}u_c}{\mathrm{d}t} + u_c = u_r$$

可见，该 RC 网络的动态数学模型是一个二阶常系数线性微分方程。

【例题 2 - 10】　求下列拉氏变换式的原函数。

(1) $X(s) = \dfrac{6(s+2)}{s(s^2 + 6s + 12)}$　　　　(2) $X(s) = \dfrac{s}{(s+1)^2 (s+2)}$

　　解　(1) 配方法。

$$X(s) = \frac{1}{s} - \frac{s}{s^2 + 6s + 12} = \frac{1}{s} - \frac{s+3-3}{s^2 + 6s + 12} = \frac{1}{s} - \frac{s+3}{(s+3)^2 + 3} + \sqrt{3}\, \frac{\sqrt{3}}{(s+3)^2 + 3}$$

经拉氏反变换，有

$$x(t) = 1 - \mathrm{e}^{-3t} \cos\sqrt{3}\,t + \sqrt{3}\,\mathrm{e}^{-3t} \sin\sqrt{3}\,t$$

又可写成

$$x(t) = 1 - 2\mathrm{e}^{-3t}(\cos\sqrt{3}\,t \cos 60° - \sin\sqrt{3}\,t \sin 60°) = 1 - 2\mathrm{e}^{-3t} \cos(\sqrt{3}\,t + 60°)$$

(2) 此式含有重极点，需根据重极点计算系数的方法求解。

$$X(s) = \frac{s}{(s+1)^2 (s+2)} = \frac{A}{(s+1)^2} + \frac{B}{s+1} + \frac{C}{s+2}$$

$$A = \lim_{s \to -1} (s+1)^2 \frac{s}{(s+1)^2 (s+2)} = -1$$

$$B = \lim_{s \to -1} \frac{\mathrm{d}}{\mathrm{d}s} \left[(s+1)^2 \frac{s}{(s+1)^2 (s+2)} \right] = 2$$

$$C = \lim_{s \to -2}(s+2)\frac{s}{(s+1)^2(s+2)} = -2$$

所以有

$$X(s) = \frac{-1}{(s+1)^2} + \frac{2}{s+1} - \frac{2}{s+2}$$

经拉氏反变换可得

$$x(t) = -t\mathrm{e}^{-t} + 2\mathrm{e}^{-t} - 2\mathrm{e}^{-2t} = (2-t)\mathrm{e}^{-t} - 2\mathrm{e}^{-2t}$$

【例题 2-11】 若某一系统在阶跃输入作用 $r(t) = 1(t)$ 时，零初始条件下的输出响应为 $c(t) = 1 - 2\mathrm{e}^{-2t} + \mathrm{e}^{-t}$，试求该系统的传递函数和脉冲响应。

解 对 $c(t)$ 进行拉氏变换：

$$C(s) = \frac{1}{s} - \frac{2}{s+2} + \frac{1}{s+1} = \frac{3s+2}{(s+1)(s+2)} \cdot \frac{1}{s}$$

系统的传递函数为

$$G(s) = \frac{C(s)}{R(s)} = \frac{C(s)}{\frac{1}{s}} = \frac{3s+2}{(s+1)(s+2)}$$

根据传递函数的性质，可得系统的脉冲响应为

$$k(t) = L^{-1}[G(s)] = L^{-1}\left[\frac{3s+2}{(s+1)(s+2)}\right] = L^{-1}\left(\frac{-1}{s+1} + \frac{4}{s+2}\right) = 4\mathrm{e}^{-2t} - \mathrm{e}^{-t}$$

【例题 2-12】 已知系统的传递函数 $\frac{C(s)}{R(s)} = \frac{2}{s^2+3s+2}$，且初始条件为 $c(0) = -1$，$c'(0) = 0$。试求阶跃输入作用 $r(t) = 1(t)$ 时，系统的输出响应 $c(t)$。

解 根据传递函数写出对应的微分方程：

$$\frac{\mathrm{d}^2 c(t)}{\mathrm{d}t^2} + 3\frac{\mathrm{d}c(t)}{\mathrm{d}t} + 2c(t) = 2r(t)$$

对上式两边同时进行拉氏变换，可得

$$[s^2 C(s) - sc(0) - c'(0)] + 3[sC(s) - c(0)] + 2C(s) = 2R(s)$$

输入为 $r(t) = 1(t)$，即 $R(s) = \frac{1}{s}$，代入初始条件 $c(0) = -1$，$c'(0) = 0$，经整理得

$$C(s) = -\frac{s^2+3s-2}{s(s^2+3s+2)} = \frac{A}{s} + \frac{B}{s+1} + \frac{C}{s+2} = \frac{1}{s} - \frac{4}{s+1} + \frac{2}{s+2}$$

经拉氏反变换，得系统的输出响应为

$$c(t) = L^{-1}[C(s)] = L^{-1}\left(\frac{1}{s} + \frac{-4}{s+1} + \frac{2}{s+2}\right) = 1 - 4\mathrm{e}^{-t} + 2\mathrm{e}^{-2t}$$

【例题 2-13】 求图 2-26 所示系统的传递函数 $\frac{C(s)}{R(s)}$。

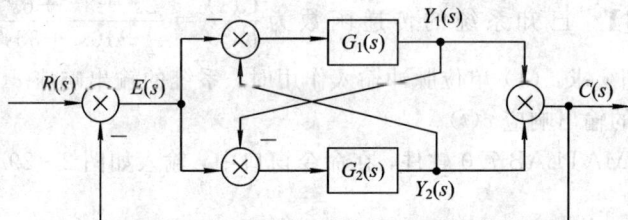

图 2-26　系统结构图

解   由图 2-26 可列写出方程组：

$$\begin{cases} Y_1(s) = [Y_2(s) - E(s)]G_1(s) \\ Y_2(s) = [E(s) - Y_1(s)]G_2(s) \end{cases}$$

可分别解出：

$$\frac{Y_1(s)}{E(s)} = \frac{G_1(s)[G_2(s)-1]}{1+G_1(s)G_2(s)}$$

$$\frac{Y_2(s)}{E(s)} = \frac{G_2(s)[G_1(s)+1]}{1+G_1(s)G_2(s)}$$

图 2-26 可简化成图 2-27。

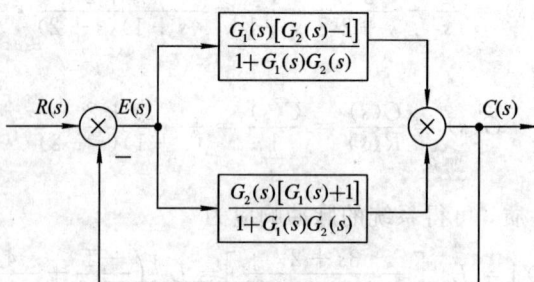

图 2-27   图 2-26 的化简

系统的开环传递函数为

$$G_k(s) = \frac{Y_1(s)}{E(s)} + \frac{Y_2(s)}{E(s)} = \frac{2G_1(s)G_2(s) - G_1(s) + G_2(s)}{1 + G_1(s)G_2(s)}$$

图 2-27 可进一步简化为图 2-28。

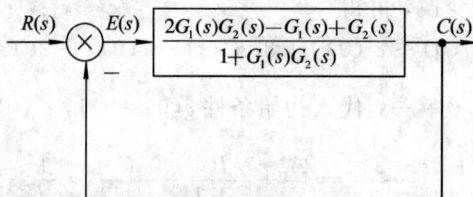

图 2-28   图 2-27 的化简

由此得系统的闭环传递函数为

$$\frac{C(s)}{R(s)} = \frac{G_k(s)}{1+G_k(s)} = \frac{2G_1(s)G_2(s) - G_1(s) + G_2(s)}{1 - G_1(s) + G_2(s) + 3G_1(s)G_2(s)}$$

【例题 2-14】   已知系统的传递函数为 $\dfrac{C(s)}{R(s)} = \dfrac{2s^2 + 3s^3 + 6s^2 + 10s + 24}{s^4 + 10s^3 + 35s^2 + 50s + 24}$。利用 MATLAB 7.0 软件，求：(1) 单位脉冲输入作用时，系统的输出响应 $c(t)$；(2) 单位阶跃输入作用时，系统的输出响应 $c(t)$。

解   (1) 打开 MATLAB 7.0 软件，在命令窗口中，输入如图 2-29 所示的命令，并得到结果。

所以，由 MATLAB 命令得到 $C(s)/R(s)$ 的部分分式展开式为

$$\frac{C(s)}{R(s)} = \frac{2s^2 + 3s^3 + 6s^2 + 10s + 24}{s^4 + 10s^3 + 35s^2 + 50s + 24}$$

$$= \frac{-66.6667}{s+4} + \frac{64.5}{s+3} + \frac{-18}{s+2} + \frac{3.1667}{s+1} + 2$$

在单位脉冲输入作用时，即 $R(s) = 1$，可得到系统的输出响应为

$$c(t) = -66.6667e^{-4t} + 64.5e^{-3t} - 18e^{-2t} + 3.1667e^{-t} + 2$$

（2）在单位阶跃输入作用时，即 $R(s) = \frac{1}{s}$，

$$C(s) = \frac{2s^2 + 3s^3 + 6s^2 + 10s + 24}{s^4 + 10s^3 + 35s^2 + 50s + 24} \times \frac{1}{s}$$

此时，在 MATLAB 7.0 软件的命令窗口中，输入如图 2-30 所示的命令，运行后即可得到相应结果。

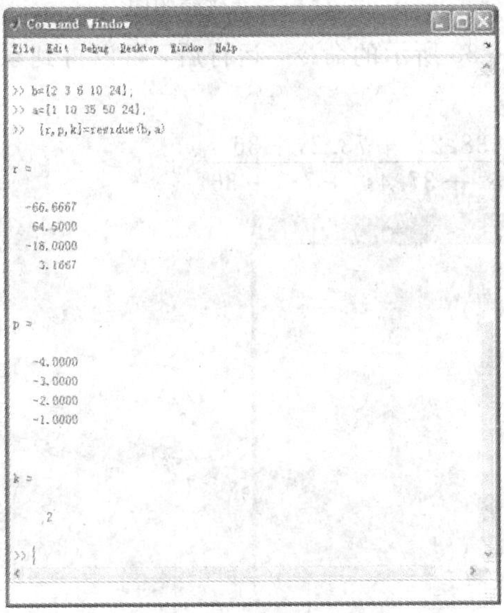

图 2-29　MATLAB 7.0 的 Command
Window 窗口

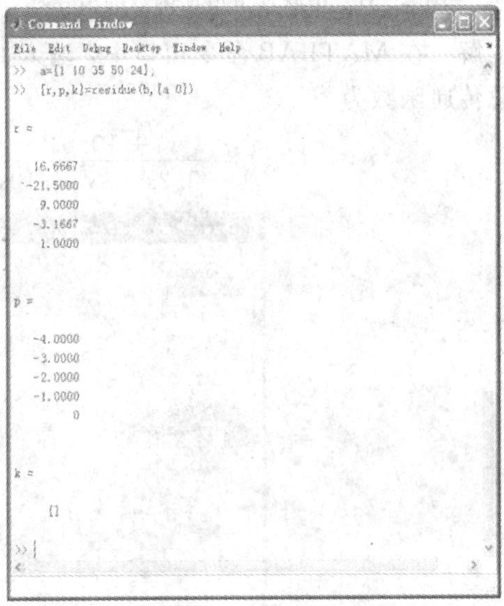

图 2-30　MATLAB 7.0 的阶跃输入作用
命令窗口

因此得到的系统输出表达式为

$$c(t) = 16.6667e^{-4t} - 21.5e^{-3t} + 9e^{-2t} - 3.1667e^{-t} + 1$$

【例题 2-15】　MATLAB 在系统方框图化简中的应用。

（1）在图 2-12(a) 中，若 $G_1(s) = \frac{2}{s+2}$，$G_2(s) = \frac{3}{s^2 + 2s + 1}$，则根据图 2-31 中的语句指令，可得到串联环节总的传递函数为

$$G(s) = \frac{6}{s^3 + 4s^2 + 5s + 2}$$

（2）已知系统的方框图如图 2-32 所示，其中 $G_1(s) = \frac{5s+3}{s}$，$G_2(s) = \frac{s^3 + 5s^2 + 2s + 12}{s^4 + 25s^2 + 10s + 12}$，$H(s) = \frac{1}{0.2s+1}$。求系统总的传递函数 $G(s)$。

图 2-31　串联环节传递函数的指令

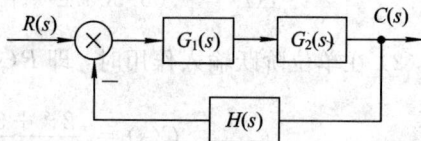

图 2-32　系统结构图

解　在 MATLAB 命令窗口中，输入如图 2-33 所示的命令，运行后，可以得到系统的总传递函数为

$$G(s) = \frac{s^5 + 10.6s^4 + 33s^3 + 38.2s^2 + 73.2s + 36}{0.2s^6 + s^5 + 10s^4 + 55s^3 + 37.4s^2 + 78s + 36}$$

图 2-33　MATLAB 7.0 实现指令

小　结

　　(1) 控制系统的数学模型有多种，常有微分方程、传递函数和结构图等。只有建立了系统的数学模型，才能对系统进行相应的分析。

　　(2) 微分方程式是系统数学模型的基础，是根据实际物理系统所遵循的运动规律直接得出的时域中各个变量的关系式。

　　(3) 传递函数是线性定常系统在零初始条件下，输出量的拉氏变换与输入量的拉氏变换之比，是复域的变量关系式。

　　(4) 结构图是数学模型的图解形式。它形象直观地表示出了系统内部信号的传递关系，广泛应用于经典控制理论。读者应熟悉建立控制系统结构图的方法，并能运用其等效变换法则，求出相应的传递函数。

（5）控制系统是由若干环节按一定方式组合而成的。常用的典型环节有比例、惯性、积分、微分、振荡、纯滞后等。

（6）用 MATLAB 7.0 软件对多项式进行部分分式展开，便于用拉氏变换求解微分方程及系统的总传递函数。

习　题

2-1　试建立如题图 2-1 所示系统的微分方程。其中，电压 u_r 为输入量，u_c 为输出量。

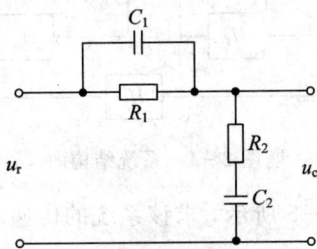

题图 2-1　RC 系统原理图

2-2　求下列函数的拉氏反变换：

① $F_1(s) = \dfrac{s+1}{s(s^2+s+1)}$　　② $F_2(s) = \dfrac{5s+2}{(s+1)(s+2)^3}$

③ $F_3(s) = \dfrac{1}{s^2(s^2+\omega^2)}$　　④ $F_4(s) = \dfrac{(s+3)(s+4)(s+5)}{(s+1)(s+2)}$

⑤ $F_5(s) = \dfrac{3s^2+2s+8}{s(s+2)(s^2+2s+4)}$

2-3　已知控制系统的结构图如题图 2-2 所示，试求当输入 $r(t)=R_0 \cdot 1(t)$ 时系统的输出 $c(t)$。

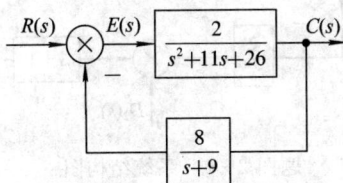

题图 2-2　系统结构图

2-4　已知系统结构如题图 2-3 所示，初始条件为 $c(0)=-1$，$c'(0)=0$。试计算当 $r(t)=1(t)$，$n(t)=\delta(t)$ 时系统的总输出 $c(t)$ 和总偏差 $e(t)$。

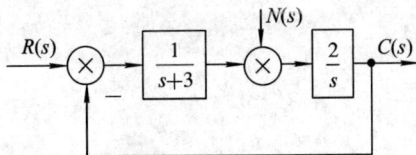

题图 2-3　系统结构图

2-5　已知某系统由下列方程组组成，试绘制该系统的结构图，并求闭环传递函数 $\dfrac{C(s)}{R(s)}$。

$$\begin{cases} X_1(s) = G_1(s)R(s) - G_1(s)[G_7(s) - G_8(s)]C(s) \\ X_2(s) = G_2(s)[X_1(s) - G_6(s)X_3(s)] \\ X_3(s) = [X_2(s) - C(s)G_5(s)]G_3(s) \\ c(s) = G_4(s)X_3(s) \end{cases}$$

2-6　试用结构图等效变换，求题图2-4所示系统的传递函数 $\dfrac{C(s)}{R(s)}$。

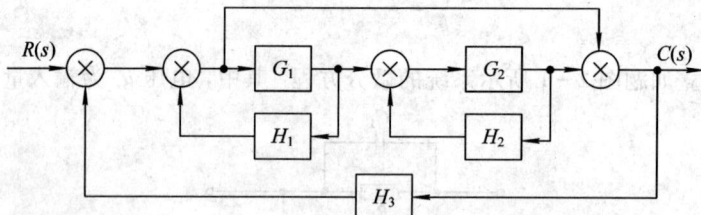

题图 2-4　系统结构图

2-7　系统结构图如题图2-5所示，求该系统的传递函数 $\dfrac{C(s)}{R(s)}$。

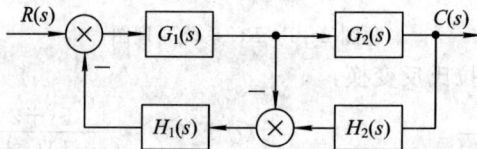

题图 2-5　系统结构图

2-8　已知一多输入—单输出控制系统的结构图如题图2-6所示，试求输出 $C(s)$ 与各输入量之间的表达式。

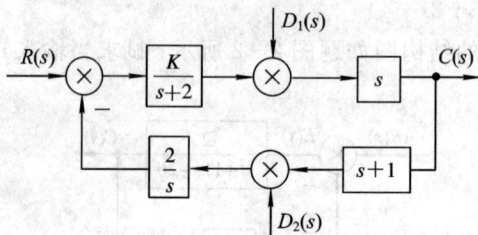

题图 2-6　系统结构图

2-9　已知系统的传递函数为 $G(s) = \dfrac{60(s+5)^2}{(s+1)(s^2+s+9)}$。利用 MATLAB 7.0 软件，试求：(1) 单位脉冲输入作用时，系统的输出响应 $c(t)$；(2) 单位阶跃输入作用时，系统的输出响应 $c(t)$。

第 3 章 线性系统的时域分析法

本章要点

- 自动控制系统动态性能指标时域估算方法；
- 自动控制系统稳定性的判断；
- 自动控制系统稳态性能分析。

本章难点

- 典型二阶系统的阶跃响应分析；
- 高阶系统的动态指标的估算方法。

作为一个控制系统，我们最关心的是这个系统的一些性能，即这个系统在一个输入信号的作用之后，其输出信号会如何变化，变化有什么特点，以及对于整个控制系统的影响。在前两章的基础上，针对控制系统的数学模型，本章将运用经典控制理论的时域分析方法来分析系统的性能。

在线性定常系统中，常用的分析方法有三种：时域分析法、根轨迹法、频域分析法。二阶系统性能分析常采用时域分析法，高阶系统的分析则采用后两种方法，或者在一定条件下高阶系统也可以近似为一个二阶系统，采用时域方法来分析。二阶系统是控制系统常见的情况，时域分析也是经典控制理论的一个重点，其分析方法较直观、易理解。

3.1 阶跃响应的性能指标

通常，系统性能分析有三个方面，即输出信号对输入信号的跟随性、准确性和稳定性，即稳、快、准。一个控制系统的性能取决于这个系统的结构参数，为分析系统的性能优劣，通常采用一些简单的典型输入信号来分析其输出信号的变化特点，并从中得到系统性能的定量结果，作为系统性能的统一衡量标准。

在同一系统中，不同形式的输入信号所对应的输出响应是不同的，但对于线性控制系统来说，它们所表征的系统性能是一致的。通常以单位阶跃信号作为典型输入作用，可在一个统一的基础上对各种控制系统的特性进行比较和研究。一般认为，阶跃输入对系统来说是最严峻的工作状态，如果系统在阶跃输入作用下的动态性能满足要求，那么在其他形式输入的作用下，其动态性能也是令人满意的。

在典型输入信号作用下，任何一个控制系统的时间响应都将经历一个动态的调节过程和一个稳态工作过程两个状态，分析这两个过程的特点，采用一定的指标来衡量，即可对系统的稳、快、准性能进行分析。反之，也可以通过控制要求来设计一个性能良好的控制系统。

自动控制系统理想的阶跃响应如图 3－1 所示，这是一个衰减振荡的过程。

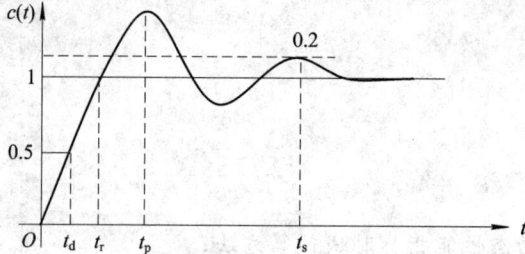

图 3－1　单位阶跃响应

图中定义了工程上常用的以下性能指标：

（1）延迟时间 t_d：指响应曲线第一次达到稳态值的 50% 所需的时间。

（2）上升时间 t_r：指响应曲线从其稳态值的 10% 上升到 90% 所需的时间。对于振荡系统，则取响应从零到第一次上升到稳态值所需的时间。

（3）峰值时间 t_p：指输出响应超过稳态值第一次达到峰值所需要的时间。

（4）调节时间 t_s：指输出响应曲线第一次达到并保持在误差带内所需要的时间。取误差带为稳态输出 ±5% 或 ±2%，如图 3－1 所示。

（5）超调量 $\sigma\%$：指响应曲线超过稳态值的最大偏移量占稳态值的百分比，即

$$\sigma\% = \frac{c(t_p) - c(\infty)}{c(\infty)} \times 100\%$$

（6）稳态误差 e_{ss}：当时间趋于无穷时，系统的稳定输出值与期望输出值之差。

延迟时间 t_d、上升时间 t_r、峰值时间 t_p 均反映系统响应调节初始段的快慢；调节时间 t_s 表示系统总体上动态过渡过程的快慢；超调量 $\sigma\%$ 反映系统响应过程的平稳性；稳态误差 e_{ss} 反映系统复现输入信号的最终精度。

常见的二阶系统输出为振荡衰减的过程，且要求第一次和第二次超调比约为 4∶1，才能既满足快速性，又不会有过大的超调量，保证动态调节平稳性。稳态误差指标反映系统的准确性，是对系统控制精度或抗干扰能力的一种衡量指标。

3.2　典型二阶系统时域分析

3.2.1　一阶系统的单位阶跃响应

由一阶微分方程作为运动方程的控制系统称为一阶系统，其在工程中极为常见，有些高阶系统的特性也常用一阶系统来近似分析。

1. 一阶系统的数学模型

一阶系统微分方程的形式一般为

$$Tc'(t) + c(t) = r(t)$$

其中 $c(t)$ 为输出信号，$r(t)$ 为输入信号。当系统的初始条件为零时，上式对应的传递函数为

$$\Phi(s) = \frac{C(s)}{R(s)} = \frac{1}{Ts+1}$$

2. 一阶系统的单位阶跃响应

当输入信号为单位阶跃信号 $r(t)=1(t)$ 时，对应输出的单位阶跃响应为

$$c(t) = L^{-1}[C(s)] = L^{-1}[R(s) \times \Phi(s)] = L^{-1}\left[\frac{1}{s} \times \frac{1}{Ts+1}\right]$$

$$= L^{-1}\left[\frac{1}{s} - \frac{1}{s+\frac{1}{T}}\right] = 1 - e^{-t/T} \qquad (t \geqslant 0)$$

一阶系统的单位阶跃响应是一条初始值为零，以指数规律上升到终值 $c(\infty)=1$ 的曲线，如图 3-2 所示。

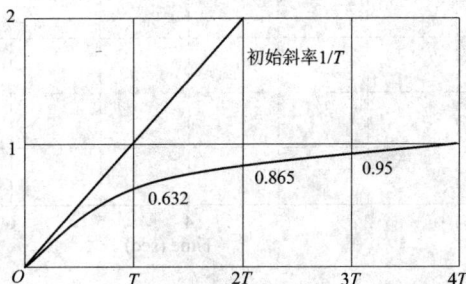

图 3-2　一阶系统的单位阶跃响应

一阶系统的响应具有以下特点：

（1）可以用惯性时间常数 T 来度量系统的输出。当 $t=T$ 时，$c(t)=0.632$；当 $t=2T$，$3T$，$4T$ 时，$c(t)$ 分别等于 0.865，0.95，0.982。根据这一特点，可以用实验方法测定一阶系统的时间常数，或测定系统是否属于一阶系统。

（2）曲线初始段的斜率为 $1/T$。根据这一特点，也可以确定一阶系统的时间常数。

（3）根据动态性能指标的定义，测得一阶系统动态性能指标为

$$t_d = 0.69T$$
$$t_r = 2.2T$$
$$t_s = 3T$$

显然，峰值时间和超调量都不存在，可以直接利用上述公式来分析系统的动态性能。

一阶系统若 $T=1$ 时，则闭环传递函数为

$$\Phi(s) = \frac{C(s)}{R(s)} = \frac{1}{Ts+1} = \frac{1}{s+1}$$

则单位阶跃响应验证如下：

输入 MATLAB 程序：

```
>>num=[1];
>>den=[1, 1];
>>t=0：0.02：8;
>>figure
```

```
>>step(num, den, t);
>>grid
```

输出响应如图 3-3 所示。

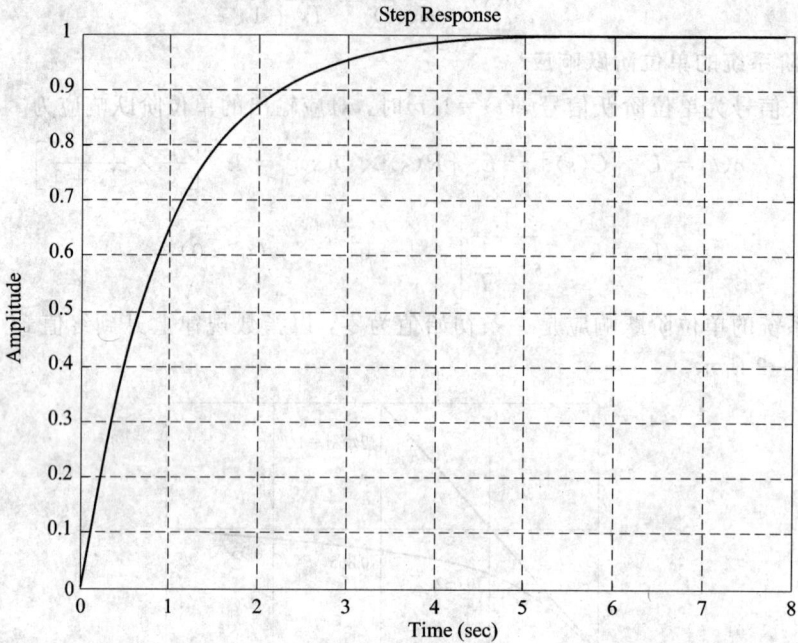

图 3-3 输出响应

3.2.2 典型二阶系统的单位阶跃响应

1. 典型二阶系统的数学模型

采用微分方程描述二阶系统的形式一般为

$$T^2 \frac{d^2 c(t)}{dt^2} + 2\xi T \frac{dc(t)}{dt} + c(t) = r(t)$$

其中，$r(t)$ 为系统的输入信号，$c(t)$ 为系统的输出信号。设初始条件为零，相应的传递函数为

$$\Phi(s) = \frac{C(s)}{R(s)} = \frac{1}{T^2 s^2 + 2\xi Ts + 1}$$

令 $\omega_n = \frac{1}{T}$，二阶系统常可表示为如下标准形式：

$$\Phi(s) = \frac{C(s)}{R(s)} = \frac{\omega_n^2}{s^2 + 2\xi\omega_n s + \omega_n^2}$$

式中的 ω_n、ξ 取决于系统的结构参数，若系统固定，则 ω_n、ξ 均为常数参数。控制系统多采用闭环形式，上述传递函数对应的结构图可表示成如图 3-4 所示的标准形式。

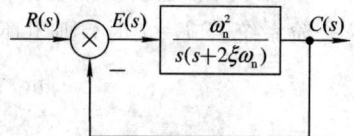

图 3-4 二阶系统标准形式

二阶系统闭环特征方程为

$$D(s) = s^2 + 2\xi\omega_n s + \omega_n^2 = 0$$

闭环特征根为

$$s_{1,2} = -\xi\omega_n \pm \omega_n \sqrt{\xi^2 - 1}$$

闭环特征根的类型直接影响系统的性能。下面分别讨论不同类型的根对系统性能的影响。

2. 典型二阶系统单位阶跃响应

当输入信号为单位阶跃信号 $1(t)$ 时，即 $R(s) = \dfrac{1}{s}$，则输出信号为

$$C(s) = \frac{\omega_n^2}{s^2 + 2\xi\omega_n s + \omega_n^2} \times \frac{1}{s}$$

$$c(t) = L^{-1}[C(s)] = L^{-1}\left[\frac{\omega_n^2}{s^2 + 2\xi\omega_n s + \omega_n^2} \times \frac{1}{s}\right]$$

下面分几种情况进行讨论。

(1) 欠阻尼（$0 < \xi < 1$）：闭环特征根为一对共轭复数，且具有负实部。令 $\sigma = \xi\omega_n$，$\omega_d = \omega_n \sqrt{1 - \xi^2}$，则有

$$s_{1,2} = -\sigma \pm j\omega_d$$

式中，σ 称为衰减系数，ω_d 称为阻尼振荡角频率。

二阶系统输出为

$$C(s) = \frac{\omega_n^2}{s^2 + 2\xi\omega_n s + \omega_n^2} \times \frac{1}{s} = \frac{\omega_n^2}{(s + \sigma + j\omega_d)(s + \sigma - j\omega_d)} \times \frac{1}{s}$$

$$= \frac{1}{s} - \frac{s + 2\sigma}{(s + \sigma)^2 + \omega_d^2} = \frac{1}{s} - \frac{s + \sigma}{(s + \sigma)^2 + \omega_d^2} - \frac{\sigma}{(s + \sigma)^2 + \omega_d^2}$$

对上式经反拉氏变换，得

$$c(t) = 1 - e^{-\sigma t}\left[\cos\omega_d t + \frac{\xi}{\sqrt{1 - \xi^2}}\sin\omega_d t\right]$$

$$= 1 - \frac{e^{-\sigma t}}{\sqrt{1 - \xi^2}}\left[\sqrt{1 - \xi^2}\cos\omega_d t + \xi\sin\omega_d t\right]$$

$$= 1 - \frac{e^{-\sigma t}}{\sqrt{1 - \xi^2}}\sin(\omega_d t + \beta) \qquad (t \geqslant 0)$$

其中，$\beta = \arccos\xi$。

上式表明，欠阻尼二阶系统的单位阶跃响应由两部分组成。第一部分为稳态分量 1；第二部分是按幅值衰减振荡的暂态分量，按指数 $e^{-\sigma t}$ 衰减（σ 称为衰减系数），以 ω_d 为阻尼振荡频率，最终暂态分量振荡衰减为零，系统最终不存在稳态误差，如图 3-5 曲线②所示。二阶系统要求工作在欠阻尼状态。

由此可见，$-\sigma$ 和 ω_d 决定了系统的暂态分量情况，即系统的闭环特征根的情况决定了系统的暂态分量。

(2) 无阻尼（$\xi = 0$）：闭环特征根为一对共轭虚根，即

$$s_{1,2} = \pm j\omega_n$$

系统的单位阶跃响应为

$$c(s) = \frac{\omega_n^2}{s^2 + \omega_n^2} \times \frac{1}{s} = \frac{1}{s} - \frac{s}{s^2 + \omega_n^2}$$

$$c(t) = 1 - \cos\omega_n t \qquad (t \geqslant 0)$$

显然，响应曲线为等幅振荡曲线，如图 3-5 曲线①所示。其中 ω_n 为无阻尼振荡频率。

（3）临界阻尼($\xi=1$)：闭环特征根为一对相等的负实根，即

$$s_{1,2} = -\omega_n$$

系统的单位阶跃响应为

$$C(s) = \frac{\omega_n^2}{(s+\omega_n)^2} \times \frac{1}{s} = \frac{1}{s} - \frac{\omega_n}{(s+\omega_n)^2} - \frac{1}{s+\omega_n}$$

$$c(t) = 1 - e^{-\omega_n t}(1 + \omega_n t) \qquad (t \geqslant 0)$$

上式表明：临界阻尼二阶系统单位阶跃响应的暂态部分只衰减不振荡，暂态部分最终衰减为零，系统输出为无超调的单调上升的过程，系统无稳态误差，如图 3-5 曲线③所示。

（4）过阻尼($\xi>1$)：闭环特征根为两个不相等的负实根，即

$$s_{1,2} = -\xi\omega_n \pm \omega_n \sqrt{\xi^2 - 1}$$

系统的单位阶跃响应为

$$C(s) = \frac{\omega_n^2}{(s-s_1)(s-s_2)} \times \frac{1}{s}$$

经反拉氏变换得

$$c(t) = 1 - \frac{\omega_n}{2\sqrt{\xi^2-1}}\left(\frac{e^{s_1 t}}{-s_1} - \frac{e^{s_2 t}}{-s_2}\right) \qquad (t \geqslant 0)$$

上式表明：在 s 平面上，s_1、s_2 均位于负实轴上，若 ξ 远大于 1，$|s_1| \ll |s_2|$，则含有 s_2 的指数项比含有 s_1 的指数项衰减得更快一些，因此，可以忽略 s_2 的指数项而保留 s_1 的指数项。系统输出响应为缓慢上升的过阻尼过程，如图 3-5 曲线④所示。

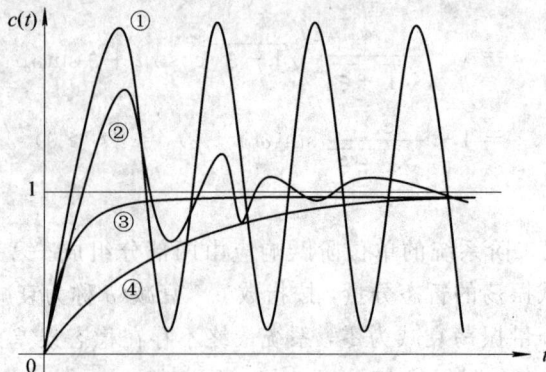

①无阻尼 ($\xi=0$)；②欠阻尼 ($0<\xi<1$)；③临界阻尼 ($\xi=1$)；④过阻尼 ($\xi>1$)

图 3-5　二阶系统的阶跃响应曲线

3. 二阶系统各工作状态的分析

综合控制系统稳、快、准三方面性能的影响，结合图 3-4 可得出如下结论：

（1）为保证无稳态误差，控制系统不能工作在无阻尼状态；为保证系统的快速性，过阻尼状态也不理想；欠阻尼有比较好的快速性，但有超调，临界阻尼无超调，平稳性好，但上升时间不如欠阻尼，兼顾两个方面，由图 3-4 可知，阻尼比 ξ 越大，超调量越小，平稳性越好。二阶系统通常工作在欠阻尼且接近临界阻尼的状态，即通常取 $0.4 < \xi < 0.8$，这样既保证了快速性，又没有太大的超调，保证了平稳性。二阶系统最佳阻尼比 $\xi = 0.707$。

（2）显然，当 $\xi < 0$ 时，闭环特征根具有了正的实部，系统输出为振荡发散的状态，作为一个实际系统是不可能正常工作在此状态的，因为输出信号无限量的增大是不可能的，否则将损坏系统的结构部件，这样的系统也就是一个不稳定的系统。因此，系统的稳定性决定于系统闭环特征根在 s 平面的位置，后续的章节将进一步进行稳定性的分析。

3.2.3　欠阻尼二阶系统动态性能指标的估算

为满足动态性能，常常需要调整两个参数 ξ、ω_n 来设计合适的系统。下面推导系统动态指标和这两个参数 ξ、ω_n 之间的关系。

1. 上升时间 t_r

根据定义 $c(t_r) = 1$，即

$$c(t_r) = 1 - \frac{e^{-\sigma t_r}}{\sqrt{1-\xi^2}} \sin(\omega_d t_r + \beta) = 1$$

则

$$\frac{e^{-\sigma t_r}}{\sqrt{1-\xi^2}} \sin(\omega_d t_r + \beta) = 0$$

由于振幅不为零，则必有

$$\omega_d t_r + \beta = k\pi$$

取 $k=1$ 时，

$$t_r = \frac{\pi - \beta}{\omega_d}$$

按定义第一次达到稳态值 1，因此取 $k=1$。由上式可得，增大自然振荡频率 ω_n 或减小阻尼比 ξ，均能减小 t_r，加快系统的初始上升速度。

2. 峰值时间 t_p

由图 3-1 可知，当 $t=t_p$ 时，函数对时间的导数为零，由此可求得峰值时间，即

$$\left. \frac{dc(t)}{dt} \right|_{t=t_p} = \frac{-1}{\sqrt{1-\xi^2}} [\omega_d e^{-\xi\omega_n t_p} \cos(\omega_d t_p + \beta) - \xi\omega_n e^{-\xi\omega_n t_p} \sin(\omega_d t_p + \beta)] = 0$$

则得

$$\tan(\omega_d t_p + \beta) = \frac{\sqrt{1-\xi^2}}{\xi} = \tan\beta$$

可得

$$\omega_d t_p = k\pi$$

按定义第一次出现峰值，取 $k=1$，可得

$$t_p = \frac{\pi}{\omega_d}$$

峰值时间只与阻尼振荡频率有关。

3. 超调量 $\sigma\%$

按定义，超调量出现在峰值时时刻的输出，因此

$$\sigma\% = \frac{c(t_p) - c(\infty)}{c(\infty)} \times 100\% = \frac{c(t_p) - 1}{1} \times 100\%$$

$$= -\frac{e^{-\sigma t_p}}{\sqrt{1 - \xi^2}} \sin(\pi + \beta) \times 100\%$$

$$= \frac{e^{-\sigma t_p}}{\sqrt{1 - \xi^2}} \sin\beta \times 100\%$$

$$= e^{-\xi\pi/\sqrt{1 - \xi^2}} \times 100\%$$

由上式可得，超调量只与阻尼比 ξ 有关，ξ 越小，超调量越大。

4. 调节时间 t_s

欠阻尼二阶系统的响应曲线为振荡衰减的曲线，其衰减按指数递减，该曲线应包含在由幅值 $1 \pm \dfrac{e^{-\sigma t}}{\sqrt{1 - \xi^2}}$ 组成的包络线之内，如图 3-6 所示。

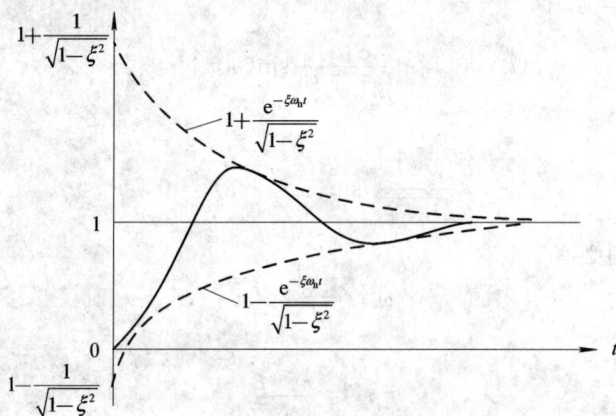

图 3-6　欠阻尼二阶系统单位阶跃响应

根据调节时间的定义，实际响应与稳态输出的误差为

$$\Delta = \left| \frac{e^{-\sigma t}}{\sqrt{1 - \xi^2}} \sin(\omega_d t + \beta) \right| \leqslant \frac{e^{-\sigma t}}{\sqrt{1 - \xi^2}}$$

根据要求的误差带，取 $\xi = 0.8$，可得出调节时间的估算式为

$$t_s = \frac{3.5}{\xi\omega_n} \qquad (\pm 5\% \text{ 误差带})$$

$$t_s = \frac{4}{\xi\omega_n} \qquad (\pm 2\% \text{ 误差带})$$

由上两式可以看出，调节时间与阻尼比和无阻尼自然振荡频率的乘积成反比。通常，先由超调量来确定 ξ 的值，再由调节时间确定 ω_n。

当阻尼比在 $0.4 \sim 0.8$ 之间时，以上两估计式比较准确，同时超调量对应为 $25\% \sim 2.5\%$ 之间。一般选取 $\xi = 0.707$，超调量小于 5%，调节时间也接近最小值，0.707 为最佳阻尼参数。

【**例题 3 - 1**】　单位反馈控制系统如图 3 - 7 所示，若参数 $K=16$，$T=0.25$，试计算系统的各动态性能指标。

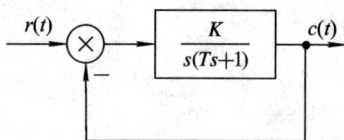

图 3 - 7　单位反馈控制系统

解　系统的闭环传递函数为

$$\Phi(s) = \frac{K}{Ts^2 + s + K} = \frac{K/T}{s^2 + s/T + K/T} = \frac{64}{s^2 + 4s + 64}$$

与典型二阶系统比较，得

$$\omega_{n} = \sqrt{K/T} = 8, \quad \xi = \frac{1}{2\sqrt{KT}} = 0.25$$

将 ω_{n}、ξ 的值代入各动态指标计算公式，求得

$$t_{r} = \frac{\pi - \beta}{\omega_{d}} = 0.24 \text{ s}, \quad t_{p} = \frac{\pi}{\omega_{d}} = 0.41 \text{ s}$$

$$\sigma\% = \mathrm{e}^{-\xi\pi/\sqrt{1-\xi^2}} \times 100\% = 44\%, \quad t_{s} = \frac{3.5}{\xi\omega_{n}} = 1.75 \text{ s}$$

MATLAB 程序如下：

```
>>num=[64];
>>den=[1 4 64];
>>t=0:0.02:4;
>>figure
>>step(num,den,t);
>>grid
```

单位阶跃响应输出曲线如图 3 - 8 所示。

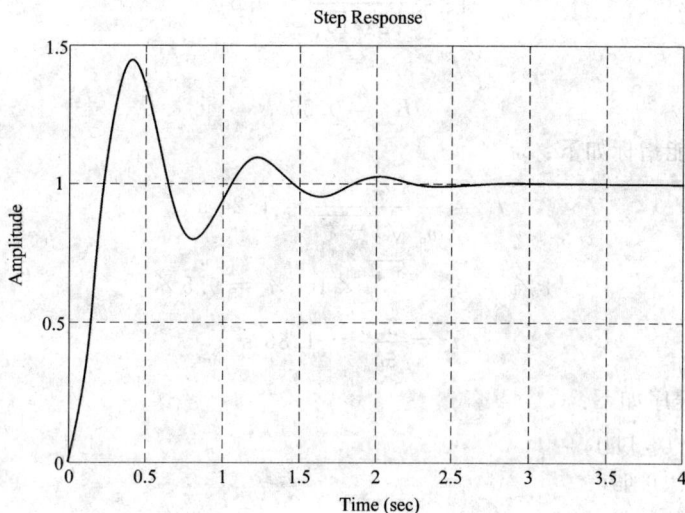

图 3 - 8　单位阶跃响应曲线

从图 3-8 中可以看出：

峰值时间 $t_p = 0.4$ s

超调量 $\sigma\% = 45\%$

调节时间 $t_s = 1.7$ s

上升时间 $t_r = 0.24$ s

【例题 3-2】 已知系统结构图如图 3-9 所示，要求系统阻尼比 $\xi = 0.6$，试确定参数 K_f 的值，并计算动态性能指标 t_p、$\sigma\%$、t_s。

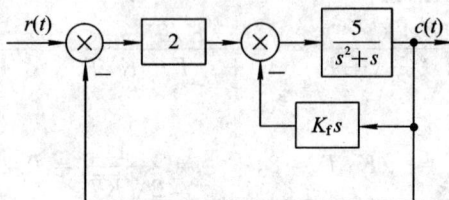

图 3-9　系统结构图

解　由结构图写出系统闭环传递函数为

$$\Phi(s) = \frac{2\dfrac{5}{s^2+s}}{1 + \dfrac{5K_f s}{s^2+s} + \dfrac{2\times5}{s^2+s}} = \frac{10}{s^2 + (1+5K_f)s + 10}$$

与二阶系统传递函数标准形式

$$\Phi(s) = \frac{\omega_n^2}{s^2 + 2\xi\omega_n s + \omega_n^2}$$

相比较得出

$$\begin{cases} \omega_n = \sqrt{10} = 3.16 \\ \xi = \dfrac{1+5K_f}{2\sqrt{10}} = 0.6 \end{cases}$$

解得

$$K_f = 0.56$$

计算动态性能指标如下：

$$t_p = \frac{\pi}{\omega_n\sqrt{1-\xi^2}} = 1.24 \text{ s}$$

$$\sigma\% = e^{-\xi\pi/\sqrt{1-\xi^2}} \times 100\% = 9.5\%$$

$$t_s = \frac{3.5}{\xi\omega_n} = 1.86 \text{ s}$$

MATLAB 程序如下：

```
>>wn=[3.16];
>>kos=[0.6];
>>num=wn^2;
>>den=[1,2*kos*wn,wn^2];
>>figure
```

>>t=0：0.02：5;

>>step(num,den,t);

>>grid

输出单位阶跃响应曲线如图 3-10 所示。

Step Response

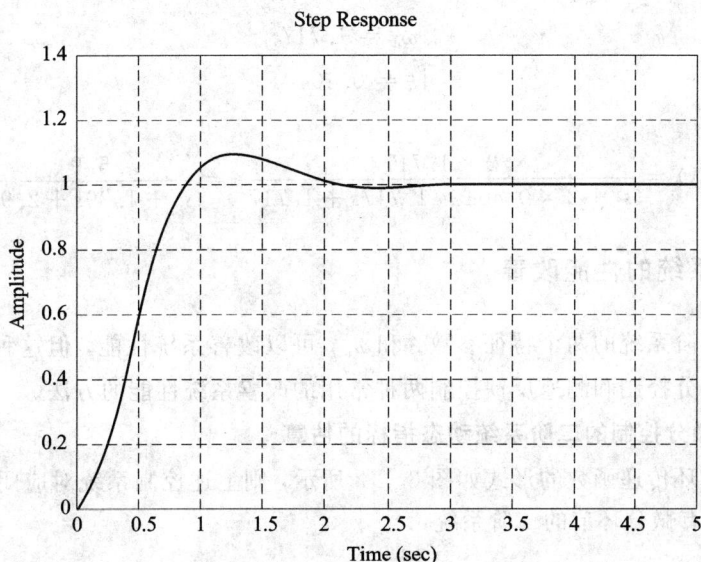

图 3-10 单位阶跃响应曲线

【**例题 3-3**】 典型二阶系统单位阶跃响应曲线如图 3-11 所示,试确定系统的闭环传递函数。

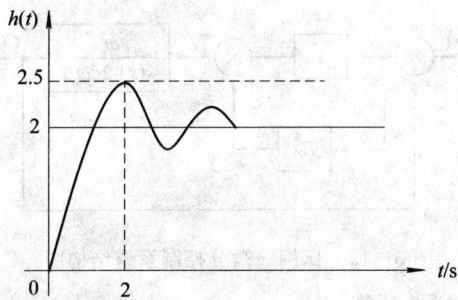

图 3-11 二阶系统单位阶跃响应曲线

解 依题意,系统闭环传递函数形式为

$$\Phi(s) = \frac{K_\phi \omega_n^2}{s^2 + 2\xi\omega_n s + \omega_n^2}$$

由图 3-11 可见,系统单位阶跃响应稳态值为 2,所以

$$h(t) = \lim_{s \to 0} s\Phi(s)R(s) = \lim_{s \to 0} s \frac{K_\phi \omega_n^2}{s^2 + 2\xi\omega_n s + \omega_n^2} \cdot \frac{1}{s} = K_\phi = 2$$

系统峰值时间 $t_p = 2$ s,超调量 $\sigma\% = \dfrac{2.5 - 2}{2} \times 100\% = 25\%$,所以

$$\begin{cases} t_{\mathrm{p}} = \dfrac{\pi}{\omega_{\mathrm{n}} \sqrt{1-\xi^2}} = 2 \\ \sigma\% = \mathrm{e}^{-\xi\pi/\sqrt{1-\xi^2}} \times 100\% = 25\% \end{cases}$$

解得

$$\begin{cases} \omega_{\mathrm{n}} = 1.717 \\ \xi = 0.404 \end{cases}$$

所以

$$\Phi(s) = \frac{2 \times 1.717^2}{s^2 + 2 \times 0.404 \times 1.717s + 1.717^2} = \frac{5.9}{s^2 + 1.39s + 2.95}$$

3.2.4　二阶系统的性能改善

调整典型二阶系统的两个特征参数 ξ 和 ω_{n}，可以改善系统性能，但这种改善有限。下面讨论比例—微分控制和测速反馈控制两种常用的改善系统性能的方法。

1. 比例—微分控制的二阶系统动态指标的估算

若系统的闭环传递函数的形式如图 3-12 所示，则上述控制系统对应闭环传递函数有如下形式，为带有微分环节的二阶系统：

$$\Phi(s) = \frac{\omega_{\mathrm{n}}^2}{z} \frac{s+z}{s^2 + 2\xi_{\mathrm{d}}\omega_{\mathrm{n}}s + \omega_{\mathrm{n}}^2}$$

其中：

$$z = \frac{1}{T_{\mathrm{d}}}, \quad \xi_{\mathrm{d}} = \xi + \frac{\omega_{\mathrm{n}}}{2z}$$

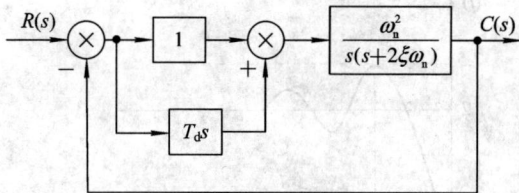

图 3-12　比例—微分控制系统结构图

当阶跃输入时，动态指标的估算如下：

令

$$r = \frac{\sqrt{z^2 - 2\xi_{\mathrm{d}}\omega_{\mathrm{n}} + \omega_{\mathrm{n}}^2}}{z \sqrt{1-\xi_{\mathrm{d}}^2}}$$

$$\psi = -\pi + \arctan\left(\frac{\omega_{\mathrm{n}} \sqrt{1-\xi_{\mathrm{d}}^2}}{z - \xi_{\mathrm{d}}\omega_{\mathrm{n}}}\right) + \arctan\left(\frac{\sqrt{1-\xi_{\mathrm{d}}^2}}{\xi_{\mathrm{d}}}\right)$$

$$\beta_{\mathrm{d}} = \arctan\left(\frac{\sqrt{1-\xi_{\mathrm{d}}^2}}{\xi_{\mathrm{d}}}\right)$$

则系统的动态性能指标为

$$t_p = \frac{\beta_d - \psi}{\omega_n \sqrt{1-\xi_d^2}}$$

$$\sigma\% = r \sqrt{1-\xi_d^2}\,e^{-\xi_d\omega_n t_p} \times 100\%$$

$$t_s = \frac{4 + \ln r}{\xi_d \omega_n} \qquad (\Delta = 2\%)$$

$$t_s = \frac{3 + \ln r}{\xi_d \omega_n} \qquad (\Delta = 5\%)$$

2. 测速反馈控制

如图 3-13 所示的结构被称为测速反馈系统,将输出量的速度信号反馈到输入端,并与误差信号 $E(s)$ 比较后,可以用来改善系统的动态性能。

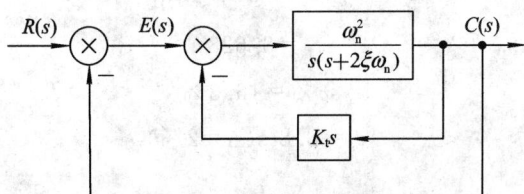

图 3-13　测速反馈系统结构图

系统的开环传递函数为

$$G(s) = \frac{\omega_n^2}{s^2 + (2\xi\omega_n + K_t\omega_n^2)s} = \frac{K}{s[s/(2\xi\omega_n + K_t\omega_n^2) + 1]}$$

其中开环增益为

$$K = \frac{\omega_n}{2\xi + K_t\omega_n}$$

闭环传递函数为

$$\Phi(s) = \frac{\omega_n^2}{s^2 + 2\xi_t\omega_n s + \omega_n^2}$$

式中 $\xi_t = \xi + \frac{1}{2}K_t\omega_n$。

显然,测速反馈控制和比例—微分控制一样,不但不改变自然频率 ω_n,而且增大了阻尼比。

尽管如此,但是它们对系统的改善效果仍不一样,因为比例—微分控制包含一个零点,而测速反馈控制不包含零点。比例—微分控制的附加阻尼作用产生于输入端误差信号的变化;速度反馈控制的附加阻尼来自系统输出量的变化。比例—微分控制提供了一个实零点,可缩短系统的初始响应,但是在相同的阻尼比时,超调量也大于速度反馈控制。

【例题 3-4】　试分别求出图 3-14 中各系统的自然振荡频率和阻尼比,并分析其动态性能。

解　(1) 图 3-14(a)所示系统的闭环传递函数为

$$\Phi(s) = \frac{1}{s^2 + 1}$$

则
$$t_p = 3.142 \text{ s}$$
$$\sigma\% = 100\%$$

（2）图 3-14(b)所示系统的闭环传递函数为

$$\Phi(s) = \frac{s+1}{s^2+s+1}$$

则
$$t_p = 2.418 \text{ s}$$
$$\sigma\% = 29.9\%$$
$$t_s = 8.0 \text{ s}(\Delta = 2\%)$$

（3）图 3-14(c)所示系统的闭环传递函数为

$$\Phi(s) = \frac{1}{s^2+s+1}$$

则
$$t_p = 3.628 \text{ s}$$
$$\sigma\% = 16.3\%$$
$$t_s = 8.8 \text{ s}(\Delta = 2\%)$$

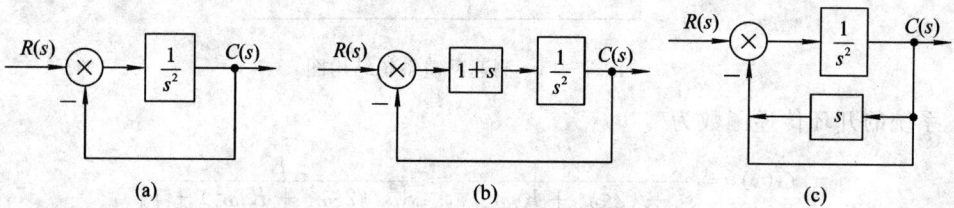

图 3-14　控制系统

MATLAB 程序如下：

```
>>num1=[1];
>>den1=[1 0 1];
>>sys1=tf(num1,den1);
>>num2=[1 1];
>>den2=[1 1 1];
>>sys2=tf(num2,den2);
>>num3=[1];
>>den3=[1 1 1];
>>sys3=tf(num3,den3);
>>t=0:0.1:20;
>>figure(1)
>>step(sys1,t);grid
>>figure(2)
>>step(sys2,t);grid
>>figure(3)
>>step(sys3,t);grid
```

输出单位阶跃响应曲线分别如图 3-15(a)、(b)、(c)所示。

(a)

(b)

(c)

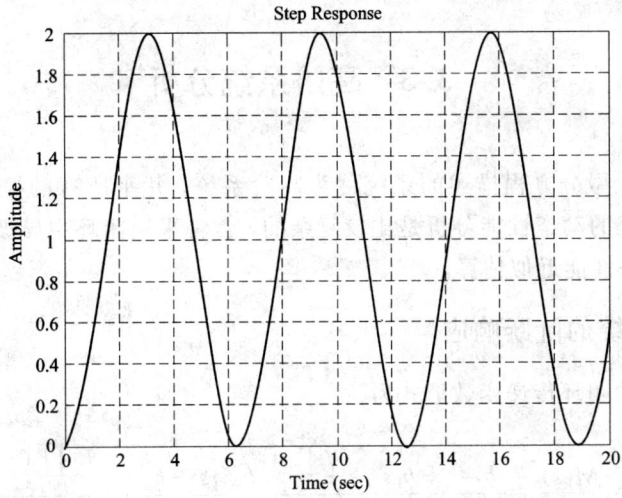

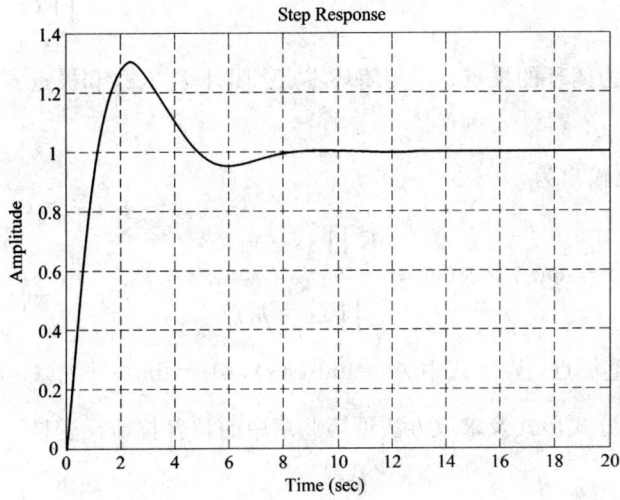

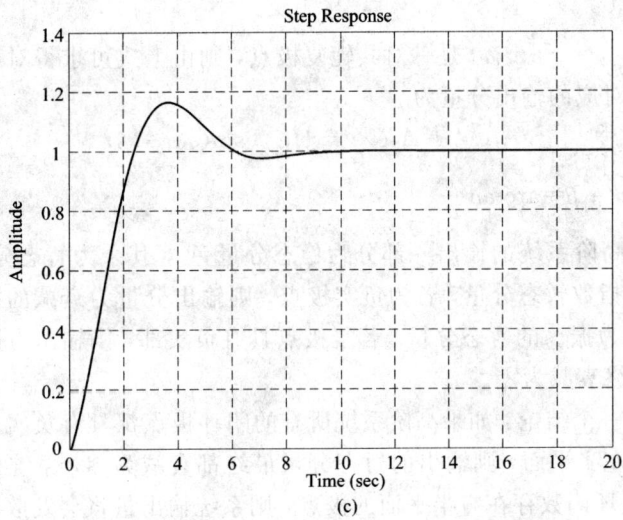

图 3 - 15　输出单位阶跃响应

3.3　高阶系统分析

采用二阶以上微分方程描述的系统称为高阶系统，几乎所有的控制系统都是高阶系统。对于高阶系统的动态性能分析是比较复杂的，常常采用闭环主导极点对高阶系统进行近似处理，对动态性能近似估算。

3.3.1　高阶系统的阶跃响应

设 n 阶系统的闭环传递函数形式为

$$\Phi(s) = \frac{C(s)}{R(s)} = \frac{M(s)}{D(s)} = \frac{b_0 s^m + b_1 s^{m-1} + \cdots + b_{m-1} s + b_m}{a_0 s^n + a_1 s^{n-1} + \cdots + a_{n-1} s + a_n} = \frac{K \prod\limits_{j=1}^{m}(s - z_j)}{\prod\limits_{i=1}^{n}(s - p_i)} \quad (n \geqslant m)$$

式中：$K = \dfrac{b_0}{a_0}$；p_i 为闭环的极点；z_j 为闭环零点。闭环零点 z_j 和极点 p_i 可能是实数或者成对共轭复数。

单位阶跃响应输出为

$$C(s) = \Phi(s) \times R(s) = \frac{K \prod\limits_{j=1}^{m}(s - z_j)}{\prod\limits_{i=1}^{n}(s - p_i)} \times \frac{1}{s} = \frac{A_0}{s} + \sum_{i=1}^{n} \frac{A_i}{s - p_i}$$

若 p_i 均为单重极点，则上式中 $A_0 = \lim\limits_{s \to 0} sC(s)$，$A_i = \lim\limits_{s \to p_i}(s - p_i)C(s)$（若存在多重极点 p_i，则上式的部分分式形式及求取方法见第 2 章中的拉普拉斯反变换）。

输出响应为

$$c(t) = A_0 + \sum_{i=1}^{n} A_i e^{p_i t}$$

假若其中的 $p_{1,2} = -\sigma \pm j\omega_d$ 是一对共轭复极点，则由上式可求得对应的 $A_{1,2} = c \pm jd$，也为共轭的留数，对应的输出分量为

$$A_1 e^{p_1 t} + A_2 e^{p_2 t} = U e^{-\sigma t} \sin(\omega_d t - \beta)$$

式中：$U = 2\sqrt{c^2 + d^2}$；$\beta = \arctan \dfrac{c}{d}$。

由上述可见，高阶系统的输出一部分为稳态分量 A_0，其余为暂态分量。暂态分量中，由实极点构成的是指数暂态分量，若为负实极点，则输出分量为衰减的指数分量；由复极点对应的输出分量为振荡的暂态分量，若复极点具有负实部，则输出为振荡衰减的暂态分量，幅值按指数最终衰减为零。

由此可以得到一个结论：如果高阶系统所有的闭环极点都具有负实部，即所有闭环极点都位于复平面 s 左半平面，则输出的暂态分量最终都衰减为零，系统是稳定的，稳定输出为 A_0；若系统闭环函数存在右半平面的极点，则系统输出量将会发散，而系统也一定是一个不稳定系统。

3.3.2　偶极子和闭环主导极点

1. 偶极子

在 s 平面上,若一个闭环极点的附近存在闭环的零点,或者说存在一对靠得很近或者相等的零极点,则在闭环函数分子分母中,这两个因子将近似抵消或者抵消。这种情况的极点会使暂态分量中的对应留数系数很小或等于零,对系统的输出影响很小,这类零极点称为偶极子。偶极子对输出对暂态分量的影响很小,因此可以忽略。

2. 主导极点

对稳定的高阶系统而言,如果在所有的闭环极点中,距离虚轴最近的极点,且周围没有闭环零点(即不构成偶极子),而其它闭环极点又远离虚轴,那么距离虚轴最近的闭环极点所对应的响应分量,随着时间的推移衰减相对缓慢,无论从指数系数还是从留数系数上来看,在输出响应暂态分量中都起主导作用,这样的闭环极点称为闭环主导极点。闭环主导极点可以是实数极点,也可以是复数极点,或者是它们的组合。

除闭环极点外,所有其它远离虚轴的闭环极点,对应的留数系数较小,指数衰减速度也快,随着时间的推移迅速衰减,持续时间很短,对系统动态行为影响很小,因而统称为非主导极点。

3.3.3　高阶系统的动态指标的估算

在实际工程动态性能分析中,可以忽略非主导极点而保留主导极点,将高阶系统近似为一阶和二阶系统,以实现对高阶系统动态性能的估算,因此高阶系统的增益常常调整到使系统具有一对闭环共轭主导极点。这时可用二阶系统的动态性能指标来估算高阶系统的动态性能,但实际上也要考虑非主导零极点对动态性能的影响。

若选取一对共轭复极点作为主导极点 $p_{1,2} = -\sigma \pm j\omega_d$,其余非主导极点或偶极子均忽略,构成一个新的二阶系统,近似二阶系统传递函数的表达式如下:

$$\Phi(s) = \frac{\omega_n^2}{(s+\delta+j\omega_d)(s+\delta-j\omega_d)} = \frac{\omega_n^2}{s^2 + 2\xi\omega_n s + \omega_n^2}$$

可利用二阶系统的指标估算得到高阶系统的动态指标。

【例题 3-5】　已知系统的闭环传递函数为

$$\Phi(s) = \frac{0.59s+1}{(0.67s+1)(0.01s^2+0.08s+1)}$$

试估算该系统的动态性能指标。

解　由闭环传递函数可知,该系统是一个三阶系统,其闭环零、极点在 s 平面上的分布如图 3-16 所示。

闭环零点:$z_1 = -1.7$

闭环极点:$p_1 = -1.5$,$p_{2,3} = -4 \pm j9.2$

显然,p_1 与 z_1 构成一对偶极子,则共轭极点 p_2、p_3 是系统的主导极点,于是系统可近似为二阶系统,即

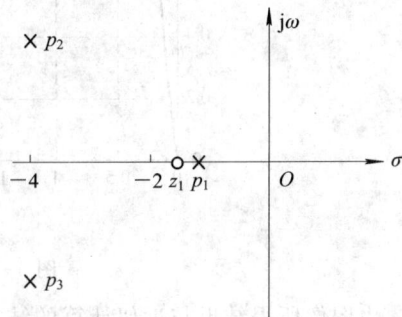

图 3-16　闭环零、极点分布图

$$\Phi(s) \approx \frac{1}{0.01s^2 + 0.08s + 1}$$

按标准二阶系统传递函数可以确定：

$$\omega_n = 10$$

$$\xi = 0.4$$

所以估算动态性能指标为

$$\begin{cases} t_s = \dfrac{3.5}{\xi\omega_n} = 0.875 \text{ s} \\[2mm] \sigma\% = e^{-\xi\pi/\sqrt{1-\xi^2}} \times 100\% = 25\% \\[2mm] t_p = \dfrac{\pi}{\omega_n \sqrt{1-\xi^2}} = 0.34 \text{ s} \end{cases}$$

闭环传递函数整理后为

$$\Phi(s) = \frac{0.59s + 1}{(0.67s + 1)(0.01s^2 + 0.08s + 1)} = \frac{0.59s + 1}{0.0067s^3 + 0.0636s^2 + 0.75s + 1}$$

MATLAB 程序如下：

```
>>num=[0.59 1];
>>den=[0.0067 0.0636 0.75 1];
>>sys=tf(num,den);
>>t=0:0.01:5;
>>figure
>>step(sys,t);
>>grid
```

输出单位阶跃响应曲线如图 3-17 所示。

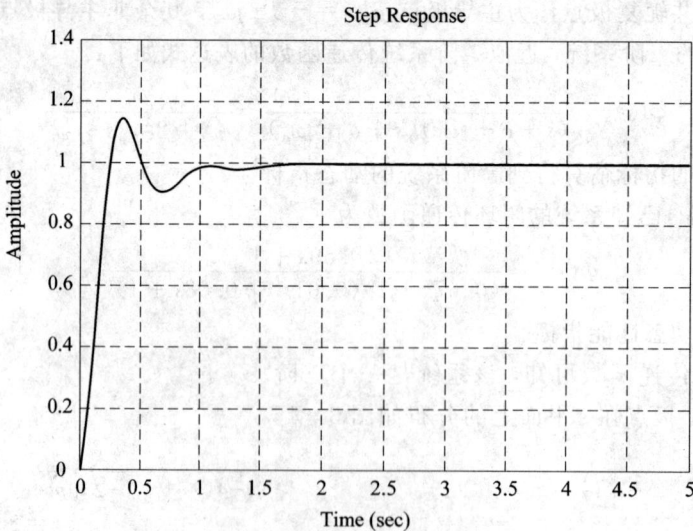

图 3-17　单位阶跃响应曲线

由图像所得结果与近似计算的结果相当。

3.4　线性系统稳定性分析

3.4.1　稳定的定义

所谓稳定性，是指系统恢复平衡状态的一种能力。当系统处于一种平衡状态时，由于扰动的作用，系统将偏离原来的平衡状态，当扰动消失后，经过足够长的时间，系统可恢复到原来的起始平衡状态，则称这样的系统是稳定的，否则，系统是不稳定的。

如图 3-18 所示两个静止的平衡系统，当外力 F 作用于图中的小球时，就会打破原平衡状态，当外力去掉以后，(a)图返回原平衡位置，而(b)图将永远不会再回到原平衡状态。所以称(a)图为稳定的系统，(b)图为不稳定的系统。

控制系统的稳定性也一样。控制系统在实际运行过程中总会受到外界和内部的一些因素干扰作用，例如负载和电源的波动，系统参数的变化，环境条件的改变等。当系统受到扰动的作用时，系统也会偏离原平衡状态，如果系统是稳定的，则系统就会克服这种扰动的作用，随着时间的推移最终恢复到原平衡状态；否则，系统不稳定，将不能克服干扰，系统不能正常工作。

图 3-18　平衡系统

例如前面分析的二阶系统，若系统工作在欠阻尼状态，当阶跃输入时，随着时间的推移，阶跃响应最终振荡衰减收敛到某一稳定状态，系统是稳定的；反之，如果系统 $\xi < 0$，输出量振荡发散，则系统将最终遭到破坏而不能正常工作，系统为不稳定的系统。

稳定性是系统能够正常工作的首要条件。线性系统的稳定性是系统本身的一种属性，仅取决于系统的结构参数，与初始条件和外输入无关。

3.4.2　线性系统稳定的充要条件

由稳定性的定义可知，稳定性是系统自身的固有特性，与外界条件无关。设系统初始条件为零，当输入单位脉冲信号时，这相当于扰动信号的作用，使得输出信号偏离原平衡点，随着时间的推移，脉冲响应

$$\lim_{t \to \infty} c(t) = 0$$

即输出恢复原平衡点，则系统是稳定的。

系统的输出脉冲响应拉氏变换为

$$C(s) = \Phi(s) \times R(s) = \frac{K \prod_{j=1}^{m}(s - z_j)}{\prod_{i=1}^{n}(s - p_i)} \times 1 = \sum_{i=1}^{n} \frac{A_i}{s - p_i}$$

式中，闭环零点 z_j 和极点 p_i 可能是实数或者成对共轭复数 $p_{k1,k2} = \sigma_k \pm j\omega_k$。

对应的脉冲响应输出为

$$c(t) = \sum_{i=1}^{n} A_i e^{p_i t} = \sum_{j=1}^{q} A_j e^{p_j t} + \sum_{k=1}^{r} U e^{\sigma_k t} \sin(\omega_k t - \beta)$$

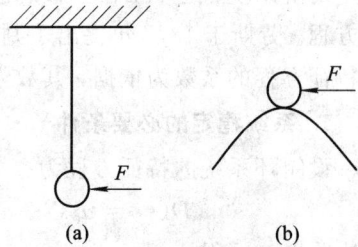

式中，$q+2r=n$。

　　上式表明，当且仅当系统的特征根全部具有负实部时，系统的稳态输出才为零，系统为稳定系统；否则，若存在一个或一个以上的正实部根，则系统的稳态输出发散，系统不稳定；若系统存在一个或一个以上零实部根，其余根均具有负实部，则系统的输出等幅振荡，系统为临界稳定。

　　由此可见，线性系统稳定的充分必要条件是：闭环系统特征方程的所有根均具有负实部；或者说，闭环传递函数的极点均位于 s 平面的左半平面。

3.4.3　劳斯稳定判据

　　根据系统稳定的充要条件，要判断一个系统的稳定性，需要求出全部闭环特征根。但对于高阶系统，这个工作会很麻烦，因此，希望寻求一种更为简单的判断方法来代替解特征方程。劳斯于 1877 年提出了判断稳定性的代数判据，称为劳斯判据。这种判据以线性系统特征方程的系数为依据，其数学推导从略。

　　1. 系统稳定的必要条件

　　设闭环系统的特征方程为

$$D(s) = a_0 s^n + a_1 s^{n-1} + \cdots + a_{n-1}s + a_n = 0 \qquad (a_0 > 0)$$

两边除以 a_0，得

$$D(s) = s^n + \frac{a_1}{a_0}s^{n-1} + \cdots + \frac{a_{n-1}}{a_0}s + \frac{a_n}{a_0} = 0$$

　　由于

$$D(s) = (s-p_1)(s-p_2)\cdots(s-p_{n-1})(s-p_n) = 0$$

对比以上两式，即可得：

$$\frac{a_1}{a_0} = -\sum_{i=1}^{n} p_i$$

$$\frac{a_2}{a_0} = \sum_{\substack{i,\,j=1 \\ i\neq j}}^{n} p_i p_j$$

$$\frac{a_3}{a_0} = -\sum_{\substack{i,\,j,\,k=1 \\ i\neq j\neq k}}^{n} p_i p_j p_k$$

$$\vdots$$

$$\frac{a_n}{a_0} = (-1)^n p_1 p_2 \cdots p_n$$

　　从上述关系中可以看出，如果特征方程的根 p_1，p_2，$\cdots$，p_n 都具有负实部，则特征方程的系数 a_0，a_1，$\cdots$，a_n 均为正。因此，线性系统稳定的必要条件是：闭环特征方程的系数均为正，即 $a_i > 0$。若存在等于零或等于负值的系数，则必定存在虚根或正实部的根，系统不稳定。在闭环方程系数为正这一必要条件的基础上，可进一步应用劳斯稳定判据判断系统的稳定性。

　　2. 劳斯稳定判据

　　如果所有的系数都是正的，则可由系数排列成如下的劳斯表：

s^n	a_0	a_2	a_4	a_6	⋯
s^{n-1}	a_1	a_3	a_5	a_7	⋯
s^{n-2}	b_1	b_2	b_3	b_4	⋯
s^{n-3}	c_1	c_2	c_3	c_4	⋯
⋮	⋮	⋮	⋮	⋮	⋯
s^1	d_1				
s^0	e_1				

从第三行开始的系数可由以下公式求得：

$$b_1 = \frac{a_1 a_2 - a_0 a_3}{a_1} \quad b_2 = \frac{a_1 a_4 - a_0 a_5}{a_1} \quad b_3 = \frac{a_1 a_6 - a_0 a_7}{a_1} \cdots$$

$$c_1 = \frac{b_1 a_3 - a_1 b_2}{b_1} \quad c_2 = \frac{b_1 a_5 - a_1 b_3}{b_1} \quad c_3 = \frac{b_1 a_7 - a_1 b_4}{b_1} \cdots$$

$$\vdots$$

每行系数利用前两行系数通过上式得到，共 $n+1$ 行。在计算过程中，给某一行同乘一个正数，可以简化后面的运算，而不会影响稳定性的判断。

劳斯稳定判据的内容：

（1）若劳斯表第一列的系数全为正，则表明闭环特征根均在 s 左半平面，系统稳定。这也是系统稳定的充要条件。

（2）若第一列的系数不全为正，存在负值，则表明存在正实部闭环特征根，系统不稳定，且正实部根的个数等于第一列系数符号改变的次数。

注意，有以下两种特殊情况：

（1）若某一行中的第一列系数等于零，其余列系数不全等于零或没有其余项，这时下一行系数将会无穷大，无法排列劳斯表。如果要继续排列劳斯表，则可用一个小正数 ε 代替第一列中的零，继续排列劳斯表。

通过得到的劳斯表，可利用劳斯判据来判断系统的稳定性。若第一列系数符号改变，则系统不稳定的原因是由于存在正实部根；若第一列系数符号不改变，则一定存在临界虚根，系统临界稳定。总之，在这种情况下系统不稳定。

（2）若某一行系数全为零，使得劳斯表无法继续，这种情况表明闭环特征根存在等值反号的实根、虚根或共轭虚根对。这些根的特点是以原点为对称点，呈对称形式，由此可知，系统肯定是不稳定系统。可利用上一行系数构成辅助多项式，并用该多项式的导数式的系数代替全零行，使劳斯表继续下去。也可以利用多项式构成的方程求得这些等值反号的根。

【例题 3-6】 已知线性系统的闭环特征方程为 $D(s) = s^4 + 2s^3 + 3s^2 + 4s + 5 = 0$，试用劳斯稳定判据判别系统的稳定性。

解　因为 $a_i > 0 (i = 1, 2, 3, 4)$，所以系统满足稳定的必要条件。

列劳斯表如下：

s^4	1	3	5
s^3	2	4	0
s^2	1	5	
s^1	-6	0	
s^0	5		

或用 s^3 行除以 2，则劳斯表如下：

s^4	1	3	5
s^3	1	2	0
s^2	1	5	
s^1	-3	0	
s^0	5		

计算结果表明，第一列系数的符号改变次数为 2，则说明多项式有两个正实部的根，系统不稳定。在计算劳斯表的过程中，如果某些系数不存在，则在阵列中可以用零来取代，继续劳斯表计算；可见当给某行乘以或除以一个正数时，得到的劳斯表不会影响稳定性的判定。

MATLAB 程序如下：

```
>>den=[1 2 3 4 5];
>>p=roots(den)
```

输出结果如下：

```
p=
      0.2878+1.4161i
      0.2878-1.4161i
     -1.2878+0.8579i
     -1.2878-0.8579i
```

由此可以看出，系统存在两个正实部的根 $0.2878+1.4161i$、$0.2878-1.4161i$，与以上结论一致。

【例题 3-7】　已知线性系统的闭环特征方程为 $D(s)=s^4+3s^3+1s^2+3s+1=0$，试用劳斯稳定判据判别系统的稳定性。

解　因为 $a_i>0(i=1,2,3,4)$，所以系统满足稳定的必要条件。

列劳斯表如下：

s^4	1	1	1
s^3	3	3	
s^2	$0(\varepsilon)$	1	
s^1	$3-3/\varepsilon$		
s^0	1		

因为 $\varepsilon \to 0$，所以 $3-3/\varepsilon<0$，劳斯表第一列系数变符号两次，系统有两个正实部的根，系统不稳定。

MATLAB 程序如下：

```
>>den=[1 3 1 3 1];
>>p=roots(den)
p=
     -2.9656
      0.1514+0.9885i
      0.1514-0.9885i
     -0.3372
```

由此可以看出，系统存在两个正实部的根 $0.1514+0.9885i$、$0.1514-0.9885i$，系统不稳定。

【例题 3 - 8】　已知线性系统的闭环特征方程为 $D(s)=s^3+2s^2+s+2=0$，试用劳斯稳定判据判别系统的稳定性。

解　因为 $a_i>0(i=1,2,3,4)$，所以系统满足稳定的必要条件。

列劳斯表如下：

$$
\begin{array}{lll}
s^3 & 1 & 1 \\
s^2 & 2 & 2 \\
s^1 & 0(\varepsilon) & \\
s^0 & 2 &
\end{array}
$$

由于 $\varepsilon>0$，第一列系数没有变号，虽然没有 s 右半平面的根，但实际上存在一对虚根 $s=\pm j$，使系统临界稳定。

MATLAB 程序如下：

```
>>den=[1 2 1 2];
>> p=roots(den)
```

输出以下结果：

```
p=
   -2.0000
    0.0000+1.0000i
    0.0000-1.0000i
```

由于系统存在成对的虚根，因此系统临界稳定，与劳斯判据判断结果一致。

【例题 3 - 9】　系统特征方程如下：

$$D(s) = s^3 + 10s^2 + 16s + 160 = 0$$

试用劳斯稳定判据判别系统的稳定性。

解　列劳斯表为

$$
\begin{array}{lll}
s^3 & 1 & 16 \\
s^2 & 10 & 160 \\
s^1 & 0 & 0 \\
s^0 & &
\end{array}
$$

由 s^2 行的系数构造辅助方程为

$$F(s) = 10s^2 + 160$$

对辅助方程进行求导，得导数方程

$$\frac{\mathrm{d}F(s)}{\mathrm{d}s} = 20s + 0$$

用导数方程的系数代替全零行，继续列劳斯表：

$$
\begin{array}{lll}
s^3 & 1 & 16 \\
s^2 & 10 & 160 \\
s^1 & 20 & 0 \\
s^0 & 160 &
\end{array}
$$

第一列系数没有变号，故系统无正实部的根。但因出现全零行，解辅助方程 $F(s)$ 得到一对共轭虚根，所以系统属于临界稳定。

MATLAB 程序：

```
>>den＝[1 10 16 160];
>>p＝roots(den)
```

输出结果为：

```
p＝
    −10.0000
    −0.0000＋4.0000i
    −0.0000−4.0000i
```

由此可以看出，系统存在一对共轭虚根，所以临界稳定，与劳斯判据判断结果一致。

3.4.4 劳斯稳定判据在系统分析中的应用

劳斯稳定判据的一个重要应用就是可以通过检查系统的参数值，确定一个或两个系统参数的变化对系统稳定性的影响，界定参数值的稳定范围问题。

【例题 3 - 10】 已知系统的结构图如图 3 - 19 所示，试确定使系统稳定的 K 值范围。

解 系统的闭环传递函数为

$$\Phi(s) = \frac{K}{s^3 + 3s^2 + 2s + K}$$

特征方程为

$$s^3 + 3s^2 + 2s + K = 0$$

列劳斯表如下：

图 3 - 19 系统结构图

s^3	1	2
s^2	3	K
s^1	$(6-K)/3$	
s^0	K	

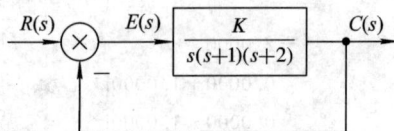

为了使系统稳定，K 必须为正值，并且第一列中所有系数必须为正值，因此得到

$$0 < K < 6$$

例如，当 $K=0$、2、4、6 时，采用 MATLAB 仿真检验如下：

```
>>K=[0,2,4,6];
>>t=0:0.01:40;
>>for i=1:4
k=K(i);
numg=[k];
deng=[1 3 2 0];
numh=[1];
denh=[1];
[num,den]=feedback(numg,deng,numh,denh);
sys=tf(num,den);
figure(i)
step(sys,t);
grid on;
end
```

当系统参数 $K=0$、2、4、6 时，单位阶跃响应分别如图 3-20(a)、(b)、(c)、(d)所示。

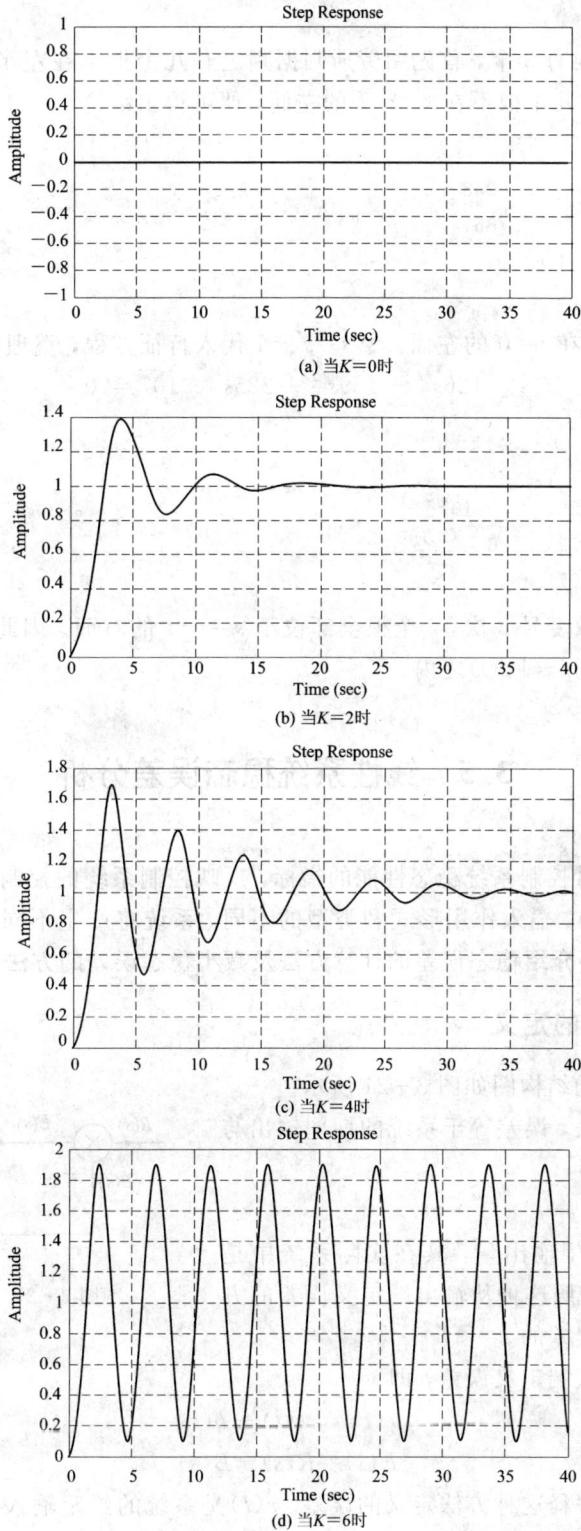

(a) 当$K=0$时

(b) 当$K=2$时

(c) 当$K=4$时

(d) 当$K=6$时

图 3-20　单位阶跃响应曲线

【例题 3-11】 讨论特征方程 $126s^3+219s^2+258s+85=0$ 中有多少根的实部落在开区间 $(0,-1)$ 内？

解　系统特征根有 3 个，首先用劳斯判据判定有几个根不在左半 s 平面，然后再做代换 $s=s^1-1$，判断有几个根不在 $s=-1$ 的左面，便可得出结论。

列劳斯表如下：

s^3	126	258
s^2	219	85
s^1	209.1	
s^0	85	

可见，3 个根全在 $s=0$ 的左面。令 $s=s'-1$ 代入特征方程，整理后有

$$126s'^3-159s'^2+225s'-107=0$$

列劳斯表如下：

s'^3	126	225
s'^2	-159	-107
s'^1	104.2	0
s'^0	-107	

可见第一列系数变号 3 次，3 个根全部位于 $s=-1$ 的右面。因此得出结论：3 个根的实部全部位于开区间 $(-1,0)$ 之内。

3.5　线性系统稳态误差分析

稳态误差是衡量控制系统稳态性能的指标，反映控制系统的控制精度。在线性控制系统中，由于系统结构、输入作用形式和类型的不同，系统将产生不同的响应，造成不同的稳态误差。本节主要介绍稳态误差的计算方法及减小稳态误差的方法。

3.5.1　稳态误差的定义

典型控制系统的结构图如图 3-21 所示。

按照误差的定义，误差等于系统的期望输出与实际输出值之差，即

$$e'(t)=c^*(t)-c(t)$$

式中，$c^*(t)$ 表示期望输出量，其在实际系统中是无法测量的，因此按照这种从输出端定义误差的方法是很难求取稳态误差的。

还可从系统输入端定义误差，即

$$e(t)=r(t)-b(t)$$

即　　　　　　　　　　$$E(s)=R(s)-B(s)$$

图 3-21　系统结构图

由结构图可以解释这种方法定义的误差。$r(t)$ 是系统的给定输入，必然对应系统对该输入的期望输出 $c^*(t)$；$b(t)$ 是 $c(t)$ 反馈到输入端的量，也反映系统实际输出 $c(t)$，但 $b(t)$

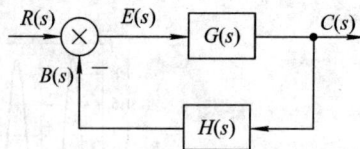

的量纲与 $r(t)$ 一致。因此，在输入端定义的误差与输出端定义的误差原理上完全一致，两种误差存在一定的关系——$E'(s)H(s) = E(s)$。由于 $r(t)$、$b(t)$ 可测量，因此这种方法更有实用性。

误差本身是时间的函数，所谓稳态误差是指在时间 t 趋于无穷时的误差，用 e_{ss} 表示，即

$$e_{ss} = \lim_{t \to \infty} e(t) = \lim_{s \to 0} s \cdot E(s)$$

上式利用拉普拉斯终值定理将误差转化为复域表达式，便于后面通过传递函数分析稳态误差。

3.5.2　系统类型

分子阶次为 m、分母阶次为 n 的控制系统开环函数可表示成如下的形式：

$$G(s)H(s) = \frac{K \prod_{i=1}^{m} (\tau_i s + 1)}{s^v \prod_{j=1}^{n-v} (T_j s + 1)}$$

式中，K 为开环增益，τ_i、T_j 为时间常数，v 为开环结构中含有积分环节的个数。系统的类型以 v 的数值来划分：$v=0$，称为 0 型系统；$v=1$，称为 1 型系统；$v=2$，称为 2 型系统；以此类推。3 型及 3 型以上的系统，稳定性很难保证，几乎不采用。

3.5.3　稳态误差的分析

通过结构图图 3-21，可得到误差传递函数的表达式为

$$\Phi_e(s) = \frac{E(s)}{R(s)} = \frac{1}{1 + G(s)H(s)}$$

则

$$E(s) = \Phi_e(s) \cdot R(s) = \frac{1}{1 + G(s)H(s)} \cdot R(s)$$

稳态误差为

$$e_{ss} = \lim_{s \to 0} s \cdot E(s) = \lim_{s \to 0} \frac{s \cdot R(s)}{1 + G(s)H(s)}$$

1. 阶跃输入作用下稳态误差的分析

在单位阶跃输入下，系统的稳态误差为

$$e_{ss} = \lim_{s \to 0} s \cdot E(s) = \lim_{s \to 0} \frac{s}{1 + G(s)H(s)} \cdot \frac{1}{s} = \frac{1}{1 + \lim_{s \to 0} G(s)H(s)} = \frac{1}{1 + K_p}$$

式中，K_p 称为静态位置误差系数。

0 型系统

$$K_p = \lim_{s \to 0} G(s)H(s) = \frac{K \prod_{i=1}^{m} (\tau_i s + 1)}{\prod_{j=1}^{n} (T_j s + 1)} = K$$

1 型及 1 型以上系统

$$K_p = \lim_{s \to 0} G(s)H(s) = \frac{K \prod_{i=1}^{m}(\tau_i s + 1)}{s^v \prod_{j=1}^{n-v}(T_j s + 1)} = \infty$$

当阶跃输入信号 $r(t) = A$ 时，即 $R(s) = \dfrac{A}{s}$，则稳态误差为

$$e_{ss} = \begin{cases} \dfrac{A}{1+K} & v = 0 \\ 0 & v \geq 1 \end{cases}$$

习惯上把系统在阶跃输入作用下的稳态误差称为静差。由以上分析可知，若系统前向通道中没有积分环节，则系统对阶跃输入信号的稳态误差不为零。因此，0 型系统又称为位置有静差系统；1 型及 1 型以上系统，其阶跃响应稳态误差为零，这样的系统又称为位置无静差系统。

2. 斜坡输入作用下稳态误差的分析

单位斜坡输入下，系统的稳态误差为

$$e_{ss} = \lim_{s \to 0} s \cdot E(s) = \lim_{s \to 0} \frac{s}{1+G(s)H(s)} \cdot \frac{1}{s^2} = \frac{1}{\lim_{s \to 0} s G(s)H(s)} = \frac{1}{K_v}$$

其中，K_v 称为静态速度误差系数。

0 型系统

$$K_v = \lim_{s \to 0} s G(s)H(s) = \lim_{s \to 0} s \frac{K \prod_{i=1}^{m}(\tau_i s + 1)}{\prod_{j=1}^{n}(T_j s + 1)} = 0$$

1 型系统

$$K_v = \lim_{s \to 0} s G(s)H(s) = \lim_{s \to 0} s \frac{K \prod_{i=1}^{m}(\tau_i s + 1)}{s \prod_{j=1}^{n-1}(T_j s + 1)} = K$$

2 型及 2 型以上系统

$$K_v = \lim_{s \to 0} s G(s)H(s) = \lim_{s \to 0} s \frac{K \prod_{i=1}^{m}(\tau_i s + 1)}{s^v \prod_{\substack{j=1 \\ v \geq 2}}^{n-v}(T_j s + 1)} = \infty$$

当斜坡输入信号 $r(t) = At(t > 0)$，即 $R(s) = \dfrac{A}{s^2}$ 时，稳态误差为

$$e_{ss} = \begin{cases} \infty & v = 0 \\ \dfrac{A}{K} & v = 1 \\ 0 & v \geq 2 \end{cases}$$

以上分析表明：0 型系统不能跟踪斜坡输入信号，误差无限大，即实际系统不可取；1 型系统可以跟踪斜坡输入信号，但存在一定的误差；2 型及 2 型以上系统可以跟踪斜坡输

入信号，且稳态误差为零。

3. 抛物线输入作用下稳态误差的分析

单位抛物线输入信号作用下，稳态误差为

$$e_{ss} = \lim_{s \to 0} s \cdot E(s) = \lim_{s \to 0} \frac{s}{1 + G(s)H(s)} \cdot \frac{1}{s^3} = \frac{1}{\lim_{s \to 0} s^2 G(s)H(s)} = \frac{1}{K_a}$$

其中，K_a 称为静态加速度误差系数。

0、1 型系统

$$K_a = \lim_{s \to 0} s^2 G(s)H(s) = \lim_{s \to 0} s^2 \frac{K \prod_{i=1}^{m}(\tau_i s + 1)}{s^v \prod_{\substack{j=1 \\ v=0,1}}^{n-v}(T_j s + 1)} = 0$$

2 型系统

$$K_a = \lim_{s \to 0} s^2 G(s)H(s) = \lim_{s \to 0} s^2 \frac{K \prod_{i=1}^{m}(\tau_i s + 1)}{s^2 \prod_{j=1}^{n-1}(T_j s + 1)} = K$$

3 型及 3 型以上系统

$$K_a = \lim_{s \to 0} s^2 G(s)H(s) = \lim_{s \to 0} s^2 \frac{K \prod_{i=1}^{m}(\tau_i s + 1)}{s^v \prod_{\substack{j=1 \\ v \geqslant 3}}^{n-v}(T_j s + 1)} = \infty$$

当加速度输入信号 $r(t) = \dfrac{At^2}{2}(t > 0)$，即 $R(s) = \dfrac{A}{s^3}$ 时，稳态误差为

$$e_{ss} = \begin{cases} \infty & v = 0、1 \\ \dfrac{A}{K} & v = 2 \\ 0 & v \geqslant 3 \end{cases}$$

由此可见：0、1 型系统不能跟踪抛物线输入信号，误差无限大，即实际系统不可取；2 型系统可以跟踪抛物线输入信号，但稳态误差不为零；3 型及 3 型以上系统可以跟踪抛物线输入信号，且稳态误差为零，为无静差系统。

注意：当系统的输入信号为几种典型信号的叠加时，则系统的稳态误差也满足叠加原理，为几种误差的叠加之和。如：$r(t) = (A + Bt + Ct^2/2) \cdot 1(t)$，可根据线性叠加原理求稳态误差，即

$$e_{ss} = \frac{A}{1 + K_p} + \frac{B}{K_v} + \frac{C}{K_a}$$

【例题 3 - 12】 已知单位反馈系统的开环传递函数如下：

(1) $G(s) = \dfrac{100}{(0.1s + 1)(s + 5)}$　　　　　　(2) $G(s) = \dfrac{50}{s(0.1s + 1)(s + 5)}$

(3) $G(s) = \dfrac{10(2s + 1)}{s^2(s^2 + 6s + 100)}$

试求输入分别为 $r(t) = 2t$ 和 $r(t) = 2 + 2t + t^2$ 时，系统的稳态误差。

解　（1）由于系统为单位负反馈系统，因此根据开环传递函数可以求得闭环系统的特征方程为

$$D(s) = 0.1s^2 + 1.5s + 105 = 0$$

通过稳定性判据，可知系统是稳定的。

由开环函数

$$G(s) = \frac{100}{(0.1s + 1)(s + 5)}$$

可知，系统是 0 型系统，且 $K = 20$。由于 0 型系统在 $1(t)$、t、$\frac{1}{2}t^2$ 信号作用下的稳态误差分别为 $\frac{1}{1+K}$、∞、∞，故根据线性叠加原理有：

① 当系统输入为 $r(t) = 2t$ 时，系统的稳态误差 $e_{ss1} = \infty$；

② 当系统输入为 $r(t) = 2 + 2t + t^2$ 时，系统的稳态误差 $e_{ss2} = \frac{2}{1+K} + \infty + \infty = \infty$。

（2）由于系统为单位负反馈系统，因此根据开环传递函数可以求得闭环系统的特征方程为

$$D(s) = 0.1s^3 + 1.5s^2 + 5s + 50 = 0$$

通过稳定性判据，可知系统是稳定的。

由开环函数

$$G(s) = \frac{50}{s(0.1s + 1)(s + 5)}$$

可知，系统是 1 型系统，且 $K = 10$。由于 1 型系统在 $1(t)$、t、$\frac{1}{2}t^2$ 信号作用下的稳态误差分别为 0、$\frac{1}{K}$、∞，故根据线性叠加原理有：

① 当系统输入为 $r(t) = 2t$ 时，系统的稳态误差 $e_{ss1} = \frac{2}{K} = 0.2$；

② 当系统输入为 $r(t) = 2 + 2t + t^2$ 时，系统的稳态误差 $e_{ss2} = 0 + \frac{2}{K} + \infty = \infty$。

（3）由于系统为单位负反馈系统，因此根据开环传递函数可以求得闭环系统的特征方程为

$$D(s) = s^4 + 6s^3 + 100s^2 + 20s + 10 = 0$$

通过稳定性判据，可知系统是稳定的。

已知开环函数

$$G(s) = \frac{10(2s + 1)}{s^2(s^2 + 6s + 100)}$$

按照定义求解系统的稳态误差为

$$\begin{aligned}
e_{ss}(\infty) &= \lim_{s \to 0} sE(s) = \lim_{s \to \infty} s \cdot \frac{1}{1 + G(s)H(s)} \cdot R(s) \\
&= \lim_{s \to 0} s \cdot R(s) \cdot \frac{s^2(s^2 + 6s + 100)}{s^2(s^2 + 6s + 100) + 10(2s + 1)}
\end{aligned}$$

① 当系统输入为 $r(t)=2t$，即 $R(s)=\dfrac{2}{s^2}$ 时，则

$$e_{ss1} = \lim_{s\to 0} s \cdot \frac{2}{s^2} \cdot \frac{s^2(s^2+6s+100)}{s^2(s^2+6s+100)+10(2s+1)} = 0$$

② 当系统输入为 $r(t)=2+2t+t^2$，即 $R(s)=\dfrac{2}{s}+\dfrac{2}{s^2}+\dfrac{2}{s^3}=\dfrac{2(s^2+s+1)}{s^3}$ 时，则

$$e_{ss2} = \lim_{s\to 0} s \cdot \frac{2(s^2+s+1)}{s^3} \cdot \frac{s^2(s^2+6s+100)}{s^2(s^2+6s+100)+10(2s+1)} = 20$$

3.5.4　扰动信号作用下的稳态误差

控制系统除了受到给定输入信号的作用外，还经常受到各种扰动信号的作用，例如负载的变化，环境温度变化，电源电压和频率的波动，组成元件的零位输出等。系统在这些扰动的作用下，同样也会引起稳态误差。由于扰动信号和输入信号作用在系统的位置不同，因此它们分别作用的稳态误差也会不同。

含有扰动信号作用的系统的典型结构图如图 3-22 所示。

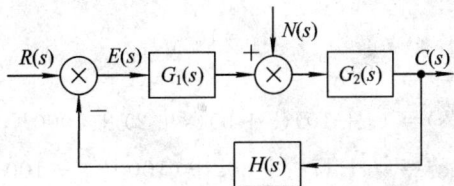

图 3-22　含扰动作用的系统结构图

由结构图图 3-22 可以写出在干扰信号 $N(s)$ 单独作用下扰动误差传递函数(令 $R(s)=0$)为

$$\Phi_{en}(s) = \frac{E(s)}{N(s)} = \frac{-G_2(s)H(s)}{1+G_1(s)G_2(s)H(s)}$$

扰动稳态误差为

$$e_{ssn} = \lim_{s\to 0} s \cdot E(s) = \lim_{s\to 0} s \cdot \frac{-G_2(s)H(s)}{1+G_1(s)G_2(s)H(s)} \cdot N(s)$$

由于 $\lim\limits_{s\to 0}G_1(s)G_2(s)H(s) = \lim\limits_{s\to 0}\dfrac{K\prod\limits_{i=1}^{m}(\tau_i s+1)}{s^v\prod\limits_{j=1}^{n-v}(T_j s+1)} = \lim\limits_{s\to 0}\dfrac{K}{s^v} \gg 1$，因此

$$e_{ssn} = \lim_{s\to 0} \frac{-s}{G_1(s)} \cdot N(s) = \lim_{s\to 0} \frac{-s}{\dfrac{K_1\prod(\tau_i s+1)}{s^{v_1}\prod(T_j s+1)}} \cdot N(s)$$

当扰动输入信号 $N(s)$ 分别为典型信号(阶跃信号、斜坡信号、抛物线信号)时，可以通过上式得到扰动作用的稳态误差，与输入稳态误差的计算过程类似。由上式可见，扰动稳态误差只与扰动作用前的函数 $G_1(s)$ 有关，增大 $G_1(s)$ 函数的放大系数 K_1 和积分环节个数 v_1，就可以减小或消除稳态误差。

需要特别指出，在反馈控制系统中，设置串联积分环节或增大开环增益可以消除或减小稳态误差，同时必然会降低系统的稳定性，甚至造成系统不稳定。因此，要在保证稳定的同时满足稳态误差、动态性能，需要对系统进行校正设计，或采用复合控制。

【例题 3-13】   系统结构图如图 3-23 所示，试问是否可以选择某一合适的 K_1 值，使系统在扰动信号 $n(t)=1(t)$ 作用下的稳态误差 $e_{ssn}=-0.099$？

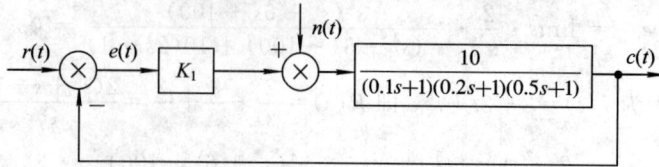

图 3-23   系统结构图

解   扰动作用下的误差传递函数为

$$\Phi_{en}=\frac{E(s)}{N(s)}=\frac{-10}{(0.1s+1)(0.2s+1)(0.5s+1)+10K_1}$$

令

$$e_{ssn}=\lim_{s\to 0}s\cdot E(s)=\lim_{s\to 0}s\frac{-10}{(0.1s+1)(0.2s+1)(0.5s+1)+10K_1}\cdot\frac{1}{s}$$

$$=\frac{-10}{1+10K_1}=-0.099$$

解出

$$K_1=10$$

系统的特征方程为

$$D(s)=(s+10)(s+5)(s+2)+1000K_1$$
$$=s^3+17s^2+80s+(1000K_1+100)$$
$$=0$$

列劳斯表确定使系统稳定的 K_1 值范围：

s^3	1	80
s^2	17	$1000K_1+100$
s^1	$(17\times80-100-1000K_1)/17$	
s^0	$1000K_1+100$	

由第一列系数大于零，可得 K_1 值范围为

$$-0.1<K_1<1.26$$

当 $K_1=10$ 时系统不稳定，故不存在使 $e_{ssn}=-0.099$ 的合适 K_1 值。

3.6   解题示范

【例题 3-14】   已知系统结构图如图 3-24 所示，其中 $G(s)=\dfrac{10}{0.2s+1}$，加上 K_0、K_H 环节，使 t_s 减小为原来的 1/10，且总放大倍数不变，求 K_0、K_H。

解   依题意，要使闭环系统 $t_s^*=0.1\times t_s$，且闭环增益为 10。

系统的闭环传递函数为

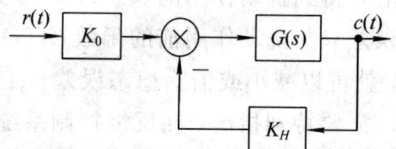

图 3-24   系统结构图

$$\Phi(s) = K_0 \cdot \frac{G(s)}{1 + K_H G(s)} = K_0 \cdot \frac{\dfrac{10}{0.2s+1}}{1 + \dfrac{10K_H}{0.2s+1}} = \frac{10K_0}{0.2s+1+10K_H}$$

$$= \frac{10K_0/(1+10K_H)}{\dfrac{0.2}{1+10K_H}s+1}$$

一阶系统调整时间为系统时间常数 T 的常数倍，依题意，则闭环系统的时间常数为原来的 1/10，即闭环系统的时间常数 $T=0.1\times0.2=0.02$，且闭环增益不变，即等于 10。

令

$$\begin{cases} T = \dfrac{0.2}{1+10K_H} = 0.02 \\ K = \dfrac{10K_0}{1+10K_H} = 10 \end{cases}$$

联立解出：

$$K_H = 0.9, \quad K_0 = 10$$

【例题 3－15】 已知某单位反馈系统的单位阶跃响应为

$$h(t) = 1 - e^{-at}$$

求：(1) 闭环传递函数 $\Phi(s)$；(2) 单位脉冲响应；(3) 开环传递函数。

解 (1) 闭环传递函数为

$$\Phi(s) = L[h(t)] \cdot s = \frac{a}{s+a}$$

(2) 单位脉冲响应为

$$g(t) = L^{-1}(\Phi(s)) = ae^{-at}$$

(3) 因为

$$\Phi(s) = \frac{G(s)}{1+G(s)}$$

则

$$\Phi(s) + \Phi(s)G(s) = G(s)$$
$$\Phi(s) = [1-\Phi(s)]G(s)$$

所以开环传递函数为

$$G(s) = \frac{\Phi(s)}{1-\Phi(s)} = \frac{\dfrac{a}{s+a}}{1-\dfrac{a}{s+a}} = \frac{a}{s+a-a} = \frac{a}{s}$$

【例题 3－16】 系统结构图如图 3－25 所示，试求：(1) 当 $K=10$ 时系统的动态性能；(2) 使系统阻尼比 $\xi=0.707$ 的 K 值；(3) 当 $K=1.6$ 时系统的动态性能。

解 (1) 当 $K=10$ 时，系统的闭环传递函数为

图 3－25 系统结构图

$$\Phi(s) = \frac{10}{0.1s^2+s+10} = \frac{100}{s^2+10s+100} = \frac{\omega_n^2}{s^2+2\xi\omega_n s+\omega_n^2}$$

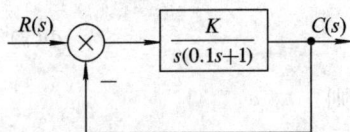

根据标准函数的对照，得

$$\omega_n = \sqrt{100} = 10$$

$$\xi = \frac{10}{2\omega_n} = \frac{10}{2 \times 10} = 0.5$$

动态指标估算为

$$\begin{cases} t_s = \dfrac{3.5}{\xi\omega_n} = \dfrac{3.5}{0.5 \times 10} = 0.7 \\[2mm] \sigma\% = e^{-\xi\pi/\sqrt{1-\xi^2}} = 16.3\% \\[2mm] t_p = \dfrac{\pi}{\sqrt{1-\xi^2}\,\omega_n} = \dfrac{3.14}{\sqrt{1-0.5^2} \times 10} = 0.363 \end{cases}$$

MATLAB 程序如下：

```
>>num=[100];
>>den=[1 10 100];
>>sys=tf(num,den);
>>t=0:0.01:3;
>>step(sys,t);
>>grid
```

单位阶跃响应曲线如图 3-26 所示。

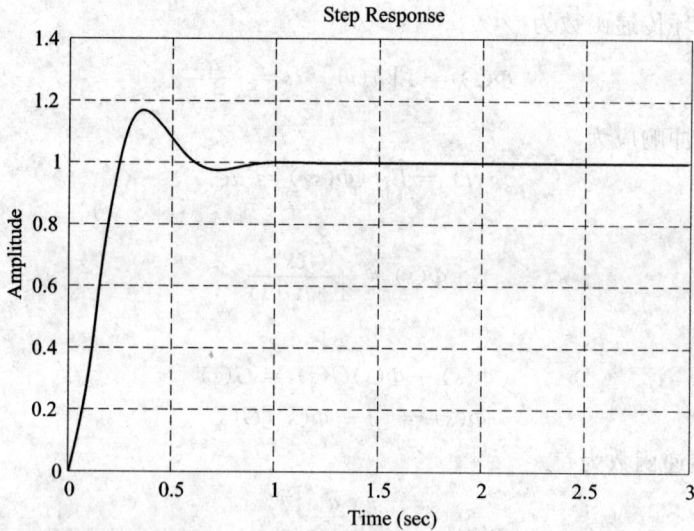

图 3-26 系统单位阶跃响应

(2) 当系统阻尼比 $\xi = 0.707$ 时，系统闭环函数为

$$\Phi(s) = \frac{K}{0.1s^2 + s + K} = \frac{10K}{s^2 + 10s + 10K}$$

则

$$\xi = \frac{10}{2\omega_n}$$

$$\omega_n = \sqrt{10K}$$

$$\xi = \frac{10}{2\sqrt{10K}} = 0.707 = \frac{1}{\sqrt{2}}$$

所以

$$10\sqrt{2} = 2\sqrt{10K}$$

$$K = 5$$

（3）当 $K = 1.6$ 时，闭环函数为

$$\Phi(s) = \frac{1.6}{0.1s^2 + s + 1.6} = \frac{16}{s^2 + 10s + 16} = \frac{16}{(s+2)(s+8)} = \frac{1}{\left(\frac{1}{2}s+1\right)\left(\frac{1}{8}s+1\right)}$$

$$\omega_n = \sqrt{16} = 4$$

$\xi = \dfrac{10}{2\omega_n} = \dfrac{10}{8} = 1.25 > 1$，为过阻尼状态；闭环极点 $p_1 = -2$，$p_2 = -8$，且 $\dfrac{p_2}{p_1} = 4$。

因此，系统可以近似为一阶系统

$$\Phi(s) = \frac{1}{\frac{1}{2}s+1}$$

所以

$$t_s = 3 \times T = \frac{3}{2} = 1.5$$

MATLAB 程序如下：

```
>>num=[16];
>>den=[1 10 16];
>>sys=tf(num,den);
>>t=0:0.01:10;
>>step(sys,t);
>>grid
```

单位阶跃响应曲线如图 3 - 27 所示。

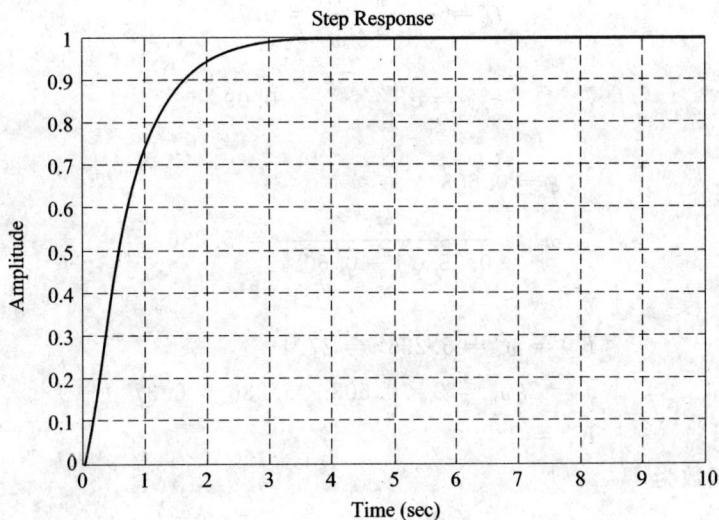

图 3 - 27　系统单位阶跃响应

【**例题 3 - 17**】 系统如图 3 - 28 所示，$r(t)=1(t)$时的响应为 $h(t)$，求 K_1，K_2，a。

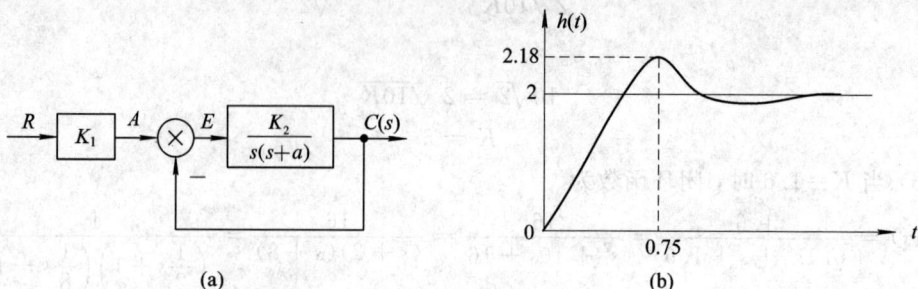

图 3 - 28　系统结构图及阶跃响应

解　依题意可知

$$\begin{cases} h(\infty) = 2 \\ t_p = 0.75 \\ \sigma\% = \dfrac{2.18-2}{2} = 9\% \end{cases}$$

系统的闭环传递函数为

$$\Phi(s) = \frac{K_1 K_2}{s^2 + as + K_2} = \frac{K_1 \omega_n^2}{s^2 + 2\xi\omega_n s + \omega_n^2}$$

其中：

$$\begin{cases} K_2 = \omega_n^2 \\ a = 2\xi\omega_n \end{cases}$$

$$h(\infty) = \lim_{s\to 0} s \cdot \Phi(s) \cdot R(s) = \lim_{s\to 0} s \cdot \frac{K_1 K_2}{s^2 + as + K_2} \cdot \frac{1}{s} = K_1 = 2$$

由

$$t_p = \frac{\pi}{\sqrt{1-\xi^2}\,\omega_n} = 0.75$$

$$\sigma\% = e^{-\xi\pi/\sqrt{1-\xi^2}} = 0.09$$

可解得

$$\xi = 0.608$$

$$\omega_n = \frac{\pi}{0.75\sqrt{1-0.608^2}} = 5.236$$

带入上式可得：

$$K_2 = \omega_n^2 = 5.236^2 = 27.4$$

$$a = 2\xi\omega_n = 2 \times 0.608 \times 5.236 = 6.37$$

$$K_1 = 2$$

闭环传递函数为

$$\Phi(s) = \frac{K_1 K_2}{s^2 + as + K_2} = \frac{54.8}{s^2 + 6.37s + 27.4}$$

MATLAB 程序如下：

```
>>num=[54.8];
>>den=[1 6.37 27.4];
>>sys=tf(num,den);
>>t=0:0.01:5;
>>step(sys,t);
>>grid
```

单位阶跃响应曲线如图 3-29 所示。

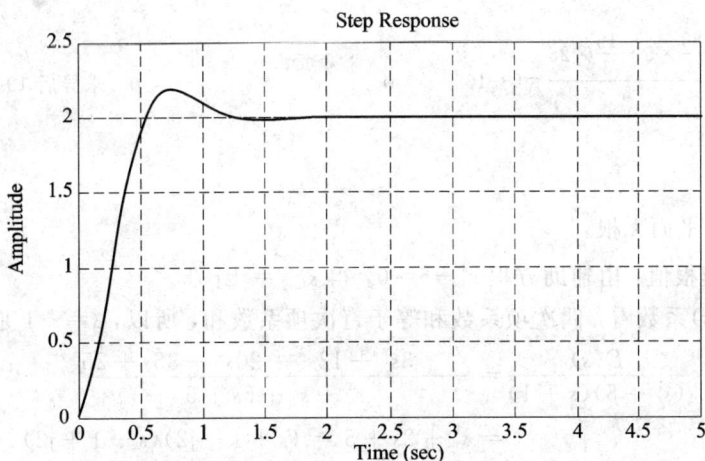

图 3-29　单位阶跃响应

【例题 3-18】　$D(s)=s^3-3s+2=0$，判定右半 s 平面中闭环根的个数。

解　列劳斯表如下：

$$
\begin{array}{llll}
s^3 & 1 & & -3 \\
s^2 & 0(\varepsilon) & & 2 \\
s^1 & \dfrac{-3\varepsilon-1\times2}{\varepsilon}<0 & & 0 \\
s^0 & 2 & &
\end{array}
$$

第一列系数变号两次，有两个正实部的根，实际上 $D(s)=(s-1)^2(s+2)$。

MATLAB 程序如下：

```
>>den=[1 0 -3 2];
>>p=roots(den)
```

输出结果：

```
p=
    -2.0000
     1.0000
     1.0000
```

【例题 3-19】　$D(s)=s^5+3s^4+12s^3+20s^2+35s+25=0$，试求系统在右半 s 平面的根数及虚根值。

解

s^5	1	12	35
s^4	3	20	25
s^3	$\dfrac{3\times12-1\times20}{3}=\dfrac{16}{3}$	$\dfrac{3\times35-1\times25}{3}=\dfrac{80}{3}$	0
s^2	$\dfrac{\dfrac{16}{3}\times20-\dfrac{80}{3}\times3}{\dfrac{16}{3}}=5$	25	0　辅助方程 $5s^2+25=0$
s^1	$\dfrac{\dfrac{80}{3}\times5-\dfrac{16}{3}\times25}{5}=0\leftarrow10$	0	0　求导后 $10s+0=0$
s^0	25		

可见：

（1）右半 s 平面无根。

（2）存在虚根值：由辅助方程 $s^2+5=0$，得 $s_{1,2}=\pm\mathrm{j}\sqrt{5}$。

（3）由 $D(s)$ 系数看，偶次项系数和等于奇次项系数和，所以，$s=-1$ 是根。

$$\frac{D(s)}{(s^2+5)(s+1)}=\frac{s^5+3s^4+12s^3+20s^2+35s+25}{s^3+s^2+5s+5}$$

$$=s^2+2s+5=(s+1-\mathrm{j}2)(s+1+\mathrm{j}2)$$

所以，特征根为：

$$s_{1,2}=\pm\mathrm{j}\sqrt{5}$$
$$s_3=-1$$
$$s_{4,5}=-1\pm\mathrm{j}2$$

MATLAB 程序如下：

```
>>den=[1 3 12 20 35 25];
>>p=roots(den)
```

输出结果：

```
p=
    0.0000+2.2361i
    0.0000-2.2361i
   -1.0000+2.0000i
   -1.0000-2.0000i
   -1.0000
```

【例题 3-20】 系统如图 3-30 所示，试确定使系统稳定的 ξ、开环增益 K 值范围。

解　系统开环增益为

$$K=\frac{K_a}{100}$$

系统的特征方程式为

$$D(s)=s^3+20\xi s^2+100s+K_a=0$$

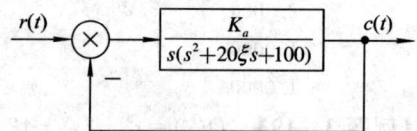

图 3-30　系统结构图

列劳斯表：

$$
\begin{array}{lll}
s^3 & 1 & 100 \\
s^2 & 20\xi & K_a & \rightarrow \xi > 0 \\
s^1 & \dfrac{2000\xi - K_a}{20\xi} & & \rightarrow 2000\xi > K_a \\
s^0 & K_a & & \rightarrow K_a > 0
\end{array}
$$

综合之：

$$
\begin{cases}
\xi > 0 \\
0 < K_a (= 100K) < 2000\xi
\end{cases}
$$

$$
\begin{cases}
\xi > 0 \\
0 < K < 20\xi
\end{cases}
$$

所以，使系统稳定的 ξ、K 范围为

$$
\xi > 0 ; \quad 0 < K < 20\xi
$$

【例题 3 - 21】　系统如图 3 - 31 所示，已知 $r(t) = n(t) = t$，求 $e_{ss} = ?$

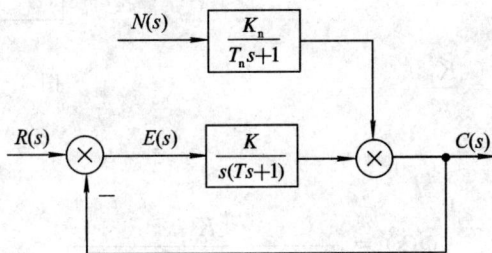

图 3 - 31　系统结构图

解

$$
\Phi_e(s) = \frac{1}{1 + \dfrac{K}{s(Ts+1)}} = \frac{s(Ts+1)}{s(Ts+1) + K}
$$

$$
D(s) = Ts^2 + s + K = 0
$$

当 $T > 0$，$K > 0$ 时，系统稳定。

$$
e_{ssr} = \lim_{s \to 0} s\Phi_e(s)\frac{1}{s^2} = \lim_{s \to 0} s\frac{1}{s^2}\frac{s(Ts+1)}{Ts^2 + s + K} = \frac{1}{K}
$$

$$
\Phi_{en}(s) = \frac{E(s)}{N(s)} = \frac{-\dfrac{K_n}{T_n s + 1}}{1 + \dfrac{K}{s(Ts+1)}} = \frac{-K_n s(Ts+1)}{(T_n s + 1)(Ts^2 + s + K)}
$$

$$
e_{ssn} = \lim_{s \to 0} s\Phi_{en}(s)N(s) = \lim_{s \to 0} s\frac{1}{s^2}\frac{-K_n s(Ts+1)}{(T_n s + 1)(Ts^2 + s + K)} - \frac{-K_n}{K}
$$

所以

$$
e_{ss} = e_{ssr} + e_{ssn} = \frac{1 - K_n}{K}
$$

【例题 3 - 22】　如图 3 - 31 所示系统，当 $r(t)$ 分别为 $A \cdot 1(t)$，At，$\dfrac{A}{2}t^2$ 时，求由给定输入 $r(t)$ 对应的误差 e_{ss} 各为多少？

解
$$\Phi_e(s) = \frac{s(Ts+1)}{Ts^2+s+K}$$

$r(t) = A \cdot 1(t)$ 时，$\qquad e_{ss} = \lim\limits_{s \to 0} s \cdot \dfrac{A}{s} \cdot \dfrac{s(Ts+1)}{Ts^2+s+K} = 0$

$r(t) = A \cdot t$ 时，$\qquad e_{ss} = \lim\limits_{s \to 0} s \cdot \dfrac{A}{s^2} \cdot \dfrac{s(Ts+1)}{Ts^2+s+K} = \dfrac{A}{K}$

$r(t) = A \cdot \dfrac{t^2}{2}$ 时，$\qquad e_{ss} = \lim\limits_{s \to 0} s \cdot \dfrac{A}{s^3} \cdot \dfrac{s(Ts+1)}{Ts^2+s+K} = \infty$

【例题 3 - 23】　系统如图 3 - 32 所示，已知 $r(t) = 2t + 4t^2$，求系统稳定的条件及误差 e_{ss} 为多少？

解　系统的开环传递函数为

$$G(s) = \frac{K_1(Ts+1)}{s^2(s+a)}$$

由函数可知：

$$\begin{cases} K = \dfrac{K_1}{a} \\ v = 2 \end{cases}$$

图 3 - 32　系统结构图

系统的闭环传递函数为

$$\Phi(s) = \frac{K_1}{s^2(s+a) + K_1(Ts+1)}$$

闭环特征方程为

$$D(s) = s^3 + as^2 + K_1 Ts + K_1$$

列劳斯表：

s^3	1	$K_1 T$
s^2	a	K_1
s^1	$\dfrac{(aT-1)K_1}{a}$	0
s^0	K_1	

由劳斯稳定判据可得稳定条件如下：

$$a > 0$$
$$aT > 1$$
$$K_1 > 0$$

计算 e_{ss}：

当 $r_1(t) = 2t$ 时，$\qquad e_{ss1} = 0$

当 $r_2(t) = 4t^2 = \dfrac{8t^2}{2}$ 时，$\qquad e_{ss2} = \dfrac{A}{K} = \dfrac{8}{K_1/a} = \dfrac{8a}{K_1}$

所以

$$e_{ss} = e_{ss1} + e_{ss2} = \frac{8a}{K_1}$$

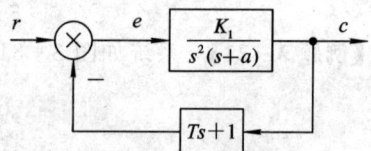

小　结

（1）系统的动态性能。

① 求系统响应的基本方法——拉普拉斯变换法。由结构图求得系统的输出 $C(s)$，再经拉普拉斯反变换得到 $c(t)$。

② 重点掌握典型二阶系统单位阶跃响应动态性能的估算方法。

③ 高阶系统分析方法。多数高阶系统通过调整参数可产生一对共轭主导极点，高阶系统可按二阶系统进行估算。

（2）稳定性。

① 稳定性的定义。

② 线性定常系统稳定的条件。

③ 劳斯稳定判据的应用。采用劳斯判据可以判定系统的绝对稳定性及获得虚轴两侧根数，掌握系统的两种特殊情况，并用劳斯判据界定参数值的范围。

（3）稳态误差。

① 误差定义。

② 稳态误差计算。

③ 系统型别。

④ 利用叠加原理求复杂输入作用下的 e_{ss}。

⑤ 扰动输入作用下的 e_{ss}，按上述的方法，对扰动点之前的开环结构进行讨论。

（4）提高系统精度的措施。

① 提高开环增益 K。

② 增加前向通道积分环节个数，可使系统成为无差系统。

③ 复合控制方法：一是增加前馈，消除扰动产生的误差；二是增加顺馈，消除给定产生的误差（在第 6 章中将介绍）。

习　题

3-1　某系统的单位阶跃响应为

$$c(t) = 1 + 0.2e^{-60t} - 1.2e^{-10t}$$

（1）试求系统的闭环传递函数。

（2）试确定系统的阻尼比和固有频率。

3-2　单位反馈系统的开环传递函数为 $G(s) = \dfrac{5K_A}{s(s+34.5)}$，试分别计算当 $K_A = 1500$、200、13.5 时的动态性能指标 t_p、$\sigma\%$、t_s。

3-3　某单位反馈系统的开环传递函数为 $G(s) = \dfrac{K}{s(Ts+1)}$，其动态性能指标满足 $t_s = 6$ s，$\sigma\% = 16\%$，试确定系统参数 K、T 的值。

3-4　某典型二阶系统的单位阶跃响应如题图 3-1 所示，试确定系统的闭环传递函数。

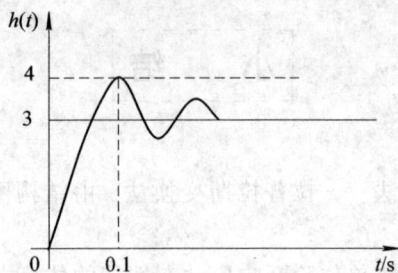

题图 3-1　单位阶跃响应

3-5　已知系统特征方程如下：

(1) $D(s)=s^5+2s^4+s^3+3s^2+4s+5=0$

(2) $D(s)=s^4+2s^3+s^2+2s+1=0$

(3) $D(s)=s^5+2s^4+3s^3+6s^2-4s-8=0$

用劳斯判据判定系统的稳定性。若不稳定，则请确定系统在右半 s 平面的特征根数。

3-6　单位反馈系统的开环传递函数为 $G(s)=\dfrac{K}{(s+2)(s+4)(s^2+6s+25)}$，试应用劳斯判据确定 K 为多大时将使系统单位阶跃响应出现振荡，并求出振荡频率。

3-7　某单位反馈系统的开环传递函数为 $G(s)=\dfrac{K}{s(s+3)(s+5)}$，为使系统特征根的实部不大于 -1，试确定系统开环增益的取值范围。

3-8　某单位反馈系统的开环传递函数为 $G(s)=\dfrac{K(s+1)}{s(Ts+1)(2s+1)}$，试确定使系统稳定的参数 T、K 的范围。

3-9　已知单位反馈系统的开环传递函数为 $G(s)=\dfrac{7(s+1)}{s(s+4)(s^2+2s+2)}$，试分别求出当输入信号为 $1(t)$、t 和 t^2 时系统的稳态误差 $e(t)=r(t)-c(t)$。

3-10　已知 $r(t)=n(t)=1(t)$，求题图 3-2 所示系统的总稳态误差。

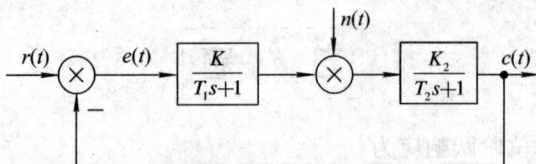

题图 3-2　系统结构图

3-11　系统结构图如题图 3-3 所示，试求局部反馈加入前后系统的位置误差系数、速度误差系数和加速度误差系数。

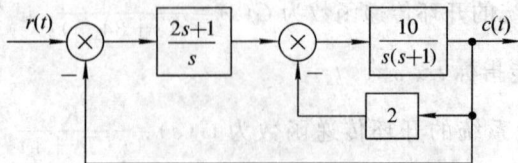

题图 3-3　系统结构图

3-12　单位反馈系统的闭环传递函数为

$$\Phi(s) = \frac{5s + 200}{0.01s^3 + 0.502s^2 + 6s + 200}$$

输入 $r(t) = 5 + 20t + 10t^2$，求随时间变化的稳态误差表达式。

第 4 章　　系统根轨迹分析法

本章要点

- 根轨迹的基本概念，根轨迹方程，幅值条件和相角条件；
- 开环零极点、闭环零极点及根轨迹的含义；
- 控制系统根轨迹的绘制方法；
- 闭环零、极点的分布和系统阶跃响应的定性关系。

本章难点

- 根轨迹方程，幅值条件，相角条件；
- 利用根轨迹分析控制系统；
- 非最小相位系统和时滞系统根轨迹的绘制。

　　根轨迹分析法适用于线性定常控制系统，是一种根据系统开环传递函数的零、极点求出闭环极点的分析和设计的图解方法。特别是进行多回路系统的分析时，应用根轨迹分析法比使用其他方法更为方便，因此它在工程实践中应用广泛。本章首先介绍根轨迹的概念，然后重点介绍根轨迹绘制的基本法则，并在此基础上介绍控制系统的根轨迹分析方法。

4.1　根轨迹的概念及闭环极点的确定

4.1.1　根轨迹的概念

1. 根轨迹

　　所谓根轨迹，就是系统开环传递函数的某一参数 K（如开环增益）从 0 变化到无穷大时，闭环极点（闭环系统特征方程的根）在 s 平面上的移动轨迹。

　　为了说明根轨迹的概念，我们以图 4-1 所示的二阶系统为例，介绍根轨迹的基本概念。

　　由图 4-1 可知，系统的开环传递函数为

$$G(s) = \frac{K}{s(0.5s+1)} = \frac{2K}{s(s+2)} \qquad (4-1)$$

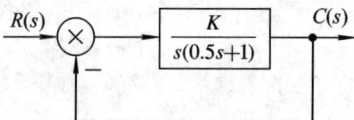

图 4-1　二阶系统结构图

　　开环传递函数有 $p_1 = 0$，$p_2 = -2$ 两个极点，没有零点，式中 K 为开环增益。系统的闭

环传递函数为

$$\Phi(s) = \frac{2K}{s^2 + 2s + 2K} \qquad (4-2)$$

则闭环特征方程为

$$D(s) = s^2 + 2s + 2K = 0 \qquad (4-3)$$

求解方程，可得系统闭环特征方程的根（系统的闭环极点）为

$$s_1 = -1 + \sqrt{1-2K}, \quad s_2 = -1 - \sqrt{1-2K}$$

下面分析一下开环增益 K 由 $0 \rightarrow \infty$ 变化时对闭环特征根（闭环极点）的影响。

当 $K=0$ 时，$s_1=0$，$s_2=-2$，闭环极点与开环极点相同。将这两个根用符号"×"在 s 平面上标注出来，如图 4-2 所示。以后，用符号"×"表示 $K=0$ 时特征方程的根，即开环极点；用符号"○"表示系统的开环零点。

当 $0 < K < 0.5$ 时，两个极点 s_1 和 s_2 都是负实数极点，且随 K 值的增大，s_1 减小，s_2 增大，s_1 从原点开始沿负实轴向左移动，s_2 从 -2 开始沿负实轴向右移动。因此，从原点 O 到 $(-2, j0)$ 点这段负实轴是根轨迹的一部分。这时，系统处于过阻尼状态，其阶跃响应是非周期的。

当 $K=0.5$ 时，$s_1=-1$，$s_2=-1$，闭环极点均为负实数。这时系统处于临界阻尼状态，其阶跃响应仍然是非周期的。

当 $K=1$ 时，$s_1=-1+j$，$s_2=-1-j$，闭环极点的实部相同，位于垂直于实轴的直线上。

当 $K>0.5$ 时，$s_{1,2}=-1 \pm j\sqrt{2K-1}$，特征方程有两个共轭复数根，其实部为 -1，不随 K 值变化，虚部的数值则随 K 值的增大而增大，复平面上的直线 $s=-2$ 是根轨迹的一部分。s_1 从 $(-2, j0)$ 开始沿直线向上移动，s_2 从 $(-2, j0)$ 开始沿直线向下移动。

当 $K=\infty$ 时，$s_1=-1+j\infty$，$s_2=-1-j\infty$，沿上述直线趋于无穷远。

如图 4-2 所示，当 K 由 $0 \rightarrow \infty$ 变化时，闭环特征根在 s 平面上移动的轨迹就是系统的根轨迹，直观地表示了 K 变化时闭环特征根的变化，给出了 K 变化时对闭环特征根在 s 平面上分布的影响。因此，可通过根轨迹的变化趋

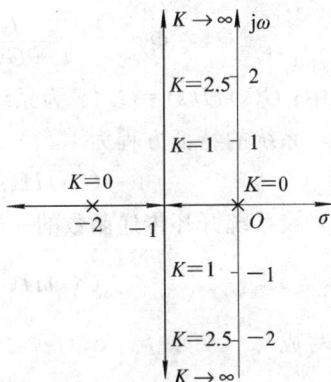

图 4-2　二阶系统的根轨迹

势来判定系统的稳定性，确定系统的品质。这种通过求解特征方程来绘制根轨迹的方法称为解析法。

2. 根轨迹与系统性能

画出根轨迹的目的是利用根轨迹来分析系统的各种性能，以图 4-2 为例进行说明。

1) 稳定性

当开环增益由零变到无穷时，图 4-2 上的根轨迹不会越过虚轴进入右半 s 平面，因此图 4-1 所示系统对所有的 K 值都是稳定的。在分析高阶系统的根轨迹图时，根轨迹若越过虚轴进入 s 右半平面，则根轨迹与虚轴交点处的 K 值即为临界开环增益。

2）稳态性能

由图 4-2 可见，开环系统在坐标原点有一个极点，所以系统属 1 型系统，因而根轨迹上的 K 值就是静态误差系数。如果给定了系统的稳态误差要求，则由根轨迹图可以确定闭环极点位置的容许范围。在一般情况下，根轨迹图上标注出来的参数不是开环增益，而是所谓根轨迹增益。

下面将要指出，开环增益和根轨迹增益之间仅相差一个比例常数，很容易进行换算。对于其他参数变化的根轨迹图，情况是类似的。

3）动态性能

由图 4-2 可见，当 $0<K<0.5$ 时，所有闭环极点位于实轴上，系统为过阻尼系统，单位阶跃响应为非周期过程；当 $K=0.5$ 时，两个实数闭环极点重合，系统为临界阻尼系统，单位阶跃响应仍为非周期过程，但响应速度较 $0<K<0.5$ 情况为快；当 $K>0.5$ 时，闭环极点为复数极点，系统为欠阻尼系统，单位阶跃响应为阻尼振荡过程，且超调量将随 K 值的增大而增大，但调节时间的变化不会显著。

4.1.2 闭环极点的确定

由于高阶系统的特征方程求解特别困难，因此采用解析法绘制根轨迹只适用于较简单的低阶系统。高阶系统根轨迹的绘制是根据已知的开环零、极点位置，采用图解的方法来实现的。下面给出根轨迹方程。

设控制系统如图 4-3 所示，其闭环传递函数为

$$\Phi(s) = \frac{G(s)}{1+G(s)H(s)} \qquad (4-4)$$

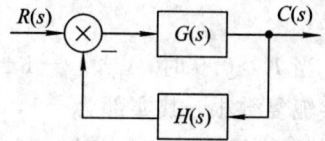

图 4-3　控制系统

式中：$G(s)H(s)=G_K(s)$ 为系统开环传递函数。

系统的特征方程为

$$1+G(s)H(s) = 0 \qquad (4-5)$$

设系统开环传递函数的一般形式为

$$G(s)H(s) = K\frac{b_m s^m + b_{m-1}s^{m-1} + \cdots + b_1 s + 1}{a_n s^n + a_{n-1}s^{n-1} + \cdots + a_1 s + 1}$$

或写成

$$G_K(s) = \frac{K\prod_{i=1}^{m}(\tau_i s+1)}{\prod_{j=1}^{n}(T_j s+1)} = \frac{K^*\prod_{i=1}^{m}(s+z_i)}{\prod_{j=1}^{n}(s+p_j)} \qquad (4-6)$$

$$K = \frac{K^*\prod_{i=1}^{m}z_i}{\prod_{j=1}^{n}p_j} \qquad (4-7)$$

式中：K 是系统的开环增益；K^* 是将分子和分母分别写成因子相乘的形式后提取的系数，称做根轨迹增益或根轨迹放大倍数，它与系统的开环增益的关系如式（4-7）所示；z_i 为开环传递函数的零点（$i=1,2,\cdots,m$）；p_j 为开环传递函数的极点（$j=1,2,\cdots,n$）。

将式（4-6）代入式（4-5），得特征方程为

$$K^* \frac{\prod\limits_{i=1}^{m}(s+z_i)}{\prod\limits_{j=1}^{n}(s+p_j)} = -1 \qquad (4-8)$$

我们把式(4-8)这种形式的特征方程称为根轨迹方程。由于特征根为复数($s=\sigma+j\omega$)，因此式(4-8)是一复数方程；又由于复数方程两边的幅值和相角应相等，因此可将式(4-8)分解成幅值和相角分别相等的两个方程进行描述，即

$$\left| \frac{\prod\limits_{i=1}^{m}(s+z_i)}{\prod\limits_{j=1}^{n}(s+p_j)} \right| = \frac{开环有限零点到根轨迹上点\ s\ 的矢量长度之积}{开环极点到根轨迹上点\ s\ 的矢量长度之积} = \frac{1}{K^*} \quad (4-9)$$

和

$$\sum_{i=1}^{m}\angle(s+z_i) - \sum_{j=1}^{n}\angle(s+p_j) = \sum_{i=1}^{m}\alpha_i - \sum_{j=1}^{n}\beta_j$$
$$= \pm 180°(1+2\mu) \quad \mu=0,\pm1,\pm2,\cdots \quad (4-10)$$

式中：α_i 为开环有限零点到根轨迹上点 s 的矢量幅角；β_j 为开环极点到根轨迹上点 s 的矢量幅角，幅角按逆时针为正。

式(4-9)和式(4-10)分别称为根轨迹方程(特性方程)的幅值条件和相角条件。满足幅值条件和相角条件的 s 值，就是特征方程的根，即系统的闭环极点。当 K^* 从零到无穷变化时，特征方程的根在复平面上变化的轨迹就是根轨迹。实际上，只要满足相角条件的点都是根轨迹上的点，当 K^* 值确定之后，可依据幅值条件在根轨迹上确定相应的闭环极点。除了开环增益 K(或根轨迹增益 K^*)外，系统其他参数变化时对闭环特征方程根的影响也可通过根轨迹表示出来，只要将特征方程进行整理后，使可变参数在 K^* 的位置上，就可利用相角条件绘制出根轨迹来。也就是说，若 s 是系统的特征根，则 s 一定满足幅值条件和相角条件。反过来，满足相角条件的 s 值，一定是系统的特征根，即闭环极点。所以，幅值条件和相角条件是绘制系统根轨迹的重要依据。

4.2　绘制根轨迹的基本法则

由上节我们知道，当 K^* 从零到无穷变化时，依据相角条件，可以在复平面上找到满足 K^* 变化时的所有闭环极点，即绘制出系统的根轨迹。但在实际中，通常我们并不需要按相角条件逐点确定该点是否为根轨迹上的点，而是依据一定的规则，找到某些特殊的点，绘制出闭环极点随参数变化的大致轨迹，在一定的范围内，再用幅值条件和相角条件确定极点的准确位置。

当系统根轨迹以根轨迹增益 K^* 为变化参数时，按以下各规则绘制根轨迹，当可变参数为系统的其他参数时，这些规则仍然适用。应当指出的是，用这些规则绘出的根轨迹，其相角条件遵循 $180°+2\mu\pi$，因此称为 $180°$ 根轨迹的绘制规则。

下面以变参量 K^* 为例，讨论绘制根轨迹的基本规则。

1. 根轨迹的起点和终点

根轨迹的起点始于开环极点，终止于开环零点。根轨迹的起点是指根轨迹增益 $K^* = 0$ 时的根轨迹点。根轨迹的终点是指根轨迹增益 $K^* = \infty$ 时的根轨迹点。

由式(4-8)可知，当 $K^* = 0$ 时，根轨迹方程变为

$$\prod_{j=1}^{n}(s + p_j) = 0$$

即

$$s = -p_j \qquad (j = 1, 2, \cdots, n)$$

p_j 是开环传递函数的极点，所以根轨迹起点始于开环极点。

而当 $K^* = \infty$ 时，由式(4-8)可得：

$$\prod_{i=1}^{m}(s + z_i) = 0$$

即

$$s = -z_i \qquad (i = 1, 2, \cdots, m)$$

z_i 为开环传递函数的零点，所以说根轨迹终止于开环零点。

在控制系统中，开环传递函数分子多项式的阶次 m 与分母多项式的阶次 n 之间，满足不等式 $m < n$，因此有 $n-m$ 条根轨迹的终点将在无穷远处。证明如下：

$$K^* = \lim_{s \to \infty} \frac{\prod_{j=1}^{n}|s + p_j|}{\prod_{i=1}^{m}|s + z_i|} = \lim_{s \to \infty}|s|^{n-m} \to \infty, \ n > m$$

上式表明，当 $s \to \infty$ 时，必对应于 $K^* \to \infty$。如果把有限数值的零点称为有限零点，而把无穷远处的零点称为无限零点，那么根轨迹必终止于开环零点。此时，开环传递函数的零、极点数目必是相等的。

2. 根轨迹的条数和对称性

根轨迹方程中一般 $n > m$，n 为开环极点数，根轨迹起始于开环极点，故根轨迹数与开环极点数相同，即有 n 条根轨迹。

由于特征根都是实根或共轭复根，因此根轨迹是连续的且对称于实轴。

3. 实轴上的根轨迹

在 s 平面实轴上的线段存在根轨迹的条件是：线段右侧开环零点(有限零点)和开环极点数之和为奇数。也就是说，在实轴上，若某线段右侧的开环实数零、极点个数之和为奇数，则此线段为根轨迹的一部分。

以上结论可通过根轨迹方程的相角条件证明：设 N_z 为实轴上根轨迹右侧的开环有限零点数目，N_p 为实轴上根轨迹右侧的开环极点数目，考虑到实轴上根轨迹左侧的实数开环零、极点到实轴上根轨迹的矢量幅角总为零，而复平面上所有开环零、极点是共轭的，它们到实轴上根轨迹的矢量幅角之和也总为零，因而由式(4-10)可得

$$\sum_{i=1}^{m}\alpha_i - \sum_{j=1}^{n}\beta_j = N_z \cdot 180° - N_p \cdot 180° = \pm 180°(1 + 2\mu)$$

即

$$N_z - N_p = 1 + 2\mu$$

也可写成

$$N_z + N_p = 1 + 2\mu \qquad (\mu = 0, \pm 1, \pm 2, \cdots)$$

满足相角条件的点就是根轨迹上的点，由此证明，实轴上根轨迹存在的区间是其右侧；实轴上开环零点、极点的数目总和为奇数。如图 4-4 所示，A、B、C 三段为实轴上根轨迹存在的区间。

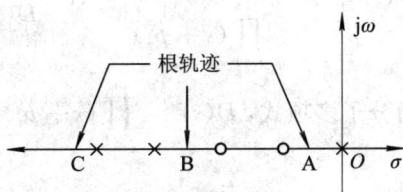

图 4-4　实轴上根轨迹

【例题 4-1】 已知单位负反馈系统的开环传递函数 $G(s) = \dfrac{K(\tau s + 1)}{s(Ts + 1)}$，式中 $\tau > T$，试大致画出其根轨迹图。

解　首先将 $G(s)$ 化成标准形式：

$$G(s) = \frac{K(\tau s + 1)}{s(Ts + 1)} = \frac{K^*\left(s + \dfrac{1}{\tau}\right)}{s\left(s + \dfrac{1}{T}\right)}$$

式中，$K^* = \dfrac{\tau K}{T}$。

由标准形式可知，开环有两个极点，$p_1 = 0$，$p_2 = -1/T$，开环有一个零点 $z_1 = -1/\tau$，亦即 $n = 2$，$m = 1$。故应有两条根轨迹。

当 $K = 0$ 时，两条根轨迹从开环极点开始；当 $K \rightarrow \infty$ 时，由于 $n > m$，故其中一条根轨迹终止于开环零点 z_1，另一条趋于无穷远处。

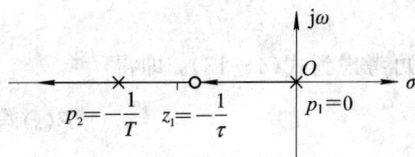

图 4-5　例 4-1 根轨迹

在实轴上，(p_1, z_1)，$(p_2, -\infty)$ 为根轨迹区段。根轨迹如图 4-5 所示。

4. 根轨迹的分离点和会合点

两条或两条以上的根轨迹分支在 s 平面上的某点相遇又立即分开，则称该点为根轨迹的分离点（或会合点），它对应于特性方程中的二重根。由于根轨迹具有共轭对称性，因此分离点与会合点必须是实数或共轭复数对，在一般情况下，分离点与会合点位于实轴上。

在图 4-6 上画出了两条根轨迹，它们分别从开环极点 p_1 与 p_2 出发，随着 K 的增大会合于 a 点，接着从 a 点分离，进入复平面；然后自复平面回到实轴，会合于 b 点，再从 b 点分离；最后，一条根轨迹终止于开环有限零点 z_1，另一条趋于无穷远。我们把 a 点称做分离点，b 点称做会合点。

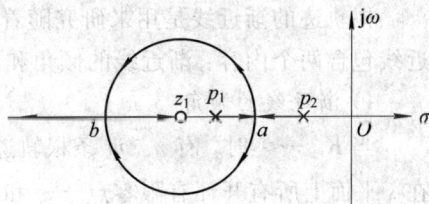

图 4-6　分离点与会合点

　　分离点与会合点的求法有几种，下面仅介绍按重根法求分离点和会合点的方法。由图 4-6可知，无论分离点或会合点，都表示特性方程式在该点上出现重根，只要找到这些重根，就可以确定分离点或会合点的位置。

　　设系统的开环传递函数为

$$G_K(s) = K^* \frac{\prod\limits_{i=1}^{m}(s+z_i)}{\prod\limits_{j=1}^{n}(s+p_j)} = K^* \frac{N(s)}{D(s)} \tag{4-11}$$

式中，$N(s) = \prod\limits_{i=1}^{m}(s+z_i)$ 为分子多项式，$D(s) = \prod\limits_{j=1}^{n}(s+p_j)$ 为分母多项式，则根轨迹方程式(4-8)可写为

$$1 + K^* \frac{N(s)}{D(s)} = 0$$

整理得

$$D(s) + K^* N(s) = 0 \tag{4-12}$$

　　设当 $K^* = K_d^*$ 时，上式有重根 σ_d，现用 $F(s)$ 表示 $K^* = K_d^*$ 时的特性多项式，即

$$F(s) = D(s) + K_d^* N(s) \tag{4-13}$$

若 $F(s)$ 具有重根 σ_d，则必同时满足 $F(\sigma_d) = 0$ 和 $F'(\sigma_d) = 0$。故这些重根可按下式计算，即

$$\frac{\mathrm{d}F(s)}{\mathrm{d}s} = D'(s) + K_d^* N'(s) = 0 \tag{4-14}$$

根据式(4-14)可求出产生重根的 K_d^* 值为

$$K_d^* = -\frac{D'(s)}{N'(s)}$$

再考虑到式(4-13)，即得

$$F(s) = D(s) - \frac{D'(s)}{N'(s)} N(s) = 0$$

亦即

$$N'(s)D(s) - N(s)D'(s) = 0 \tag{4-15}$$

　　式(4-13)或(4-14)是计算分离点和会合点的依据。还应指出，利用式(4-15)求出 σ_d 对应的 K_d^* 值为正值时，这些 σ_d 才是实际的分离点或会合点。一般来说，如果实轴上两相邻开环极点之间有根轨迹，则这两相邻极点之间必有分离点；如果实轴上两相邻开环零点（其中一个可为无限零点）之间有根轨迹，则这两相邻零点之间必有会合点。

5. 根轨迹的渐近线

　　根轨迹的渐近线是用来研究随着 $K^* \to \infty$，$n-m$ 条趋向无限零点的根轨迹的走向。渐近线包含两个内容：渐近线的倾角和渐近线的交点。

　　1）渐近线的倾角

　　当 $K^* \to \infty$ 时，有 $n-m$ 条根轨迹趋向无限远，设在无限远的特征根为 s_a，则可以认为在 s 平面上所有开环有限零点 $-z_i$ 和极点 $-p_j$ 到 s_a 的矢量幅角都相等，即

$$\alpha_i = \beta_j = \varphi_a$$

把上式代入式(4-10)的相角条件得

$$\sum_{i=1}^{m} \alpha_i - \sum_{j=1}^{n} \beta_j = m\varphi_a - n\varphi_a = \pm 180°(1+2\mu)$$

由此得渐近线的倾角为

$$\varphi_a = \frac{\pm 180°(1+2\mu)}{n-m} \qquad \mu = 0, 1, 2, \cdots \qquad\qquad (4-16)$$

当 $\mu=0$ 时，φ_a 最小，当 μ 增大时，φ_a 也变大，当 μ 继续增大时，φ_a 角将重复出现。独立的渐近线只有 $n-m$ 条，对应于 $n-m$ 条趋向无限远的根轨迹。

　　2）渐近线的交点

　　设在无穷远处有特征根 s_a，则可以认为在 s 平面上所有开环有限零点 $-z_i$ 和极点 $-p_j$ 到 s_a 的矢量长度都相等，于是我们认为对于无限远的闭环极点 s_a 而言，所有的开环零、极点都汇集在一起，位置为 $-\sigma_a$，它就是所求的渐近线的交点。下面用幅值条件计算渐近线的交点 $-\sigma_a$，式(4-9)的幅值条件可写成

$$\left| \frac{\prod\limits_{i=1}^{m}(s+z_i)}{\prod\limits_{j=1}^{n}(s+p_j)} \right| = \left| \frac{s^m + \sum\limits_{i=1}^{n} z_i s^{m-1} + \cdots + \prod\limits_{i=1}^{m} z_i}{s^n + \sum\limits_{j=1}^{n} p_j s^{n-1} + \cdots + \prod\limits_{j=1}^{n} p_j} \right| = \frac{1}{K^*}$$

当 $K=\infty$ 时，有 $z_i = p_j = \sigma_a$，于是上式分母能被分子除尽，即

$$\left| \frac{1}{(s+\sigma_a)^{n-m}} \right| = \left| \frac{1}{s^{n-m} + (\sum\limits_{j=1}^{n} p_j - \sum\limits_{i=1}^{m} z_i)s^{n-m-1} + \cdots} \right| = \frac{1}{K^*}$$

令上式等号两边 s^{n-m-1} 项的系数相等，则有

$$(n-m)\sigma_a = \sum_{j=1}^{n} p_j - \sum_{i=1}^{m} z_i$$

由此得渐近线的交点为

$$-\sigma_a = -\frac{\sum\limits_{j=1}^{n} p_j - \sum\limits_{i=1}^{m} z_i}{n-m} \qquad\qquad (4-17)$$

　　从上式可以看出，不论 p_j 或 z_i 是实数或共轭复数，$-\sigma_a$ 一定为实数，因此渐近线的交点在实轴上。

　　【例题 4-2】　设系统的开环传递函数为 $G_K(s) = \dfrac{K^*(s+1)}{s(s+2)(s+3)}$，试绘制系统的根轨迹。

　　解　（1）起点：有三个开环极点，所以根轨迹起点为 $s_1=0, s_2=-2, s_2=-3$。

　　（2）终点：三条根轨迹有一条终止于开环有限零点 $s=-1$，另两条根轨迹趋向无限零点。

　　（3）实轴上的根轨迹：实轴上根轨迹的存在区间为 $(-3, -2), (-1, 0)$。

　　（4）计算分离点：由式(4-12)得

$$N'(s)D(s) - N(s)D'(s) = s(s+2) + s(s+3) + (s+2)(s+3) - s(s+2)(s+3)$$
$$= 0$$

整理得

$$s^3 + 2s^2 - 4s - 6 = 0$$

对上式求解，得分离点为：$s_1 = -2.47$。

（5）根轨迹的渐近线。

渐近线倾角为

$$\Phi_a = \frac{\pm 180°(1 + 2\mu)}{3 - 1} = \pm 90°$$

渐近线交点为

$$-\sigma_a = -\frac{\sum\limits_{j=1}^{n} p_j - \sum\limits_{i=1}^{m} z_i}{n - m}$$

根据以上分析计算结果，可绘出系统的根轨迹如图 4-7 所示。

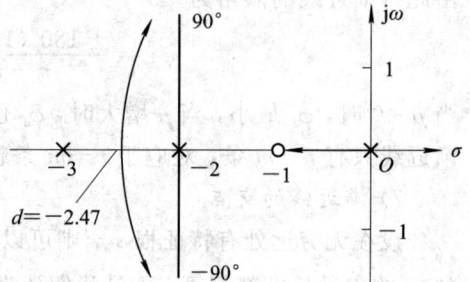

图 4-7　系统根轨迹

6. 根轨迹的出射角和入射角

当开环系统的极点和零点位于复平面上时，根轨迹离开开环复数极点处的切线与实轴正方向的夹角称为根轨迹的出射角；根轨迹进入开环复数零点处的切线与实轴正方向的夹角称为入射角。换句话说，出射角就是根轨迹在起点的斜率，入射角就是根轨迹在终点的斜率。下面根据根轨迹的相角条件，举例说明出射角的求法。

【例题 4-3】 已知系统的开环传递函数为 $G_K(s) = \dfrac{K^*(s+2)}{s(s+3)(s^2+2s+2)}$，其开环零、极点位置如图 4-8(a) 所示。试计算根轨迹在起点 $-1+j1$ 的出射角。

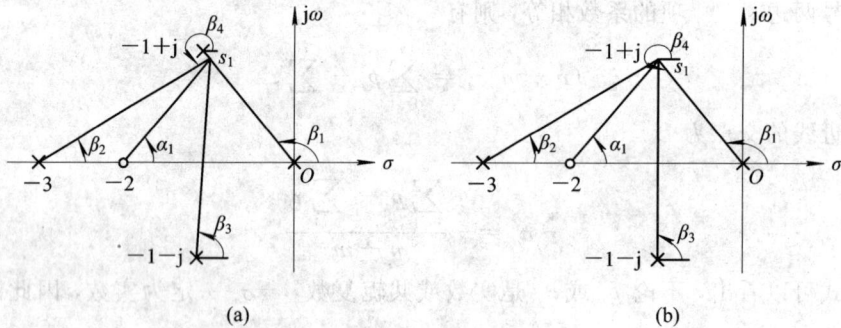

图 4-8　根轨迹出射角

解　令 K^* 从零稍微增大，则根轨迹从 $-1+j1$ 点出发到达 s_1、s_2 点应满足相角条件，即

$$\alpha_1 - (\beta_1 + \beta_2 + \beta_3 + \beta_4) = \pm 180°(1 + 2\mu)$$

如图 4-8(a) 所示，由于 s_1 点离起点很近，故可以认为上式中的 α_1、β_1、β_2、β_3 就是开环零、极点到起点 $-1+j1$ 的矢量幅角，见图 4-8(b)，即

$$a_1 = 45°,\ \beta_1 = 135°,\ \beta_2 = 26.6°,\ \beta_3 = 90°$$

代入上式求得 $\beta_4 = -26.6°$。因此，根轨迹在 $-1+j1$ 点的出射角为 $-26.6°$。

通过这个例子，可以得到计算出射角的公式为

$$\beta_c = 180° - \left(\sum_{j=1}^{n-1} \beta_j - \sum_{i=1}^{m} a_i \right) \qquad (4-18)$$

式中：a_i 为开环有限零点到被测起点的矢量幅角；

　　β_j 为除被测点外，所有开环极点到被测起点的矢量幅角。

同理，可得入射角的计算公式为

$$a_r = 180° + \left(\sum_{j=1}^{n} \beta_j - \sum_{i=1}^{m-1} a_i \right) \qquad (4-19)$$

式中：a_i 为除被测终点外，所有开环有限零点到该点矢量的幅角；

　　β_j 为开环极点到被测终点矢量的幅角。

7. 根轨迹与虚轴的交点

当根轨迹增益 K^* 增加到一定数值时，根轨迹可能越过虚轴进入右半 s 平面，出现实部为正的特征根，系统将不稳定。因此，有必要确定根轨迹与虚轴的交点，并计算对应的临界根轨迹增益 K_p^*。

下面举例说明两种确定根轨迹与虚轴交点的方法。

【例题 4-4】 设开环传递函数为 $G_K(s) = \dfrac{K^*}{s(s+1)(s+2)}$，试求根轨迹和虚轴的交点，并计算临界开环增益。

解 闭环系统特征方程为

$$s(s+1)(s+2) + K^* = 0$$

即

$$s^3 + 3s^2 + 2s + K^* = 0$$

方法 1：将 $s = j\omega$ 代入特征方程，令实部和虚部分别为零，联立求解。

当 $K^* = K_p^*$ 时，根轨迹与虚轴相交，特征根 $s = j\omega$，代入特征方程，则有

$$(j\omega)^3 + 3(j\omega)^2 + 2(j\omega) + K_p^* = 0$$

将上式分解为实部和虚部，并分别等于零，即

$$\begin{cases} K_p^* - 3\omega^2 = 0 \\ 2\omega - \omega^3 = 0 \end{cases}$$

解得 $\omega = 0$、$\pm\sqrt{2}$，相应 $K_p^* = 0$ 或 6。因为 $K_p^* = 0$ 对应根轨迹的起点，所以当 $K_p^* = 6$ 时，根轨迹和虚轴相交，交点为 $\pm j\sqrt{2}$。$K_p^* = 6$ 为临界根轨迹增益。临界开环增益 K_p 可由式（4-7）求得，即

$$K_p = K_p^* \frac{1}{p_1 p_2} = \frac{6}{1 \times 2} = 3$$

方法 2：根据劳斯判据计算，即令劳斯表中 s 的奇数次所对应的行元素全为零，用此行的上一行构造辅助方程计算 ω 值和对应的 K 值。

利用劳斯稳定判据确定 K_p^* 和 ω 值，由特征方程式列出劳斯阵为

s^3	1	2
s^2	3	K^*
s^1	$\dfrac{6-K^*}{3}$	
s^0	K^*	

当劳斯阵 s^1 行等于零时，特征方程可能出现共轭虚根。令 s^1 行等于零，则得

$$K^* = K_p^* = 6$$

共轭虚根值可由 s^2 行作辅助方程求得：

$$3s^2 + K_p^* = 0$$

将 $K_p^* = 6$ 代入上式，解得

$$s = \pm \mathrm{j} \sqrt{2}$$

两种方法计算的结果一致。

8. 闭环极点的性质

设系统开环传递函数为

$$G_K(s) = K^* \frac{\prod\limits_{i=1}^{m}(s+z_i)}{\prod\limits_{j=1}^{n}(s+p_j)} = K^* \frac{s^m + b_{m-1}s^{m-1} + \cdots + b_1 s + b_0}{s^n + a_{n-1}s^{n-1} + \cdots + a_1 s + a_0} \tag{4-20}$$

式中：

$$b_{m-1} = \sum_{i=1}^{m} z_i, \quad b_0 = \prod_{i=1}^{m} z_i$$

$$a_{n-1} = \sum_{j=1}^{n} p_j, \quad a_0 = \prod_{j=1}^{n} p_j$$

因为闭环特征方程为 $G_K(s)+1=0$，结合式(4-20)有

$$F(s) = s^n + a_{n-1}s^{n-1} + \cdots + a_1 s + a_0 + K^*(s^m + b_{m-1}s^{m-1} + \cdots + b_1 s + b_0) = 0 \tag{4-21}$$

设系统闭环极点为 $-s_1, -s_2, \cdots, -s_n$，则

$$F(s) = \prod_{j=1}^{n}(s+s_j) = s^n + \sum_{j=1}^{n} s_j s^{n-1} + \cdots + \prod_{j=1}^{n} s_j \tag{4-22}$$

将式(4-21)和式(4-22)比较，可得如下结论：

(1) 当 $n-m \geqslant 2$ 时，系统闭环极点之和等于系统开环极点之和，且为常数，即

$$\sum_{j=1}^{n} s_j = \sum_{j=1}^{n} p_j = a_{n-1} \tag{4-23}$$

(2) 闭环极点之积和开环零、极点具有如下关系：

$$\prod_{j=1}^{n} s_j = a_0 + K^* b_0 = \prod_{j=1}^{n} p_j + K^* \prod_{i=1}^{m} z_i \tag{4-24}$$

当开环系统具有零、极点时，$\prod\limits_{j=1}^{n} p_j = 0$，则有

$$\prod_{j=1}^{n} s_j = K^* \prod_{i=1}^{m} z_i \tag{4-25}$$

即闭环极点之积与根轨迹增益成正比。

(3) 根轨迹上一点 s_0 对应的 K 值为

$$K = \frac{\prod\limits_{l=1}^{n}(s_0 + p_l)}{\prod\limits_{i=1}^{m}(s_0 + z_i)} \qquad (n \geqslant m)$$

　　对应于某一 K^* 值，若已求得闭环系统的某些极点，则利用上述结论可求出其他极点，也可利用上述结论估计 K^* 变化时根轨迹的走向。

　　综上所述，在已知系统开环极点的情况下，利用上述各条规则，即可方便地绘出系统的粗略根轨迹，即根轨迹的草图。对需准确绘制的根轨迹，可利用幅角方程试探确定若干点，一般而言，靠近虚轴或原点附近的根轨迹对分析系统的性能致关重要，应尽可能准确绘制。

　　图 4-9 给出了一些常见的开环零、极点分布及其相应的根轨迹，供参考。

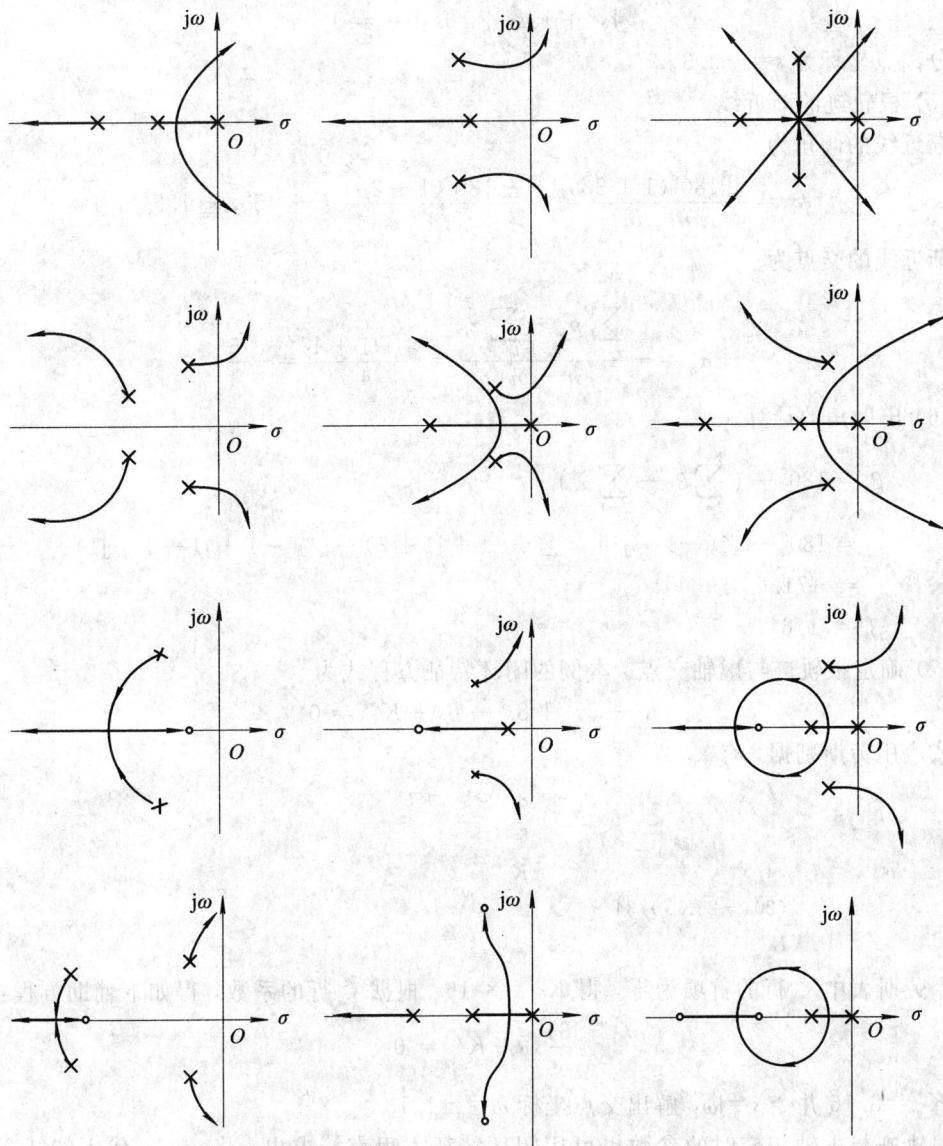

图 4-9　常见开环零、极点及其相应的根轨迹图

【例题 4-5】　设一单位负反馈系统的开环传递函数为 $G_K(s) = \dfrac{K^*}{s(s+3)(s^2+2s+2)}$，试绘制其根轨迹图。

解 （1）起点有四个：

$$s_1 = 0, \ s_2 = -3, \ s_{3,4} = -1 \pm j1$$

（2）终点：四条根轨迹都趋向于无限零点。

（3）实轴上的根轨迹：实轴上根轨迹的存在区间为$(-3, 0)$。

（4）计算分离点：

$$D'(s)N(s) - D(s)N'(s) = (s+3)(s^2+2s+2) + s(s^2+2s+2) + (2s+2)s(s+3) = 0$$

整理得

$$4s^3 + 15s^2 + 16s + 6 = 0$$

解得分离点坐标为$s = -2.3$。

（5）根轨迹的渐近线。

渐近线的倾角为

$$\phi_a = \frac{\pm 180°(1+2\mu)}{n-m} = \frac{\pm 180°(1+2\mu)}{4} = \pm 45°, \ \pm 135°$$

渐近线的交点为

$$-\sigma_a = -\frac{\sum_{j=1}^{n} p_j - \sum_{i=1}^{m} z_i}{n-m} = \frac{3+1+1}{4} = -\frac{5}{4}$$

（6）出射角的计算。

$$\begin{aligned}
\beta_3 &= 180° - \left(\sum_{j=1}^{n-1}\beta_j - \sum_{i=1}^{m}\alpha_i\right) \\
&= 180° - \angle(-1+j1) - \angle(-1+j1+3) - \angle(-1+j1+1+j1) \\
&= -71.6 \\
\beta_4 &= 71.6°
\end{aligned}$$

（7）确定根轨迹与虚轴交点。本例的闭环特征方程式为

$$s^4 + 5s^3 + 8s^2 + 6s + K^* = 0$$

对上式应用劳斯判据，有

s^4	1	8	K^*
s^3	5	6	
s^2	34/5	K^*	
s^1	$(204-25K^*)/34$		
s^0	K^*		

令劳斯表中s^1行的首项为零，得$K^* = 8.16$。根据s^2行的系数，得如下辅助方程：

$$\frac{34}{5}s^2 + K^* = 0$$

代入$K^* = 8.16$并令$s = j\omega$，解出交点坐标$\omega = \pm 1.1$。

根轨迹与虚轴相交时的参数也可用闭环特征方程直接求出。将$s = j\omega$代入特征方程，可得实部方程为

$$\omega^4 - 8\omega^2 + K^* = 0$$

虚部方程为

$$-5\omega^3 + 6\omega = 0$$

在虚部方程中，$\omega=0$ 显然不是欲求之解，因此根轨迹与虚轴交点坐标应为 $\omega=\pm1.1$。将所得 ω 值代入实部方程，可解出 $K^*=8.16$。整个系统概略根轨迹如图 4 - 10 所示。

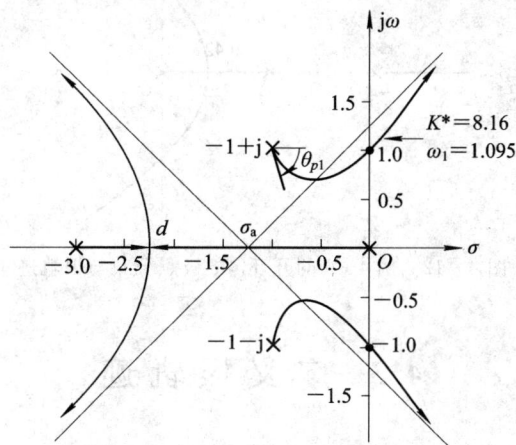

图 4 - 10　例 4 - 5 的开环零、极点分布与根轨迹

【**例题 4 - 6**】　设一单位负反馈系统如图 4 - 11 所示，试绘制该系统的根轨迹。

解　系统的开环传递函数为

$$G(s)=\frac{K}{s(s+1)(s+2)}$$

（1）开环零点：无；开环极点：0，-1，-2。

（2）系统有 3 条根轨迹分支，起点为开环极点 $(0，-1，-2)$。

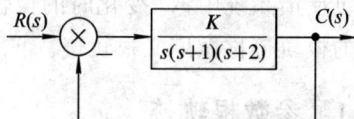

图 4 - 11　单位负反馈系统

（3）实轴上根轨迹分布如图 4 - 12 所示。

（4）渐近线。

渐近线与实轴的夹角为

$$\theta=\frac{(2k+1)\pi}{n-m}=\frac{\pi}{3}，\pi，\frac{5\pi}{3}\qquad(k=0，1，2)$$

渐近线与实轴的交点为

$$-\sigma_a=-1$$

（5）分离点。由

$$\frac{1}{d}+\frac{1}{d+1}+\frac{1}{d+2}=0$$

得到 $d_1=-0.42$，$d_2=-1.58$（不在实轴根轨迹上，舍去）。

（6）根轨迹与虚轴的交点。将 $s=j\omega$ 代入 $D(s)=s(s+1)(s+2)+k=0$，得到方程组

$$\begin{cases} k-3\omega^2=0 \\ -\omega^3+2\omega=0 \end{cases}$$

解之可得：

$$\omega=\pm1.414，\qquad k=6$$

完整的根轨迹图如图 4 - 12 所示。

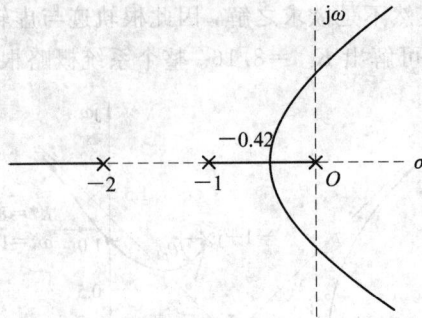

图 4 - 12　例 4 - 6 的开环零、极点分布与根轨迹

4.3　广 义 根 轨 迹

　　前面我们讨论了以 K^* 为变量的负反馈系统的根轨迹。在实际系统中，除了增益 K^* 以外，常常还要研究系统其他参数变化时对闭环特征根的影响。在有些多回路系统中，还会遇到内环是正反馈的系统，因此，还有必要讨论正反馈系统的根轨迹。在控制系统中，通常把负反馈系统中 K^* 变化时的根轨迹叫做常规根轨迹，而把不是以 K^* 为变量、非负反馈系统的根轨迹称做广义根轨迹。下面分析这类根轨迹的绘制方法。

4.3.1　参数根轨迹

　　除根轨迹增益 K^* 外，把开环系统的其他参数从零变化到无穷或在某一范围内变化时，闭环系统特征根的轨迹叫参数根轨迹。用参数根轨迹可以分析系统中的各种参数，如开环零、极点位置，时间常数或反馈参数等对系统性能的影响。绘制这类参数变化时的根轨迹的方法与前面讨论的规则相同，但在绘制根轨迹之前，要先求出系统的等效开环传递函数。

　　设系统的开环特征方程为

$$G(s)H(s) = K \frac{M(s)}{N(s)} \tag{4-26}$$

则系统的闭环特征方程为

$$1 + G(s)H(s) = N(s) + KM(s) = 0 \tag{4-27}$$

将方程左端展成多项式，用不含待讨论参数的各项除方程两端，得到

$$1 + G_1(s)H_1(s) = 1 + A \frac{P(s)}{Q(s)} = 0 \tag{4-28}$$

　　式(4-28)中的 $G_1(s)H_1(s) = A \dfrac{P(s)}{Q(s)}$ 即是系统的等效开环传递函数。等效是指系统的特征方程相同意义下的等效。根据等效开环传递函数 $G_1(s)H_1(s)$，按照上节介绍的根轨迹绘制规则，就可绘制出以 A 为变量的参数根轨迹。由等效开环传递函数描述的系统与原系统有相同的闭环极点，但闭环零点不一定相同。因为系统的动态性能不仅与闭环极点有关，还与闭环零点有关，所以在分析系统性能时，可采用由等效系统的根轨迹得到的闭环

极点和原系统的闭环零点来对系统进行分析。

下面举例说明参数根轨迹的绘制方法。

【**例题 4 - 7**】　已知某负反馈系统的开环传递函数为 $G_K(s) = \dfrac{\frac{1}{4}(s+a)}{s^2(s+1)}$，试绘制参数 a 由零连续变化到正无穷时，闭环系统的根轨迹。

解　系统的闭环特征方程为

$$1 + G_K(s) = 1 + \frac{\frac{1}{4}(s+a)}{s^2(s+1)} = 0$$

整理得

$$s^3 + s^2 + \frac{1}{4}s + \frac{1}{4}a = 0$$

也可写成

$$\frac{a}{s(4s^2 + 4s + 1)} = -1$$

上式和根轨迹方程具有相同的形式，其左边部分 $\dfrac{a}{s(4s^2+4s+1)}$ 相当于某一系统开环传递函数，我们称其为等效系统开环传递函数，参数 a 称为等效根轨迹增益。

利用根轨迹绘制法则，可以绘出 a 由零变化到无穷大时等效系统的根轨迹。

（1）起点：$s_1 = 0$，$s_2 = s_3 = -\dfrac{1}{2}$。

（2）终点：三条根轨迹都趋向于无限零点。

（3）实轴上的根轨迹：含坐标原点在内的整个负实轴。

（4）分离点：分离点的计算公式为

$$D'(s)N(s) - N'(s)D(s) = 0$$

其中：$D(s) = s(4s^2 + 4s + 1)$，$N(s) = 1$。代入上式得

$$s_1 = -\frac{1}{6}, \quad s_2 = -\frac{1}{2}$$

（5）根轨迹的渐近线。

渐近线的倾角为

$$\varphi_a = \frac{\pm 180°(2\mu + 1)}{n - m} = +60°, -60°, 180°$$

渐近线的交点为

$$-\sigma_a = -\frac{\sum_{j=1}^{n} p_j - \sum_{i=1}^{m} z_i}{n - m} = -\frac{\frac{1}{2} + \frac{1}{2}}{3} = -\frac{1}{3}$$

（6）根轨迹与虚轴的交点。

系统的闭环特征方程为

$$D(s) = 4s^3 + 4s^2 + s + a = 0$$

劳斯阵如下：

$$
\begin{array}{ccc}
s^3 & 4 & 1 \\
s^2 & 4 & a \\
s^1 & \dfrac{4-4a}{4} & \\
s^0 & a &
\end{array}
$$

当 $a=0$ 时，劳斯阵中 s^1 行为全零行，辅助方程为

$$F(s) = 4s^2 + a = 4s^2 + 1 = 0$$

解得

$$s_{1,2} = \pm \mathrm{j}\frac{1}{2}$$

根据以上计算结果，可绘制出系统根轨迹如图 4-13 所示。

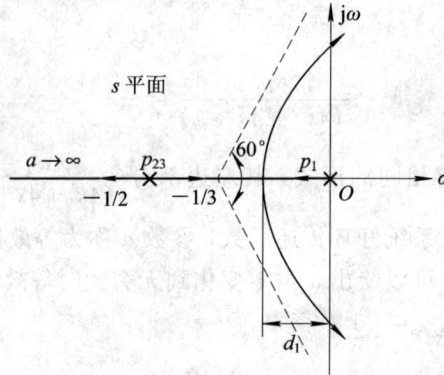

图 4-13　例 4-7 题根轨迹

通过上例，可将一般绘制参数根轨迹的步骤归纳如下：

（1）写出原系统的特征方程。

（2）以特征方程式中不含参量的各项除特征方程，得等效系统的根轨迹方程，该方程中原系统的参量即为等效系统的根轨迹增益。

（3）绘制等效系统的根轨迹，即为原系统的参数根轨迹。

4.3.2　零度根轨迹

在一些复杂系统中，包含了正反馈内回路，有时为了分析内回路的特性，有必要绘制相应的根轨迹，其相角条件为 $0°+2\mu\pi$，具有这类相角条件的根轨迹称为零度根轨迹。

如果所研究的控制系统是在 s 右半平面具有开环零点的非最小相位系统，则有时不能采用常规根轨迹的绘制法则来绘制系统的根轨迹。此外，如果有必要绘制正反馈系统的根轨迹，那么也必然会产生 $0°+2\mu\pi$ 的相角条件。因此，一般来说，零度根轨迹的来源有两个方面：其一是非最小相位系统中包含 s 最高次幂的系数为负的因子；其二是控制系统中包含有正反馈内回路。前者是由被控对象如飞机、导弹的本身特性所产生的，或者是在系统结构图变换过程中所产生的；后者是由于某种性能指标要求，使得在复杂系统设计中必须包含正反馈内回路所致。

零度根轨迹的绘制方法与 $180°$ 根轨迹（负反馈系统的根轨迹）的绘制方法略有不同。以

正反馈为例，设某个系统结构图如图 4-14 所示。其闭
环传递函数为

$$\Phi(s) = \frac{C(s)}{R(s)} = \frac{G(s)}{1 - G(s)H(s)} = \frac{G(s)}{1 - G_K(s)}$$

特征方程为

图 4-14　正反馈系统

$$1 - G_K(s) = 0$$

设开环传递函数的零、极点表达式为

$$G_K(s) = K^* \frac{\prod\limits_{i=1}^{m}(s + z_i)}{\prod\limits_{j=1}^{n}(s + p_j)}$$

则正反馈系统的根轨迹方程为

$$K^* \frac{\prod\limits_{i=1}^{m}(s + z_i)}{\prod\limits_{j=1}^{n}(s + p_j)} = 1 \tag{4-29}$$

其幅值条件和相角条件分别为

$$\left| \frac{\prod\limits_{i=1}^{m}(s + z_i)}{\prod\limits_{j=1}^{n}(s + p_j)} \right| = \frac{1}{K^*} \tag{4-30}$$

和

$$\sum_{i=1}^{m} \angle(s + z_i) - \sum_{j=1}^{n} \angle(s + p_j) = \sum_{i=1}^{m} \alpha_i - \sum_{j=1}^{n} \beta_j = 180° \cdot 2\mu$$
$$(\mu = 0, \pm 1, \pm 2, \cdots) \tag{4-31}$$

　　与负反馈系统的根轨迹方程相比，可知它们的幅值条件相同，相角条件不同。负反馈
系统的相角满足 $\pi + 2k\pi$，而正反馈系统的相角满足 $0 + 2k\pi$。所以，通常也称负反馈系统的
根轨迹为常规根轨迹或 180° 根轨迹，正反馈系统的根轨迹为零度根轨迹。

　　零度根轨迹的绘制，原则上可参照常规根轨迹的绘制法则，但在与相角条件有关的一
些法则中，需作适当调整。

　　绘制零度根轨迹时，应调整的绘制法则有：

　　(1) 实轴上的根轨迹应改为：实轴上，若某线段右侧的开环实数零、极点个数之和为
偶数，则此线段为根轨迹的一部分。

　　(2) 根轨迹的渐近线应改为：当有限开环极点数 n 大于有限零点数 m 时，有 $n-m$ 条根
轨迹沿 $n-m$ 条渐近线趋于无穷远处，这 $n-m$ 条渐近线在实轴上都交于一点，交点坐标为

$$\sigma_a = \frac{\sum\limits_{i=1}^{n} p_i - \sum\limits_{j=1}^{m} z_j}{n - m} \quad （与 180° 根轨迹相同）$$

渐近线与实轴的夹角为

$$\varphi_a = \frac{\pm 180° \cdot 2\mu}{n - m} \quad (\mu = 0, \pm 1, \pm 2, \cdots)$$

分离角为 $2k\pi / l$。

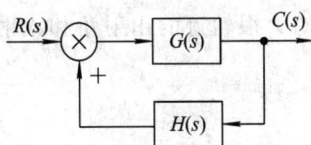

（3）根轨迹的出射角和入射角计算公式应改为：

$$\beta_c = \sum_{i=1}^{m} \alpha_i - \sum_{j=1}^{n-1} \beta_j$$

$$\alpha_r = -\sum_{i=1}^{m-1} \alpha_i - \sum_{j=1}^{n} \beta_j$$

除了上述三个法则外，其他法则与 180° 根轨迹相同。

【例题 4-8】 设单位正反馈系统的开环传递函数为 $G_K(s) = \dfrac{K^*}{s(s+1)(s+5)}$，试绘制根轨迹。

解 绘制步骤如下：

（1）起点：$s_1 = 0$，$s_2 = -1$，$s_3 = -5$。

（2）终点：三条根轨迹都趋向无穷远。

（3）实轴上的根轨迹：存在的区间为 $[-5, -1]$，$[0, +\infty]$。

（4）计算分离点：$N(s) = 1$，$D(s) = s(s+1)(s+5)$，代入式

$$N'(s)D(s) - N(s)D'(s) = 0$$

解得

$$s_1 = -3.52$$

$$s_2 = -0.48$$

由于 -0.48 不在根轨迹上，因此根轨迹的分离点为 -3.52。

（5）根轨迹的渐近线。

渐近线的倾角为

$$\varphi_a = \frac{\pm 180° \cdot 2\mu}{3} = 0°, +120°, -120°$$

渐近线的交点为

$$-\sigma_a = -\frac{\displaystyle\sum_{j=1}^{n} p_j - \sum_{i=1}^{m} z_i}{n - m} = -\frac{0+1+5-0}{3} = -2$$

根据以上几点，可绘出系统的零度根轨迹如图 4-15 所示。

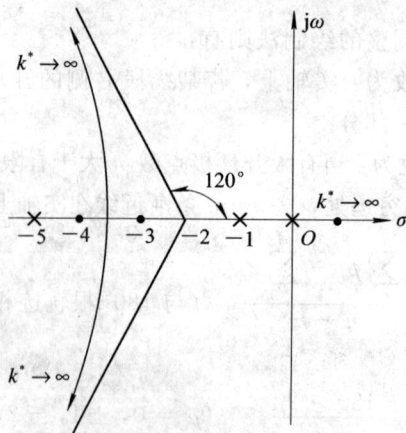

图 4-15　例 4-8 零度根轨迹

为了对比，我们在图 4-16 中画出了一些开环传递函数零、极点相同的常规根轨迹和零度根轨迹。

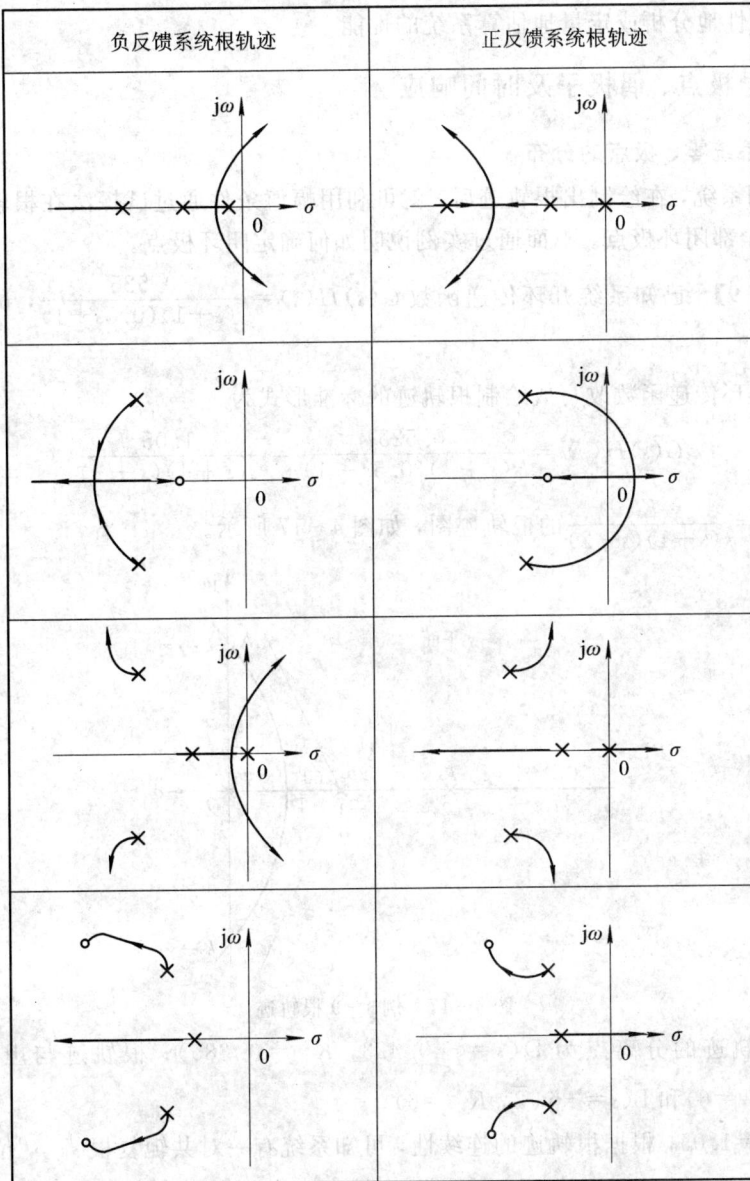

| 负反馈系统根轨迹 | 正反馈系统根轨迹 |

图 4-16　常规根轨迹与零度根轨迹

4.4　系统性能分析与估算

在经典控制理论中，控制系统设计的重要评价取决于系统的单位阶跃响应。应用根轨迹法，可以迅速确定系统在某一开环增益或某一参数值下的闭环零、极点位置，从而得到相应的闭环传递函数。这时可利用拉普拉斯反变换法或者借助计算机程序（如 MATLAB

语言)确定系统的单位阶跃响应,由阶跃响应不难求出系统的各项性能指标。然而,在系统初步设计过程中,重要的往往不是如何求出系统的阶跃响应,而是如何根据已知的闭环零、极点去定性地分析或定量地估算系统的性能。

4.4.1 主导极点、偶极子及时间响应

1. 闭环系统零、极点的分布

一个控制系统,在绘制出根轨迹后,就可利用幅值条件通过试探法在根轨迹图上求出对应 K 值的全部闭环极点。下面通过实例说明如何确定闭环极点。

【例题 4 - 9】 已知系统开环传递函数 $G(s)H(s)=\dfrac{0.525}{s(s+1)(0.5s+1)}$,试用根轨迹法求闭环极点。

解 将开环传递函数改写成绘制根轨迹的标准形式为

$$G(s)H(s)=\frac{0.525}{s(s+1)(0.5s+1)}=\frac{1.05}{s(s+1)(s+2)}$$

作 $G(s)H(s)=\dfrac{K}{s(s+1)(s+2)}$ 的根轨迹图,如图 4 - 17 所示。

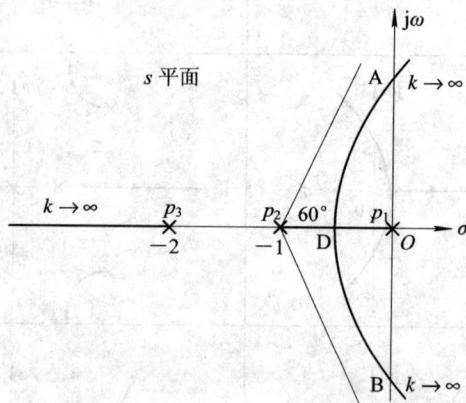

图 4 - 17　例 4 - 9 根轨迹

图中,根轨迹的分离点为 D($s=-0.423$,$K^*=0.385$);根轨迹与虚轴的交点为 A($s=j\sqrt{2}$,$K^*=6$)和 B($s=-j\sqrt{2}$,$K^*=6$)。

已知 $K^*=1.05$,根据根轨迹的连续性,可知系统有一对共轭复根 $s_{1,2}$,位于 DA 段和 DB 段根轨迹上,即 $-0.423\leqslant\mathrm{Re}[s_1]<0$,$0<\mathrm{Im}[s_1]\leqslant\sqrt{2}$。

在 DA 段取点 s_1,代入幅值方程,有

$$\frac{1}{|s_1||s_1+1||s_1+2|}=\frac{1}{K^*}=\frac{1}{1.05}$$

试探得到当 $K^*=1.05$ 时,$s_{1,2}=-0.33\pm j0.58$。

由于 $n-m=3>2$,因此 $\sum_{i=1}^{n}s_i=\sum_{j=1}^{n}p_j$,可得 $s_3=-2.34$。

注意,在用试探法确定极点时,一般先找出实数极点,再用根之和规则找出共轭复数极点。

应当指出，对于非单位反馈系统来说，若反馈通道上的零点与前向通路的极点相抵消，则必须将 $G(s)H(s)$ 中抵消的开环极点作为闭环极点的一部分，追加到由 $G(s)H(s)$ 绘制的根轨迹图得到的闭环极点中去。

闭环零点由开环前向通道传递函数 $G(s)$ 的零点和反馈通路传递函数 $H(s)$ 的极点构成。对于单位反馈系统，闭环零点就是开环零点。

在系统的闭环极点中，离虚轴最近且附近又无闭环零点的闭环极点，对系统的动态过程起主导作用，称之为主导极点。一般情况下，离虚轴最近的含义是，其他的闭环零、极点的实部比主导极点实部大 3～6 倍。

如果闭环零、极点之间的距离比它本身的模值小一个数量极，则称这一对零、极点为偶极子。远离原点的偶极子对系统的动态性能影响可以忽略，这就是零、极点的对消作用。

2. 闭环零、极点的分布与系统阶跃响应的关系

绘制出一个系统的根轨迹后，如增益 K 确定，就可求出所有的闭环极点。由时域分析方法可知，如给系统输入一个单位阶跃函数，其输出的一般表达式为

$$h(t) = A_0 + \sum A_i e^{s_i t} \qquad (4-32)$$

由上式可以得出系统闭环零、极点与阶跃响应的定性关系。

(1) 要求系统稳定，则系统的全部闭环极点均应位于左半 s 平面。

(2) 要求系统快速性好，则闭环极点均应远离虚轴，以便阶跃响应中的每个分量都衰减得足够快。

(3) 由二阶系统的分析可知，若其共轭复数极点位于 $\pm 45°$ 线上时，其对应的阻尼比

$$\xi = \cos^{-1} 45° = \frac{1}{\sqrt{2}} \approx 0.707$$

为最佳阻尼比，这时系统的平稳性与快速性都较理想。若超过 $45°$ 线，则阻尼比减小，振荡加剧。

(4) 若某些极点离虚轴的距离比其他极点离虚轴的距离的五分之一还小，而且附近又没有闭环零点存在，则其他极点便可忽略。工程上往往只用闭环主导极点估算系统的性能，将系统近似地看成是由共轭主导极点决定的二阶系统或实数主导极点确定的一阶系统。

(5) 闭环零点的存在，可以削减或抵消附近的闭环极点的作用。当某零点 z_i 与极点 p_i 靠得很近时，它们便成为偶极子。偶极子有实数偶极子和复数偶极子之分，而复数偶极子必以共轭形式出现。它们靠得越近，则 z_i 对 p_i 的抵消作用就越强，这时由 p_i 所对应的暂态分量很小，可以忽略。在略去偶极子和非主导极点的情况下，闭环系统的根轨迹增益常会发生改变，必须注意核算，否则将导致性能估算错误。

单位反馈系统的开环零点与闭环零点是相同的，设计时可以有意识地在系统中加入适当的零点，以抵消对动态过程影响较大的不利极点，使系统的动态性能获得改善。

以上几点结论，为我们利用根轨迹分析或设计系统提供了主要的依据。

4.4.2 系统性能的定量估算及定性分析

1. 利用主导极点估算系统的性能指标

系统闭环零、极点的分布直接影响到其动态过程的性能，在估算系统动态性能时，对

高阶系统的近似处理尤为关键。由于主导极点在动态过程中起主要作用，因此，计算系统的性能指标时，在一定的条件下，就可以只考虑主导极点所对应的动态分量，忽略其余的动态分量，将高阶系统近似看做一阶或二阶系统来处理。

【例题 4-10】　讨论例 4-9 系统的闭环极点分布规律，并应用闭环主导极点的概念，估算系统的暂态性能指标。

解　由例 4-9 可知，系统的三个闭环极点为

$$s_{1,2} = -0.33 \pm j0.58, \quad s_3 = -2.34$$

系统的闭环传递函数为

$$\Phi(s) = \frac{1.05}{(s+2.34)(s+0.33+j0.58)(s+0.33-j0.58)}$$

由于 s_3 离虚轴的距离大于 s_1 和 s_2 离虚轴的距离的七倍，且 s_1 和 s_2 不会与闭环零点构成闭环偶极子，因此系统具有一对共轭复数主导极点的分布规律。于是，系统的闭环传递函数可近似为

$$\Phi(s) = \frac{1.05}{2.34(s+0.33+j0.58)(s+0.33-j0.58)}$$

即原三阶系统可以近似为如下的二阶系统：

$$\Phi(s) = \frac{0.448}{s^2 + 0.66s + 0.448}$$

与典型二阶系统的闭环传递函数比较，有

$$\omega_n^2 = 0.448, \quad 2\xi\omega_n = 0.66$$

解得等效系统的特性参数为

$$\omega_n = 0.67, \quad \xi = 0.49$$

系统在单位阶跃信号作用下的性能指标计算如下：

（1）超调量为

$$\sigma\% = e^{\frac{\xi}{\sqrt{1-\xi^2}}\pi} \times 100\% = 16.4\%$$

（2）调整时间为

$$t_s = \frac{4}{\xi\omega_n} = 12.1(s) \quad (\Delta = 2\%)$$

当开环增益 K 从零到无穷大变化时，系统动态性能的变化情况如下：

① 当 $0 \leqslant K \leqslant 0.193$（计算值）时，系统闭环极点均为负实数，系统单位阶跃响应为非周期过程，且由于最靠近虚轴的实数闭环极点离开虚轴向左移动，因此系统的调整时间 t_s 逐渐减小。

② 当 $0.193 < K < 3$ 时，系统闭环极点为一个负实数根和一对负实部的共轭复数根，系统单位阶跃响应为衰减振荡过程。由于根轨迹移向虚轴，因此系统的响应衰减渐慢。

③ 当 $K=3$ 时，闭环极点中有一对在虚轴上，系统单位阶跃响应为等幅振荡过程。

④ 当 $K > 3$ 时，有两条根轨迹进入右半 s 平面，系统不稳定，单位阶跃响应为发散振荡过程。

由此例题可以看出，根轨迹法不仅可以用来对系统作定性分析、定量估算，而且可以分析系统某个参数（开环增益或别的参数）对系统性能的影响。

2. 通过改造根轨迹来改善系统的品质

由前面的分析可知，系统根轨迹的形状、位置决定于系统的开环传递函数的零、极点。因此，可通过增加开环的零、极点来改造根轨迹，从而实现改善系统的品质。

（1）开环零点对根轨迹的影响。增加一个开环零点，对系统根轨迹有以下影响：

① 改变了根轨迹在实轴上的分布。

② 改变了渐近线的条数、倾角和分离点。

③ 若增加的开环零点和某个极点重合或距离很近，构成开环偶极子，则两者相互抵消。因此，可加入一个零点来抵消有损于系统性能的极点。

④ 根轨迹曲线将向左移，有利于改善系统的动态性能。

（2）开环极点对根轨迹的影响。增加一个开环极点，对系统根轨迹有以下影响：

① 改变了根轨迹在实轴上的分布。

② 改变了根轨迹的分支数。

③ 改变了渐近线的条数、倾角和分离点。

④ 根轨迹曲线将向右移，不利于改善系统的动态性能。

【例题 4 - 11】   已知某系统开环传递函数为 $G(s)H(s)=\dfrac{K}{s(s+1)}$，若给此系统增设一个开环极点（$p=-2$），或增设一个开环零点（$z=-2$），试分别讨论对系统根轨迹和系统动态性能的影响。

解   依据根轨迹的绘制规则，绘制出根轨迹分别示于图 4 - 18(a)、(b)、(c)中。其中：图（a）为原系统 $\left[G(s)H(s)=\dfrac{K^*}{s(s+1)}\right]$ 的根轨迹；图（b）为附加极点后 $\left[G(s)H(s)=\dfrac{K^*}{s(s+1)(s+2)}\right]$ 的根轨迹；图(c)为附加零点后 $\left[G(s)H(s)=\dfrac{K^*(s+2)}{s(s+1)}\right]$ 的根轨迹。

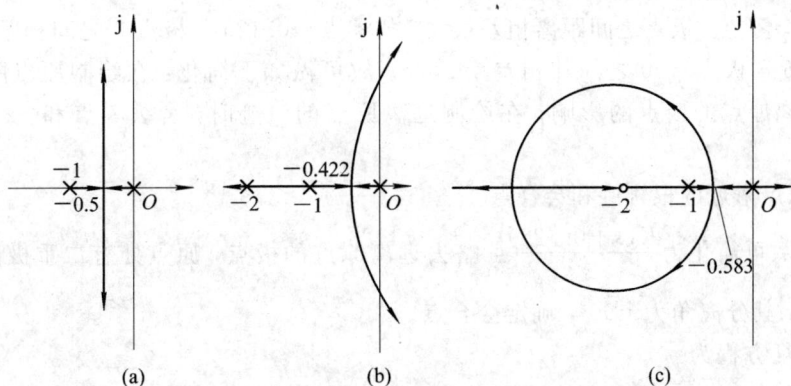

图 4 - 18   附加零、极点对根轨迹的影响

大体上看，附加极点使根轨迹的分离点和根轨迹都向右移；附加零点使分离点和根轨迹都向左移。

对于原二阶系统，当 K 从零变到无穷大时，系统总是稳定的。附加一个开环极点后，K 达到一定程度时，有两条根轨迹进入 s 平面右半部，系统变为不稳定系统。在同样的 K 值情况下，对应的阻尼比 ξ 值更小，也就是说系统的超调量变大，调整时间变长，振荡也更剧烈。因此，结论是附加开环极点对系统动态性能不利。

　　附加开环零点后，当 K 从零变到无穷大时，所有的闭环极点都在 s 左半平面，系统总是稳定的。而且随着 K 的增大，闭环极点由两个负实数变为共轭复数，再变为两个负实数，相对稳定性比原系统更好。在相同 K 值的情况下，对应的阻尼比 ξ 值更大（最小的阻尼比 $\xi = 0.707$），因此系统的超调量变小，调整时间变短，动态性能提高。

　　由此例可知，附加开环零点可改善系统的动态性能。在设计系统时，常用此方法进行校正。

4.5　解 题 示 范

1. 根据法则绘制系统的根轨迹

【例题 4 - 12】　已知控制系统开环传递函数为 $G_K(s) = \dfrac{K(s+0.125)}{s^2(s+5)(s+20)(s+50)}$，试绘制系统的根轨迹。

　　解　（1）开环极点：$0,\ -5,\ -20,\ -50$；开环零点：-0.125。

　　（2）实轴上根轨迹：$(-5,\ -0.125)$，$(-50 \sim -20)$。

　　（3）渐近线。

　　渐近线的倾角为

$$\varphi_a = \frac{\pm 180°(1+2\omega)}{5-1} = \pm 45°,\ \pm 135°$$

　　渐近线的交点为

$$\sigma_a = \frac{(0 \pm 0 - 5 - 20 - 50) - (-0.125)}{4} = -18.8$$

　　（4）确定分离点和会合点。

　　本题中，零点、极点之间距离相差很大，如零点 -0.125 与极点 0 之间相距 0.125，而零点 -0.125 与极点 -50 之间却相差 49.875。故可做如下简化：在绘制原点附近的轨迹时，舍去远离原点的极点的影响；在绘制远离原点的轨迹时，舍去零点和一个零极点的影响。

　　① 求原点附近的根轨迹和会合点。

　　传递函数可简化为 $\dfrac{K(s+0.125)}{s^2}$，略去远离原点的极点，原点处有二重极点，右侧无零点、极点，其分离角为 $\pm 90°$，确定会合点。

　　此时特征方程为

$$s^2 + Ks + 0.125K = 0$$

$$\frac{\mathrm{d}K}{\mathrm{d}s} = 0$$

$$\frac{-2s(s+0.125) - s^2}{(s+0.125)} = 0$$

　　解之：$s_1 = -0.25$，会合点；$s_2 = 0$，重极点分离点。

　　原点附近的根轨迹和会合点如图 4 - 19 所示。

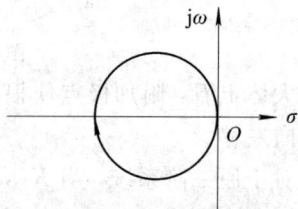

图 4 - 19　原点附近的根轨迹和会合点

② 求远离原点的根轨迹和分离角。

略去原点附近的开环(零点−0.125 和极点),传递函数可化为

$$\frac{K}{s(s+5)(s+20)(s+50)}$$

特征方程为

$$s(s+5)(s+20)(s+50)+K=0$$

$$K=-s(s+5)(s+20)(s+50)$$

由

$$\frac{\mathrm{d}K}{\mathrm{d}s}=0$$

得

$$\frac{4s^2+225s^2+2700s+5000}{[s(s+5)(s+20)(s+50)]^2}=0$$

解之:$s_1=-2.26$,$s_2=-40.3$。

图 4-20　远离原点的根轨迹和分离角

远离原点的根轨迹和分离角如图 4-20 所示。

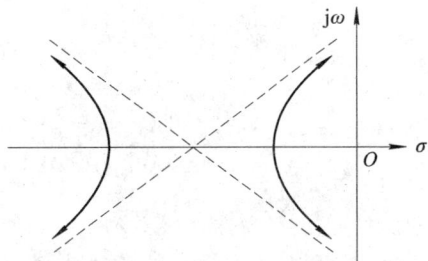

2. 利用 MATLAB 绘制系统的根轨迹

绘制根轨迹时常用到 MATLAB 工具箱中的 rlocus 函数和 rlocfind 函数。rlocus 函数是绘制系统根轨迹函数,rlocfind 函数可找出根轨迹上任一点处的增益。但是,只有在运行了 rlocus 函数并得到根轨迹以后,才能合法调用 rlocfind 函数。运行 rlocus 函数之后,MATLAB 将在根轨迹图上产生"+"提示符,通过鼠标将提示符移到根轨迹上相应位置,然后按回车键,所选闭环特征根对应的增益 K 值就会在命令行中显示出来。

rlocus 函数和 rlocfind 函数的格式分别为:

　　　　rlocus(num,den)

　　　　rlocfind(num,den)

式中:num 为开环传递函数分子多项式的系数向量,den 为开环传递函数分母多项式的系数向量。

如果引入左端变量,即[r,k]=rlocus(num,den)或[r,k]=rlocus(num,den,k),则将在屏幕上显示矩阵 r 和开环增益向量 k。其中,r 为由根轨迹各个点构成的复数矩阵;式子左端的 k 向量为自动生成的增益向量,式子右端的 k 向量为用户自己指定的增益向量范围。

【例题 4-13】　已知系统的开环传递函数为 $G_K(s)=\dfrac{K}{s(0.5s+1)(0.25s+1)}$,试用 MATLAB 绘制系统的根轨迹。

解　将系统的开环传递函数整理为

$$G_K(s)=\frac{K}{s(0.5s+1)(0.25s+1)}=\frac{K}{0.125s^3+0.75s^2+s+0}$$

则 MATLAB 程序如下:

```
num=[1];
den=[0.125,0.75,1,0];
rlocus(num,den)
title('Root Locus')
[k,p]=rlocfind(num,den)
```

运行结果如图 4-21 所示。

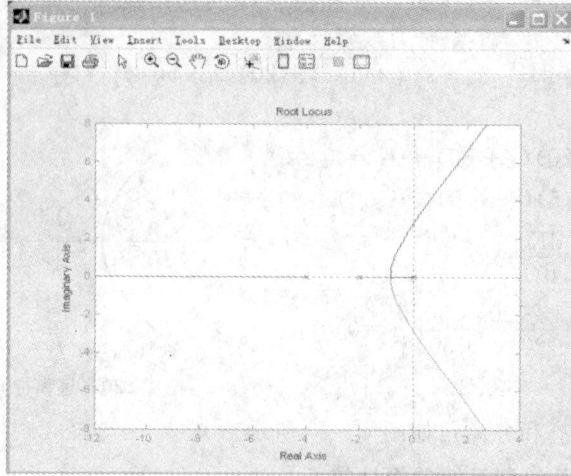

图 4-21　利用 MATLAB 绘制根轨迹

在程序执行过程中，由 rlocus 函数先绘制系统的根轨迹，由 rlocfind 函数在图形窗口中形成十字光标，提示用户在根轨迹上选择一点，这时用鼠标将十字光标移动到所选取的点上单击，可得到该点对应的系统开环增益 K 的值和闭环极点值。

此例中，将十字光标移动到根轨迹与虚轴的交点处，可得到临界开环增益和相应的三个闭环极点，即：

k＝5.9115　p＝-5.9838　-0.0081+2.8113i　-0.0081-2.8113i

若将光标移动到根轨迹的分离点处，可得到：

k＝0.3851　p＝-4.3095　-0.8452+0.0223i　-0.8452-0.0223i

【例题 4-14】　绘制如图 4-22 所示系统的根轨迹，已知开环传递函数为 $G(s)=\dfrac{K}{s(s+1)(0.5s+1)}$。

解　输入以下 MATLAB 命令，绘制系统根轨迹：

```
num1=1;
den1=[conv(conv([1 0],[1 1]),[0.5 1])];
rlocus(num1,den1)
```

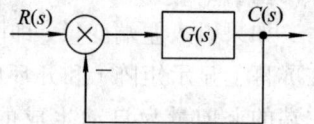

图 4-22　系统框图

由开环传递函数知，三条根轨迹都趋向于无穷远处，这三条趋向于无穷远的根轨迹的渐近线与实轴的交点为 $\sigma_a=\dfrac{0-1-2}{3}=-1$。输入以下 MATLAB 命令，在上述根轨迹图上绘制根轨迹的渐近线，如图 4-23 所示。

```
hold on;
num2=1;
den2=[conv(conv([1 1],[1 1]),[1 1])];
rlocus(num2,den2)
axis([-4 4 -3 3])
grid on
tile('Root - locus plot of G(s)=K/[s(s+1)(0.5s+1)]')
```

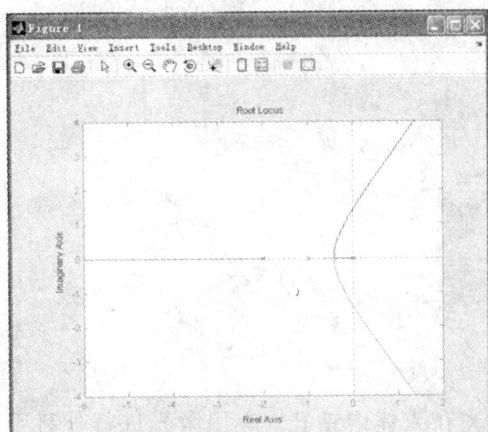

(a)

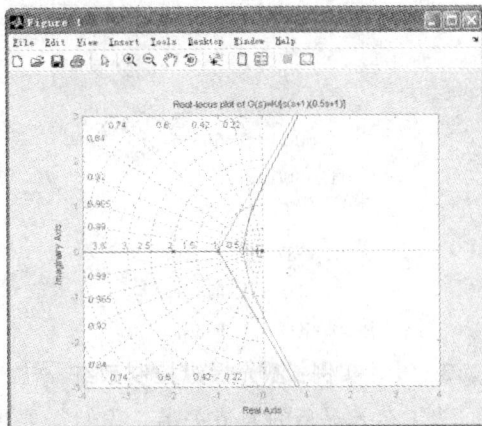

(b)

图 4-23　根轨迹图

说明：hold on 语句的作用是使系统根轨迹曲线和根轨迹渐近线绘于同一图形上；grid on 语句的作用是为图形加栅格；title()函数的作用是为图形加标题；axis()函数的作用是为图形设置实轴、虚轴范围。

【例题 4-15】　已知控制系统的开环传递函数为 $G(s) = \dfrac{s^3 + s^2 + 3}{s^3 + 3s^2 + 5s}$，绘制根轨迹的起点和终点。

　　解　输入程序代码如下：

```
>> num=[1 1 0 3];
   den=[1 3 5 0];
   G=tf(num,den);
   rlocus(G);
   p=roots(den)
   z=roots(num)
```

图 4-24 为系统的根轨迹。

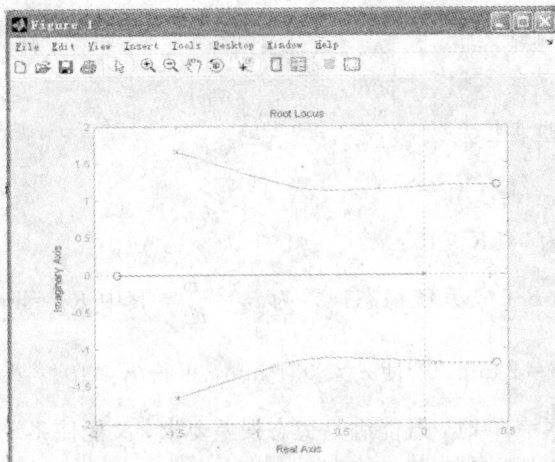

图 4-24　系统的根轨迹

根轨迹零、极点的具体结果如下：

p＝

　　0

　　−1.5000＋1.6583i

　　−1.5000−1.6583i

z＝

　　−1.8637

　　0.4319＋1.1930i

　　0.4319−1.1930i

3. 设计实例：激光操纵控制系统

为了植入灵巧的人造关节，我们需要用激光在人体内钻孔。应用激光进行外科手术时，激光操纵系统必须有高精度的位置和速度响应。考虑如图 4-25 所示的系统，用直流电机来操纵激光。本例将通过调整增益 K，使系统在斜坡输入 $r(t)=Bt(B=1\ mm/s)$ 的稳态误差小于或等于 0.1 mm。

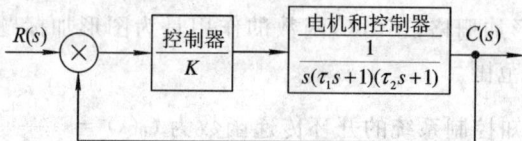

图 4-25　激光操纵控制系统

为获得所要求的稳态误差和瞬态响应，电机参数选为：励磁磁场的时间常数为 $\tau_1=0.1\ s$，电机和载荷组合的时间常数 $\tau_2=0.2\ s$。于是有：

$$\Phi(s)=\frac{K}{s(\tau_1 s+1)(\tau_2 s+1)+K}=\frac{K}{0.02s^3+0.3s^2+s+K}$$

$$=\frac{50K}{s^3+15s^2+50s+50K} \tag{4-33}$$

系统特征方程为

$$s^3+15s^2+50s+50K=0$$

对应的劳斯阵为

s^3	1	50
s^2	15	$50K$
s^1	$\dfrac{750-50K}{15}$	
s^0	50	

可知系统稳态的条件为 $0\leqslant K\leqslant 15$。

当输入信号 $r(t)=Bt$ 时，系统稳态误差为 $e_{ss}=\dfrac{B}{K_v}$，其中 $K_v=\lim\limits_{s\to 0}s\dfrac{K}{s(\tau_1 s+1)(\tau_2 s+1)}=K$，则 $e_{ss}=\dfrac{B}{K}$，其中 $B=1\ mm$，若使 $e_{ss}\leqslant 0.1\ mm$，可得 $K\geqslant 10$。

由此可见，选取 $K=10$ 时，既能满足稳态误差要求，又能使系统稳定。

由图 4-25 可知系统的开环传递函数为

$$G_K(s) = \frac{K}{s(0.1s+1)(0.2s+1)}$$

画出系统的根轨迹如图 4-26 所示。

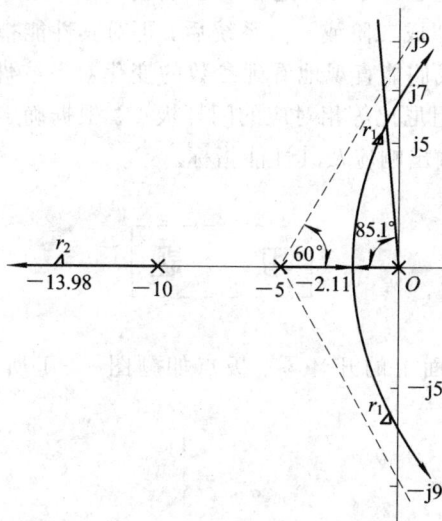

图 4-26　系统根轨迹

激光控制系统对斜坡输入的响应如图 4-27 所示。

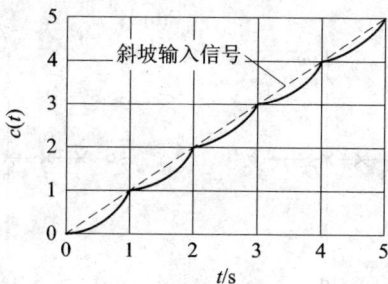

图 4-27　激光控制系统对斜坡输入的响应

小　结

　　(1) 根轨迹法的基本思路是在已知开环传递函数的基础上, 确定闭环零、极点的分布, 并利用主导极点或偶极子的概念, 对系统的阶跃响应进行分析和计算。

　　(2) 当系统某个参数从零到无穷大变化时, 闭环特征根在 s 平面上运动的轨迹称之为根轨迹。

　　(3) 根据根轨迹绘制规则, 可由开环传递函数画出以开环增益 K 为参变量的常规根轨迹。而这些规则的基础是根轨迹方程的幅值条件和相角条件。

　　(4) 广义根轨迹包括参数根轨迹、零度根轨迹和其他系统的根轨迹, 各有其"规则"。而这些"规则"的推导, 均离不开相应的根轨迹方程。

（5）利用根轨迹法，能较方便地确定高阶系统中某个参数变化的闭环极点分布的规律，形像地看出参数对系统动态过程的影响。

（6）闭环极点离虚轴越近，对动态过程的影响就越大，这就是主导极点的概念。利用主导极点可将高阶系统近似成二阶或一阶系统后，再对其性能指标进行估算。

（7）根轨迹图不仅使我们能直观地看到参数的变化对系统性能的影响，而且还可用它来求出指定参变量或指定阻尼比等相对应的闭环极点。根据确定的闭环极点和已知的闭环零点，就能计算出系统的输出响应及其性能指标。

习　题

4-1　设系统在 s 平面上的开环零、极点如题图 4-1 所示，试绘制相应的根轨迹草图。

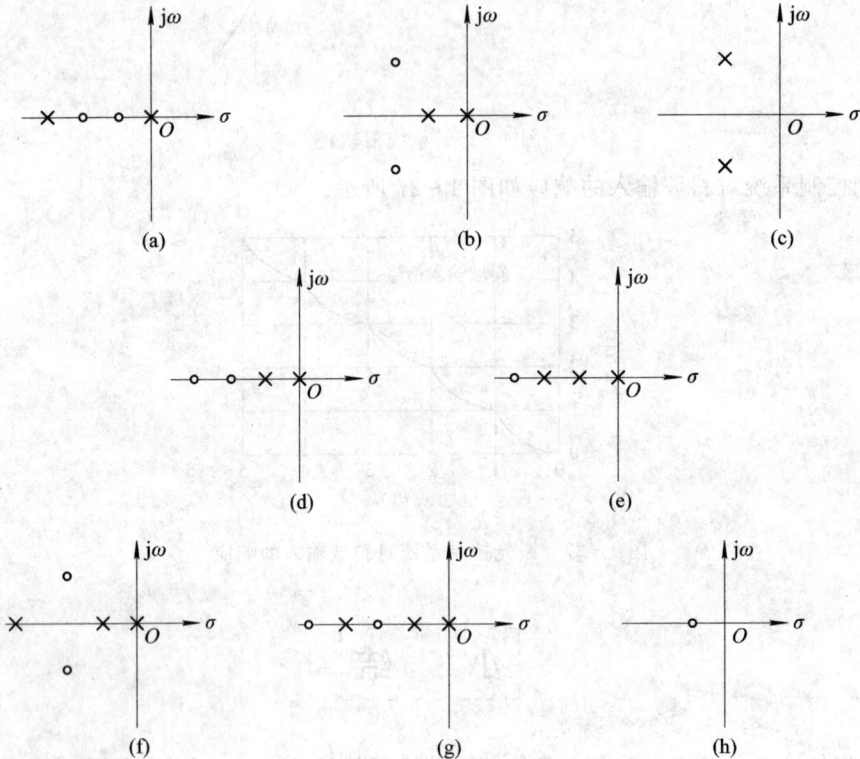

题图 4-1

4-2　系统开环传递函数为 $G_K(s)=\dfrac{K}{(\tau s+1)^3}$，$K_g=\tau^3 K$，试绘制系统根轨迹草图。

4-3　闭环系统的特征方程为 $s(s+4)(s^2+4s+20)+K^*=0$，试绘制控制系统的大致根轨迹。

4-4　设单位反馈系统的开环传递函数为 $G_K(s)=\dfrac{K}{s^2(s+1)}$，试用根轨迹法证明：该系统对于 K 为任何正值均不稳定。

4-5　若在上题的系统中增加一个负实数零点，即把开环传递函数改为

$$G_K(s) = \frac{K(s+a)}{s^2(s+1)} \qquad 0 < a < 1$$

试绘制系统的根轨迹图，并分析增加零点后系统稳定性的变化。

4-6　已知系统结构图如题图 4-2 所示，试绘制其根轨迹。

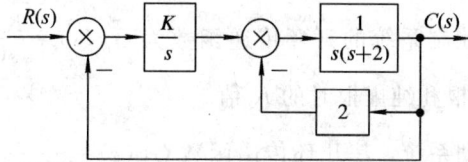

题图 4-2

4-7　设系统的开环传递函数为 $G_K(s) = \dfrac{K(s+1)}{s(s+2)}$，试用幅角条件和幅值条件证明 $s_1 = -1 + j\sqrt{8}$ 是否是 $K = 1.5$ 时系统的特征根。

4-8　绘制下列各开环传递函数所对应的负反馈系统的根轨迹。

(1) $G_K(s) = \dfrac{K(s+5)}{s(s+2)(s+3)}$ 　　　　　(2) $G_K(s) = \dfrac{K}{(s+0.2)(s+0.5)(s+1)}$

(3) $G_K(s) = \dfrac{K}{s(s+2)(s^2+2s+2)}$ 　　　(4) $G_K(s) = \dfrac{K(s+1)}{s(s^2+2s+5)}$

4-9　设反馈系统中 $G_K(s) = \dfrac{K}{s^2(s+2)(s+5)}$，$H(s) = 1$。

(1) 绘制系统的根轨迹图，并讨论闭环系统的稳定性。

(2) 若使 $H(s) = 1 + 2s$，重做第(1)小题，试讨论 $H(s)$ 的变化对系统稳定性的影响。

4-10　负反馈控制系统的开环传递函数为 $G_K(s) = \dfrac{K(0.25s+1)}{s(0.5s+1)}$，试用根轨迹法确定系统无超调时 K 的取值范围。

4-11　已知单位负反馈系统的开环传递函数为 $G_K(s) = \dfrac{2.6}{s(0.1s+1)(Ts+1)}$，试绘制以 T 为参数的根轨迹。

4-12　已知单位负反馈系统的开环传递函数为 $G_K(s) = \dfrac{K}{s(s+a)}$。

(1) 绘制 $a = 2$，K 在 $0 \sim \infty$ 区间变化的根轨迹；

(2) 绘制 $K = 4$，a 在 $0 \sim \infty$ 区间变化的根轨迹；

(3) $K = 4$ 时，确定系统响应无超调量时 a 的取值范围；

(4) 求 $\beta = 60°$ 时，$\sigma\%$、t_p、t_s 的值。

4-13　设控制系统开环传递函数为 $G_K(s) = \dfrac{K(s+1)}{s^2(s+2)(s+4)}$，试分别画出正反馈系统和负反馈系统的根轨迹图，并指出它们的稳定情况有何不同。

4-14　设控制系统如题图 4-3 所示，其中 $G_c(s)$ 为改善系统性能而加入的校正装置。若 $G_c(s)$ 可从 $K_a s$、$K_a s^2$ 和 $\dfrac{K_a s^2}{s+20}$ 三种传递函数中任选一种，你选择哪一种？为什么？

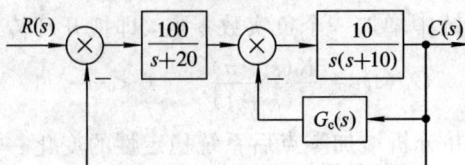

题图 4 - 3

4 - 15　设单位反馈控制系统的开环传递函数为 $G_K(s) = \dfrac{K(1-s)}{s(s+2)}$，试绘制系统根轨迹，并求出使系统产生重根和纯虚根时的 K 值。

4 - 16　某一位置随动系统，其开环传递函数 $G_K(s) = \dfrac{5}{s(5s+1)}$。为了改善系统性能，分别采用在原系统中加比例＋微分串联校正和速度反馈校正两种不同方案，校正前、后系统的具体结构参数如题图 4 - 4 所示。试分别绘制这三个系统 K 从 $0 \rightarrow \infty$ 变化时的闭环根轨迹图；比较两种校正对系统阶跃响应的影响。

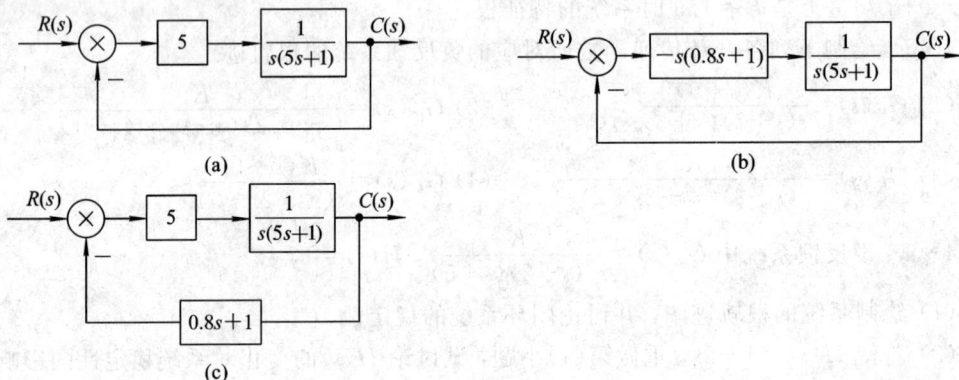

题图 4 - 4

4 - 17　根据下列正反馈回路的开环传递函数，绘出其根轨迹的大致图形。

(1) $G(s) = \dfrac{K}{(s+1)(s+2)}$　　　　(2) $G(s) = \dfrac{K}{s(s+1)(s+2)}$

(3) $G(s) = \dfrac{K(s+2)}{s(s+1)(s+3)(s+4)}$

4 - 18　试利用 rlocus 函数绘制题图 4 - 4 各开环传递函数所对应的负反馈系统的根轨迹。

4 - 19　某单位反馈系统的开环传递函数为 $G(s) = \dfrac{K(s^2 - 2s + 2)}{s(s^2 + 3s + 2)}$，试用 MATLAB 画出根轨迹图，并用 rlocfind 函数验证：使系统稳定的 K 的取值大约为 0.79。

4 - 20　如题图 4 - 5 所示的反馈系统，考虑下面 3 个可选的控制器：

(1) $G_c(s) = K$（比例控制器）；

(2) $G_c(s) = \dfrac{K}{s}$（积分控制器）；

(3) $G_c(s) = K\left(1 + \dfrac{1}{s}\right)$（比例积分控制器）。

　　若系统的设计指标是：单位阶跃响应的 $t_s \leqslant 10$ s，$\sigma\% \leqslant 5\%$。采用比例控制器，用 MATLAB 画出根轨迹图（$0 < K < \infty$），并确定 K 的取值，使系统能满足设计指标。

　　① 采用积分控制器并重复(1)。

　　② 采用 PI 控制器并重复(1)。

　　③ 考虑(1)～(3)中所设计的系统，在同一张图中画出它们的阶跃响应曲线。

　　④ 比较三种情况下，系统的稳态性能和暂态性能。

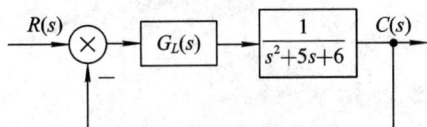

题图 4 - 5

第 5 章　线性系统的频域分析法

本章要点

- 频率特性的定义；
- 自动控制系统开环频率特性曲线；
- 奈氏判据的应用；
- 自动控制系统的频域指标。

本章难点

- 奈氏判据的应用；
- 三频段的形状对系统性能分析的意义。

频域分析法是应用频率特性来研究线性系统的一种经典方法。频率特性是与系统传递函数相对应的一种频域数学模型。通过系统的频率特性曲线，可以分析系统的动态性能和稳态性能。频域分析法使用灵活，分析问题明确，在控制系统中被广泛采用。

5.1　频　率　特　性

频率特性和传递函数及微分方程一样，都是系统的数学模型，表征系统的运动规律，三种模型也可以相互转化。

5.1.1　频率特性的定义及特点

线性定常系统结构图如图 5-1 所示。$G(s)$ 为系统的传递函数，将 $G(s)$ 中的 s 换成 $j\omega$，把复变量 s 的函数变换为频率 ω 的复数函数，即频率特性用 $G(j\omega)$ 表示为

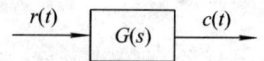

$$G(j\omega) = G(s)\,|_{s=j\omega}$$

图 5-1　结构图

频率特性 $G(j\omega)$ 为复数函数，其对应幅值和相位分别是 ω 的函数。频率特性又分为幅频特性 $A(\omega)=|G(j\omega)|$ 和相频特性 $\varphi(\omega)=\angle G(j\omega)$，或者表示为实频特性 $Re(\omega)=Re[G(j\omega)]$ 和虚频特性 $Im(\omega)=Im[G(j\omega)]$。

当系统的输入信号为余弦函数 $r(t)=r_0\cos\omega t$ 时，对应系统的稳态输出为

$$c(t) = r_0\,|G(j\omega)|\,\cos[\omega t + \angle G(j\omega)] = r_0 A(\omega)\cos[\omega t + \varphi(\omega)]$$

由上式可得，频率特性是指线性系统在弦函数的作用下，稳态输出与输入的复数之比对频率的关系特性。它反映了系统对弦函数信号的三大传递能力：同频、变幅、相移。

证明如下：

线性定常系统传递函数为

$$G(s) = \frac{C(s)}{R(s)} = \frac{b_0 s^m + b_1 s^{m-1} + \cdots + b_{m-1} s + b_m}{a_0 s^n + a_1 s^{n-1} + \cdots + a_{n-1} s + a_n}$$

当输入信号 $r(t)$ 为函数 $\sin\omega t$ 和 $\cos\omega t$ 的线性组合时，可写成如下形式：

$$r(t) = r_0 \cos(\omega t + \varphi)$$

为方便起见，假设 $\varphi = 0$，则

$$r(t) = r_0 \cos\omega t = \frac{r_0}{2} e^{j\omega t} + \frac{r_0}{2} e^{-j\omega t}$$

则输出为

$$C(s) = G(s)R(s) = \frac{b_0 s^m + b_1 s^{m-1} + \cdots + b_{m-1} s + b_m}{a_0 s^n + a_1 s^{n-1} + \cdots + a_{n-1} s + a_n}\left(\frac{r_0}{2} \cdot \frac{1}{s - j\omega} + \frac{r_0}{2} \frac{1}{s + j\omega}\right)$$

$$= \sum_{i=1}^{n} \frac{C_i}{s - p_i} + \left(\frac{B}{s - j\omega} + \frac{D}{s + j\omega}\right)$$

反拉氏变换得

$$c(t) = \sum_{i=1}^{n} C_i e^{p_i t} + (B e^{-j\omega t} + D e^{j\omega t})$$

其中：

$$B = G(s)R(s) \cdot (s + j\omega)\mid_{s=-j\omega} = G(-j\omega) \cdot \frac{r_0}{2}$$

$$D = G(s)R(s) \cdot (s - j\omega)\mid_{s=j\omega} = G(j\omega) \cdot \frac{r_0}{2}$$

对于稳定的系统，特征根都具有负实部，因此 $c(t)$ 的第一部分为暂态分量，最终随时间衰减为零。$G(-j\omega)$ 与 $G(j\omega)$ 互为共轭复数，即

$$G(j\omega) = \mid G(j\omega) \mid e^{j\angle G(j\omega)}$$

$$G(-j\omega) = \mid G(j\omega) \mid e^{-j\angle G(j\omega)}$$

稳态输出为

$$c_s(t) = \frac{r_0}{2} \mid G(j\omega) \mid e^{-j\omega t - j\angle G(j\omega)} + \frac{r_0}{2} \mid G(j\omega) \mid e^{j\omega t + j\angle G(j\omega)}$$

$$= r_0 \mid G(j\omega) \mid \cos(\omega t + \angle G(j\omega))$$

5.1.2　频率特性的几何表示方法

在工程分析和设计中，通常把频率特性画成曲线，从曲线出发进行研究。频率特性表示方法如下：

1. 极坐标图

把频率 ω 看成参变量，将频率特性 $G(j\omega)$ 表示在复数平面上，当 ω 从 $0 \rightarrow \infty$ 时，由相应矢量的矢端连成的曲线即为频率特性曲线。

【**例题 5 - 1**】　若函数 $G(s) = \dfrac{1}{Ts+1}$，求频率特性。

解　频率特性的幅频特性为

$$A(\omega) = \frac{1}{\sqrt{1 + \omega^2 T^2}}$$

相频特性为

$$\varphi(\omega) = -\arctan\omega t$$

当 ω 从 $0 \to +\infty$ 时，幅频特性和相频特性均为单调递减函数，且

$$A(0) = 1 \qquad \varphi(0) = 0$$

$$A(+\infty) = 0 \qquad \varphi(+\infty) = -\frac{\pi}{2}$$

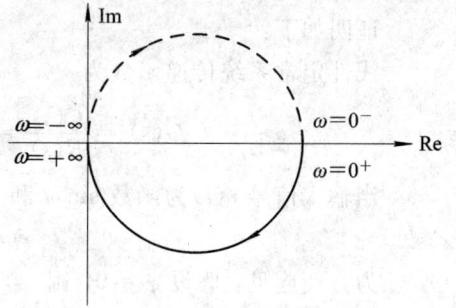

图 5 - 2　极坐标曲线图

因此，频率特性对应的极坐标曲线如图 5 - 2 实线所示。

频率特性曲线的极坐标图可以采用描点方法，粗略地绘制一个草图即可。一般只画出 ω 从 $0 \to +\infty$ 的曲线，ω 从 $-\infty \to 0$ 的曲线与 $0 \to +\infty$ 的曲线关于实轴对称，如图中虚线所示。

2. 伯德图

伯德图又称对数频率特性曲线，分为对数幅频和对数相频两条曲线。

对数幅频特性定义为

$$L(\omega) = 20\lg A(\omega)$$

对数坐标的横坐标为 ω，按 $\lg\omega$ 分度，单位为弧度/秒（rad/s）；纵坐标为 $L(\omega)$，均匀分度，单位为分贝（dB），如图 5 - 3(a)所示。

对数相频特性定义不变，仍为 $\varphi(\omega)$，单位为度（°），如图 5 - 3(b)所示。

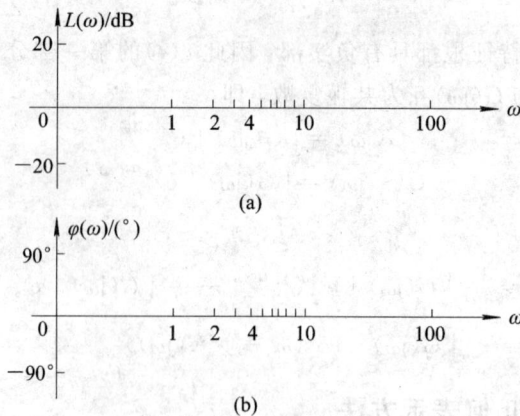

(a)

(b)

图 5 - 3　对数坐标

对数坐标的特点：

（1）横坐标频率按对数 $\lg\omega$ 均匀刻度，每一倍频程或十倍频程对应刻度均匀，但标的是频率 ω 的值，按 ω 是不均匀的。

（2）采用对数坐标，在画图过程中，可以将幅值的乘除运算转化为加减运算，可以采

用简便方法绘制近似的对数幅频特性曲线。

（3）横轴压缩了高频段，扩展了低频段，可以较全面地表示频率特性曲线。

（4）对一些难以建立传递函数的环节或系统，将实验获得的频率特性数据画成对数频率特性曲线，来方便地确定频率特性函数并进行系统分析。

【例题 5 - 2】　若 $G(j\omega) = \dfrac{1}{j\omega T + 1}$，画出对应的伯德图。

解　$T = 0.5$ 时的伯德图如图 5 - 4 所示。

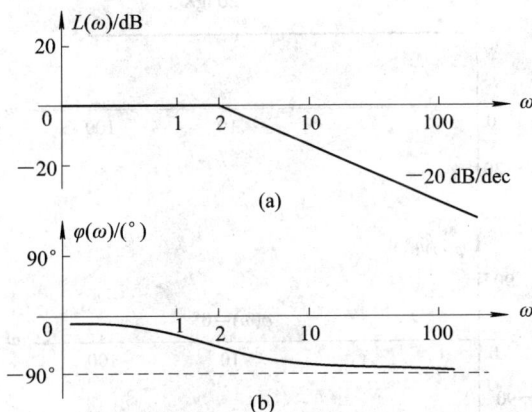

图 5 - 4　伯德图

5.2　典型环节的频率特性

频率分析法是通过系统开环传递函数的频率特性曲线进行分析的，这些系统开环传递函数都可以看做是一些典型环节的乘积形式。因此，若已知典型环节的曲线，就可以很方便地得到任意系统开环传递函数曲线。本节介绍各典型环节的频率特性曲线的特点。

1. 比例环节

传递函数为

$$G(s) = K$$

频率特性为

$$G(j\omega) = K$$

（1）极坐标图。

幅频特性为

$$A(\omega) = K$$

相频特性为

$$\varphi(\omega) = 0°$$

频率特性与 ω 无关，幅相曲线为实轴上 K 这一点，如图 5 - 5 所示。

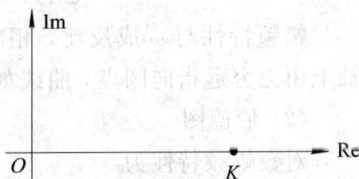

图 5 - 5　极坐标图

（2）伯德图。

对数幅频特性为

$$L(\omega) = 20\lg A(\omega) = 20\lg K$$

对数相频特性为

$$\varphi(\omega) = 0°$$

伯德图如图 5-6 所示。

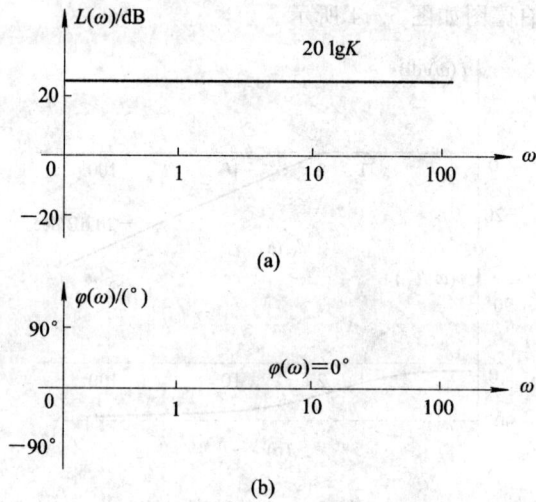

(a)

(b)

图 5-6　伯德图

2. 积分环节

传递函数为

$$G(s) = \frac{1}{s}$$

对应频率特性为

$$G(j\omega) = \frac{1}{j\omega}$$

（1）极坐标图。

幅频特性为

$$A(\omega) = \frac{1}{\omega}$$

相频特性为

$$\varphi(\omega) = -90°$$

幅频特性与 ω 成反比，相频特性恒为 $-90°$，曲线在负虚轴上由无穷远指向圆点，曲线如图 5-7 所示。

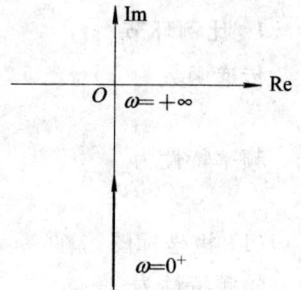

图 5-7　极坐标

（2）伯德图。

对数幅频特性为

$$L(\omega) = 20\lg A(\omega) = -20\lg\omega$$

相频特性为

$$\varphi(\omega) = -90°$$

对数频率特性曲线的斜率为

$$\frac{dL(\omega)}{d\lg\omega} = -20$$

横坐标 $\lg\omega$ 每增加单位长度，纵坐标 $L(\omega)$ 就减小 20 dB，即 ω 每增加 10 倍频程，曲线下降 20 dB，当 $\omega=1$ 时，$L(\omega)=0$ dB，如图 5-8 所示。

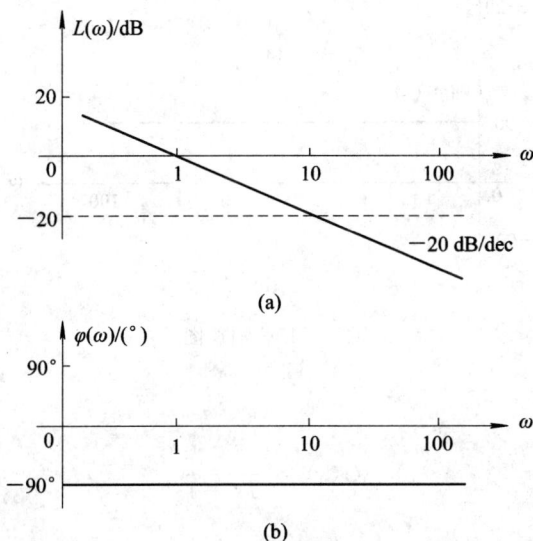

图 5-8　伯德图

3. 微分环节

传递函数为

$$G(s) = s$$

频率特性为

$$G(j\omega) = j\omega$$

（1）极坐标图。

幅频特性为

$$A(\omega) = \omega$$

相频特性为

$$\varphi(\omega) = 90°$$

幅频特性与 ω 成正比，相频特性恒为 $90°$，曲线在正虚轴上由原点指向无穷远，曲线如图 5-9 所示。

（2）伯德图。

对数幅频特性为

$$L(\omega) = 20\lg A(\omega) = 20\lg\omega$$

相频特性为

$$\varphi(\omega) = 90°$$

图 5-9　极坐标曲线

对数频率特性曲线的斜率为 20 dB/dec，即 ω 每增加 10 倍频程，曲线上升 20 dB，当 $\omega=1$ 时，$L(\omega)=0$ dB，如图 5-10 所示。

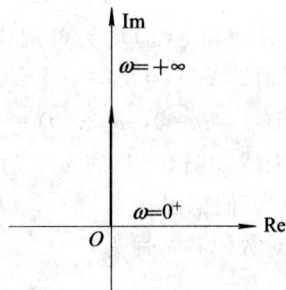

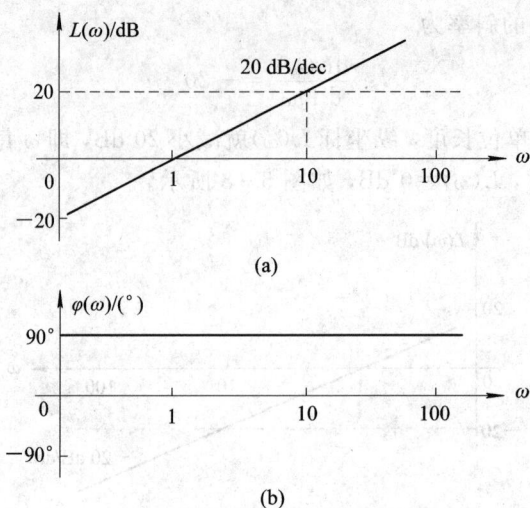

(a)

(b)

图 5 - 10　伯德图

4. 惯性环节

传递函数为

$$G(s) = \frac{1}{Ts + 1}$$

频率特性为

$$G(j\omega) = \frac{1}{j\omega T + 1}$$

（1）极坐标图。

幅频特性为

$$A(\omega) = \frac{1}{\sqrt{1 + \omega^2 T^2}}$$

相频特性为

$$\varphi(\omega) = -\arctan\omega T$$

$A(\omega)$ 和 $\varphi(\omega)$ 均为单调递减函数，且起点：当 $\omega = 0$ 时，$A(0) = 1$，$\varphi(0) = 0°$；终点：当 $\omega = +\infty$ 时，$A(+\infty) = 0$，$\varphi(+\infty) = -90°$。

曲线如图 5 - 11 所示，为一个下半圆。

（2）伯德图。

对数幅频特性为

图 5 - 11　极坐标图

$$L(\omega) = 20\lg A(\omega) = 20\lg\frac{1}{\sqrt{1 + \omega^2 T^2}} = -20\lg\sqrt{1 + \omega^2 T^2}$$

当 ω 由零至无穷取值时，分别计算出对应的 $L(\omega)$，即可绘制出对数幅频曲线，但工程上还有以下更简单的近似作图法。

当 $\omega \ll 1/T$，即 $\omega T \ll 1$ 时，对数幅频特性可近似表示为

$$L(\omega) \approx -20\lg 1 = 0$$

当 $\omega \gg 1/T$，即 $\omega T \gg 1$ 时，对数幅频特性可近似表示为

$$L(\omega) \approx -20\lg\omega T$$

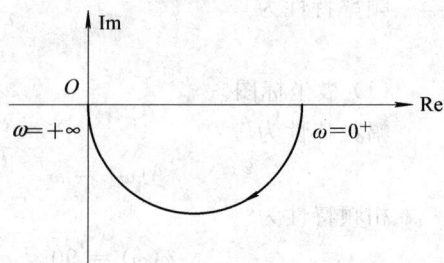

即当频率很低时，曲线可用零分贝线近似；当频率很高时，曲线可用一条斜率为 $-20\ \text{dB/dec}$ 的直线近似表示，与零分贝线交于 $\omega T = 1$（即 $\omega = 1/T$），曲线如图 $5-12$(a) 所示。频率 $\omega = 1/T$ 称为惯性环节的转折频率或交接频率。

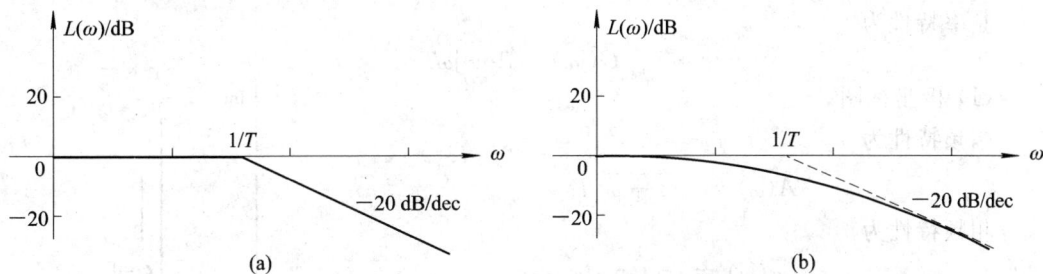

图 $5-12$　对数幅频特性曲线

以上为近似曲线，存在误差，$L(\omega)$ 为准确值，$L_a(\omega)$ 为近似值，则

$$\Delta L(\omega) = L(\omega) - L_a(\omega) = \begin{cases} -20\ \lg\ \sqrt{1+\omega^2 T^2} & \omega \ll 1/T \\ -20\ \lg\ \sqrt{1+\omega^2 T^2} + 20\ \lg \omega T & \omega \gg 1/T \end{cases}$$

根据上式，得到误差曲线如图 $5-13$ 所示。在交接频率处，误差最大为 $-3\ \text{dB}$；在低于或高于交接频率一倍频程处，误差为 $-0.97\ \text{dB}$；在低于或高于交接频率十倍频程处，误差为 $-0.04\ \text{dB}$。因此，准确的曲线可以根据渐近线修正得到，如图 $5-12$(b) 所示。

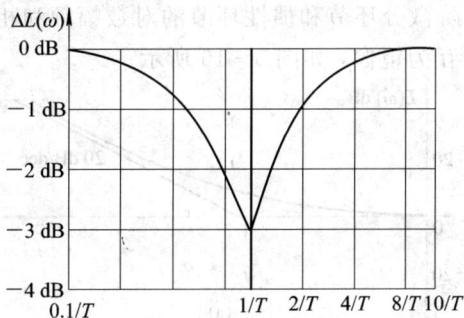

图 $5-13$　误差曲线

对数相频特性为

$$\varphi(\omega) = -\arctan \omega T$$

当 $\omega = 0$ 时，$\varphi(\omega) = 0°$；当 $\omega = 1/T$ 时，$\varphi(\omega) = -45°$；当 $\omega \to \infty$ 时，$\varphi(\infty) = -90°$。相频函数是单调递减的，可采用描点法画出曲线。该曲线以转折频率为中心，两边角度是斜对称的，如图 $5-14$ 所示。

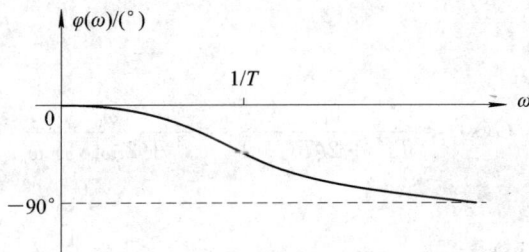

图 $5-14$　对数相频特性

5. 一阶微分环节

传递函数为

$$G(s) = Ts + 1$$

频率特性为

$$G(j\omega) = 1 + j\omega T$$

(1) 极坐标图。

幅频特性为

$$A(\omega) = \sqrt{1 + \omega^2 T^2}$$

相频特性为

$$\varphi(\omega) = \arctan\omega T$$

当频率 ω 从 $0 \rightarrow +\infty$ 时，频率特性实部恒为 1，虚部为 ωT，极坐标图如图 5-15 所示。

(2) 伯德图。

对数幅频特性表达式为

$$L(\omega) = 20\lg A(\omega) = 20\lg\sqrt{1 + \omega^2 T^2}$$

对数相频特性表达式为

$$\varphi(\omega) = \arctan\omega T$$

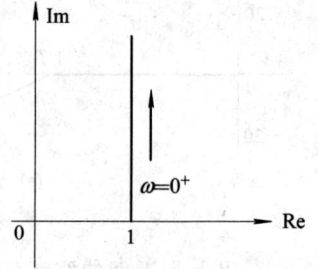

图 5-15　极坐标图

由上式可以看出，一阶微分环节和惯性环节的对数幅频和相频特性相差一个负号，因此它们的对数曲线以横轴互为镜像，如图 5-16 所示。

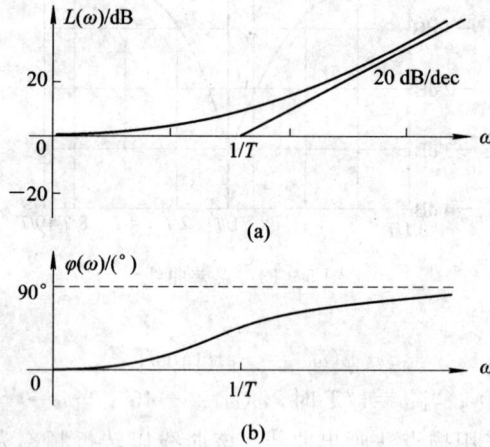

(a)

(b)

图 5-16　伯德图

6. 振荡环节

传递函数为

$$G(s) = \frac{1}{Ts^2 + 2\xi Ts + 1} = \frac{\omega_n^2}{s^2 + 2\xi\omega_n s + \omega_n^2}$$

频率特性为

$$G(j\omega) = \frac{\omega_n^2}{(j\omega)^2 + j2\xi\omega_n\omega + \omega_n^2} = \frac{1}{\left(1 - \frac{\omega^2}{\omega_n^2}\right) + j2\xi\frac{\omega}{\omega_n}}$$

(1) 极坐标图。

幅频特性为

$$A(\omega) = \frac{1}{\sqrt{\left(1 - \dfrac{\omega^2}{\omega_n^2}\right)^2 + 4\xi^2 \dfrac{\omega^2}{\omega_n^2}}}$$

相频特性为

$$\varphi(\omega) = -\arctan \frac{2\xi \dfrac{\omega}{\omega_n}}{1 - \dfrac{\omega^2}{\omega_n^2}}$$

当 $\omega = 0$ 时，起点为 $1\angle 0°$；

当 $\omega \to +\infty$ 时，终点为 $0\angle -180°$；

当 $\omega = \omega_n$ 时，对应点为 $\dfrac{1}{2\xi}\angle -90°$。

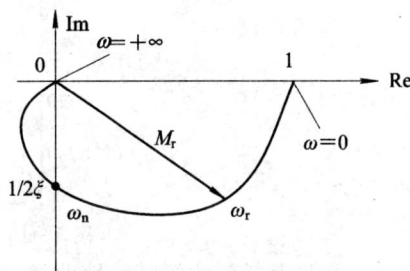

图 5-17 极坐标图

极坐标如图 5-17 所示。

由表达式可知，幅频特性的峰值 M_r 随系统参数 ξ 的减小而增大，由二次函数最值特点，即

$$\frac{\mathrm{d}A(\omega)}{\mathrm{d}\omega} = 0 \bigg|_{\omega = \omega_r}$$

可得峰值对应的谐振频率为

$$\omega_r = \omega_n \sqrt{1 - 2\xi^2}$$

对应的峰值 M_r 为

$$M_r = A(\omega_r) = \frac{1}{2\xi\sqrt{1 - \xi^2}}$$

由上式可得如下结论：

当 $\xi > 0.707$ 时，没有峰值，$A(\omega)$ 单调衰减；

当 $\xi = 0.707$ 时，$M_r = 1$，$\omega_r = 0$，即曲线的初始点；

当 $\xi < 0.707$ 时，$M_r > 1$，$\omega_r > 0$，ξ 越小，峰值越大，谐振频率越大。

当 $\xi = 0$ 时，峰值为无穷大，谐振频率趋于 ω_n。若外加输入正弦信号的频率 ω 等于 ω_n，则会引起系统环节发生共振。

M_r 峰值过高，意味着动态响应的超调量大，因此 M_r 能够反应系统的相对稳定性。也可粗略说明如下：因为单位阶跃输入可以看成频率由零到无穷的一系列谐波之和，M_r 大，意味着频率为 ω_r 及其附近的分量经过振荡环节后有较大的幅值，所以单位阶跃响应会有较大的超调。

(2) 伯德图。

对数幅频特性为

$$L(\omega) = 20 \lg A(\omega) = 20 \lg \frac{1}{\sqrt{\left(1 - \dfrac{\omega^2}{\omega_n^2}\right)^2 + 4\xi^2 \dfrac{\omega^2}{\omega_n^2}}}$$

当 $\omega \ll \omega_n$ 时，$L(\omega) \approx 0$；

当 $\omega \gg \omega_n$ 时，$L(\omega) \approx -20 \lg \dfrac{\omega^2}{\omega_n^2} = -40 \lg \dfrac{\omega}{\omega_n}$。

这是一条斜率为 -40 dB/dec 的直线，和零分贝线交于 $\omega = \omega_n$ 的地方，故振荡环节的交接频率为 ω_n。对数幅频特性曲线如图 5-18 所示。

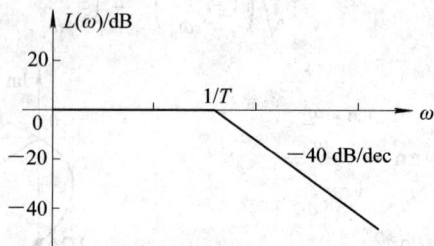

图 5-18　振荡环节近似对数幅频特性曲线

以上为近似的幅频特性曲线，实际的曲线在转折频率附近存在误差，误差大小与频率 ω 和系统参数 ξ 有关。振荡环节的交接频率为 ω_n，对数幅频特性如图 5-19(a) 所示。

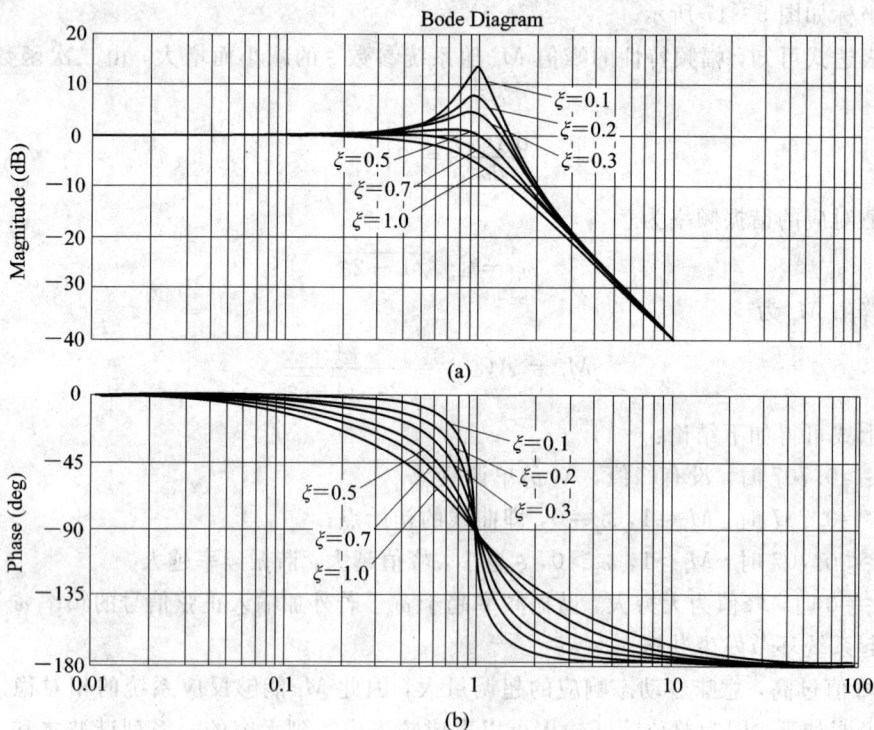

图 5-19　振荡环节的伯德图

对数相频特性为

$$\varphi(\omega) = -\arctan \dfrac{2\xi \dfrac{\omega}{\omega_n}}{1 - \dfrac{\omega^2}{\omega_n^2}}$$

由于系统阻尼比不同，因此在转折频率附近的角度变化率也不同，阻尼比越小，变化率越大。对数相频特性曲线如图 5-19(b) 所示。

7. 二阶微分环节

传递函数为

$$G(s) = T^2 s^2 + 2\xi T s + 1$$

频率特性为

$$G(j\omega) = 1 - T^2 \omega^2 + j2\xi T\omega$$

幅频特性为

$$A(\omega) = \sqrt{(1 - T^2\omega^2)^2 + (2\xi T\omega)^2}$$

相频特性为

$$\varphi(\omega) = \arctan \frac{2\xi T\omega}{1 - T^2\omega^2}$$

(1) 极坐标图。

起点：当 $\omega = 0$ 时，起点为 $1\angle 0°$；

终点：当 $\omega \to +\infty$ 时，终点为 $\infty\angle 180°$。

极坐标图如图 5-20 所示。

图 5-20　极坐标图

(2) 伯德图。

对数幅频特性为

$$L(\omega) = 20\lg A(\omega) = 20\lg\sqrt{(1 - T^2\omega^2)^2 + (2\xi T\omega)^2}$$

对数相频特性为

$$\varphi(\omega) = \arctan \frac{2\xi T\omega}{1 - T^2\omega^2}$$

显然，二阶微分环节和振荡环节的对数频率特性曲线以横轴互为镜像对称，振荡环节所得到的结论，也可以类推到二阶微分环节。对数频率特性曲线如图 5-21 所示。

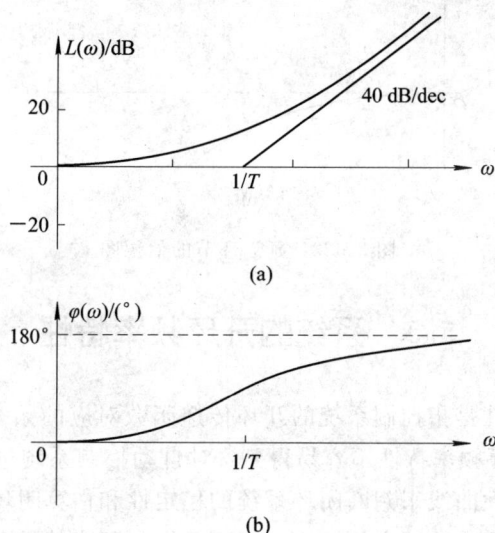

(a)

(b)

图 5-21　一阶微分环节伯德图

8. 延迟环节

传递函数为

$$G(s) = e^{-\tau s}$$

频率特性为

$$G(\mathrm{j}\omega) = \mathrm{e}^{-\mathrm{j}\tau\omega}$$

幅频特性为

$$A(\omega) = 1$$

相频特性为

$$\varphi(\omega) = -\tau\omega(弧度) = -57.3\tau\omega(°)$$

(1) 极坐标图。

极坐标如图 5-22 所示。由于幅值总是 1，相角随频率
而变化，因而其极坐标图为一单位圆。

(2) 伯德图。

对数幅频特性为

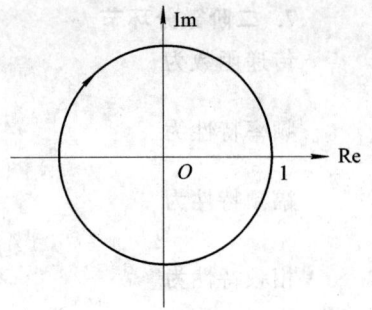

图 5-22　延迟环节的极坐标图

$$L(\omega) = 20 \lg A(\omega) = 0$$

对数相频特性为

$$\varphi(\omega) = -57.3\tau\omega$$

对数相频特性在 ω 增大时，相位滞后角的数值与 τ 成比例增大。当 $\omega \to \infty$ 时，$\varphi(\omega) \to -\infty$，伯德图如图 5-23 所示。

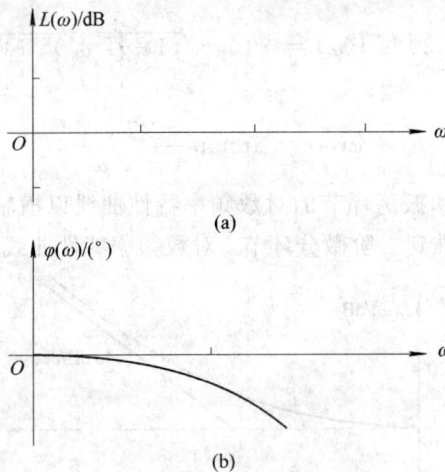

(a)

(b)

图 5-23　延迟环节的伯德图

5.3　系统的开环频率特性

　　系统的开环频率特性是指控制系统的开环传递函数对应的频率特性。然而，一个系统
多为闭环形式，由于闭环频率特性不容易得到，对自动控制系统进行频域分析时，通常是
根据开环系统的频率特性曲线来判断闭环系统的稳定性和估算闭环系统时域响应的各项性
能指标，或者根据开环系统的频率特性绘制闭环系统的频率特性曲线，然后再分析及估算
时域性能指标。

5.3.1　控制系统的开环频率特性

　　开环频率特性是指系统开环传递函数对应的频率特性，对应的曲线有极坐标图和伯德
图两种。

1. 极坐标图

开环极坐标图又称为开环幅相曲线，一般情况下，只需要绘制概略的开环幅相曲线，掌握极坐标图的起点、终点、与坐标轴的交点等情况。采用如下的方法可以简便地绘制开环极坐标图。

设系统的开环函数的一般形式为

$$G(s)H(s) = \frac{K}{s^v} \cdot \frac{\prod\limits_{k=1}^{m_1}(\tau_k s + 1) \cdot \prod\limits_{l=1}^{m_2}(T_l^2 s^2 + 2\xi_l T_l s + 1)}{\prod\limits_{i=1}^{n_1}(T_i s + 1) \cdot \prod\limits_{j=1}^{n_2}(T_j^2 s^2 + 2\xi_j T_j s + 1)}$$

式中，K 为开环增益，v 为积分环节的个数；分母阶次为 n，分子阶次为 m，且 $n>m$。系统的开环频率特性为

$$G(j\omega)H(j\omega) = \frac{K}{(j\omega)^v} \cdot \frac{\prod\limits_{k=1}^{m_1}(j\omega\tau_k + 1) \cdot \prod\limits_{l=1}^{m_2}[T_l^2(j\omega)^2 + 2j\xi_l T_l\omega + 1]}{\prod\limits_{i=1}^{n_1}(j\omega T_i + 1) \cdot \prod\limits_{j=1}^{n_2}[T_j^2(j\omega)^2 + 2j\xi_j T_j\omega + 1]}$$

(1) 极坐标图的起点。

在低频段，当 $\omega = 0^+$ 时：

对于 0 型系统，有

$$G(j0^+)H(j0^+) = K\angle 0°$$

对于 1 型及 1 型以上系统，有

$$G(j0^+)H(j0^+) = \infty\angle - v \cdot \frac{\pi}{2}$$

极坐标图的起点为实轴正半轴上的一点或者是起始于无穷远处，相角为 $-v \cdot \frac{\pi}{2}$ 的位置。

(2) 极坐标图的终点。

在高频段，当 $\omega \to +\infty$ 时，有

$$G(+j\infty)H(+j\infty) = 0\angle -(n-m) \cdot 90°$$

极坐标图终点为以 $-(n-m) \cdot 90°$ 的相角与坐标轴相切的方向进入原点。

(3) 与坐标轴的交点。

与坐标轴的交点可采用解析法求取。令频率特性的虚部为零，解得 ω_x，再把 ω_x 代入实部，求得结果就是与实轴交点的坐标。

由以上三点即可求得开环频率特性极坐标图的草图。

【例题 5-3】　已知系统开环传递函数为

$$G(s)H(s) = \frac{K(\tau s + 1)}{s^2(Ts + 1)} \qquad (K、T、\tau > 0)$$

试分析并绘制概略开环幅相曲线。

解　系统的开环频率特性为

$$G(j\omega)H(j\omega) = \frac{K(j\omega\tau + 1)}{-\omega^2(j\omega T + 1)} = -\frac{K(1 + T\tau\omega^2)}{\omega^2(1 + T^2\omega^2)} - j\frac{K(\tau - T)\omega}{\omega^2(1 + T^2\omega^2)}$$

开环幅相曲线起点为

$$G(j0^+)H(j0^+) = \infty\angle -180°$$

开环幅相曲线终点为

$$G(+j\infty)H(+j\infty) = 0\angle -180°$$

且该曲线与实轴无交点。

若 $\tau > T$，则 $\text{Re}[G(j\omega)H(j\omega)] < 0$，$\text{Im}[G(j\omega)H(j\omega)] < 0$，所以开环幅相曲线如图 5-24 所示，在第三象限（$\omega = -\infty \rightarrow 0^-$ 与 $\omega = 0^+ \rightarrow +\infty$ 关于实轴对称）。

若 $\tau < T$，则 $\text{Re}[G(j\omega)H(j\omega)] < 0$，$\text{Im}[G(j\omega)H(j\omega)] > 0$，所以开环幅相曲线如图 5-25 所示，在第二象限（$\omega = -\infty \rightarrow 0^-$ 与 $\omega = 0^+ \rightarrow +\infty$ 关于实轴对称）。

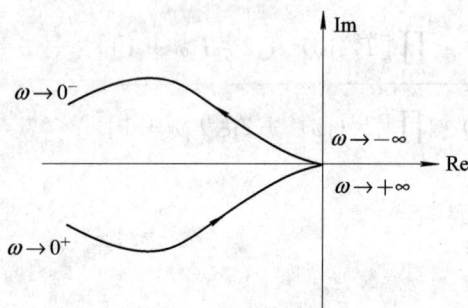

图 5-24　$\tau > T$ 的极坐标图　　　　　图 5-25　$\tau < T$ 的极坐标图

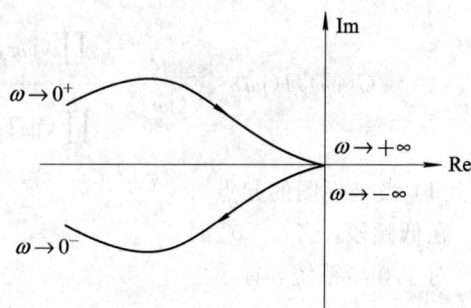

设 $K=1$、$T=1$、$\tau=2$，输入如下 MATLAB 程序：

```
>>K=1;
>>t=2;
>>T=1;
>>G1=tf(K*[t,1],conv([1,0,0],[T,1]));
>>figure(1);
>>nyquist(G1);
```

输出 $\tau > T$ 的奈氏曲线如图 5-26 所示。

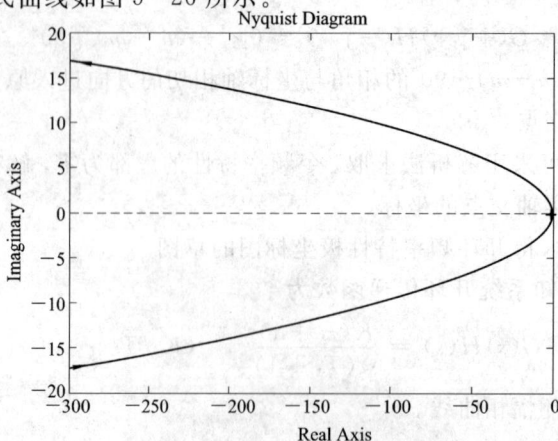

图 5-26　$\tau > T$ 的奈氏曲线

设 $K=1$、$T=2$、$\tau=1$，输入如下 MATLAB 程序：

```
>>K=1;
>>t=1;
>>T=2;
>>G2=tf(K*[t,1],conv([1,0,0],[T,1]));
>>figure(2);
>>nyquist(G2);
```

输出 $\tau<T$ 的奈氏曲线如图 5-27 所示。

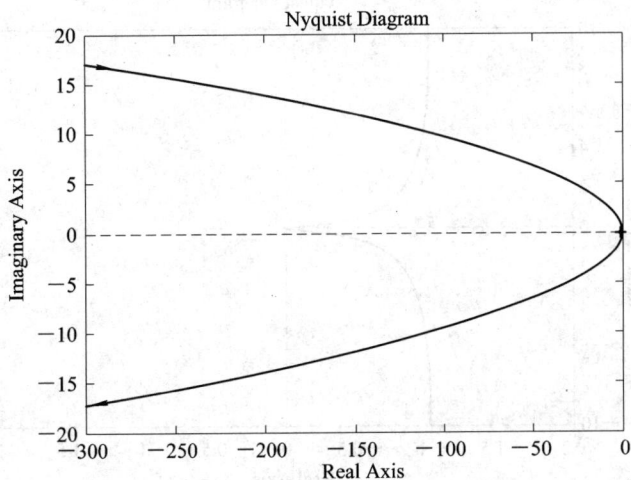

图 5-27　$\tau<T$ 的奈氏曲线

【例题 5-4】　已知单位反馈开环传递函数为

$$G_K(s) = \frac{1}{s(s+1)}$$

试概略绘制系统开环幅相曲线。

解　由开环函数可知：

$$A(\omega) = \frac{1}{\omega\sqrt{1+\omega^2}}$$

$$\varphi(\omega) = -90° - \arctan\omega$$

开环幅相曲线起点为

$$G_K(j0^+) = \infty\angle -90°$$

开环幅相曲线终点为

$$G_K(+j\infty) = 0\angle -180°$$

与坐标轴的交点为

$$G_K(j\omega) = \frac{1}{j\omega(j\omega+1)} = -\frac{1}{1+\omega^2} - j\frac{1}{\omega(1+\omega^2)}$$

当 $\omega\to0$ 时，实部函数有渐近线为 -1，通过分析实部和虚部函数，可知与坐标轴无交点，所以概略极坐标图如图 5-28 所示。

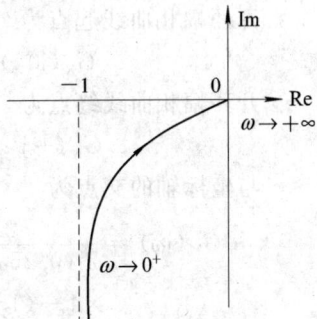

图 5-28　极坐标图

MATLAB 程序如下：

```
>>G=tf(1,conv([1,0],[1,1]));
>>figure;
>>nyquist(G);
>>hold on;
>>axis([-2,2,-10,10]);
>>hold off;
```

输出奈氏曲线如图 5-29 所示。

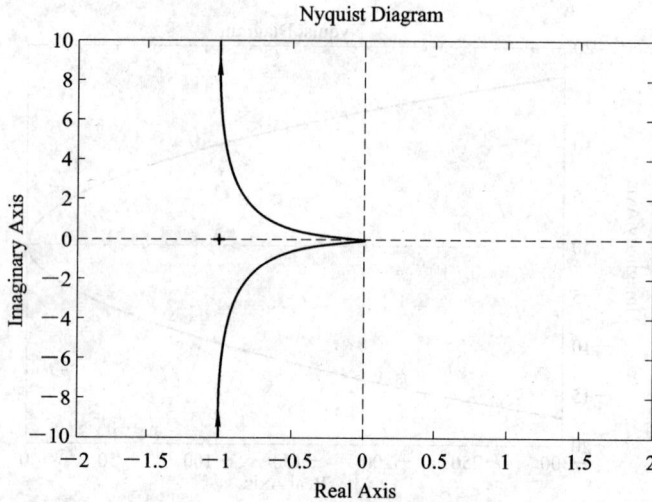

图 5-29　奈氏曲线

【例题 5-5】 已知单位反馈控制系统的开环传递函数为

$$G_K(s) = \frac{2(2s+1)}{s^2(0.5s+1)(s+1)}$$

试概略绘制系统开环幅相曲线。

解　由开环函数可知：

$$A(\omega) = \frac{2\sqrt{1+4\omega^2}}{\omega^2\sqrt{1+0.25\omega^2}\sqrt{1+\omega^2}}$$

$$\varphi(\omega) = \arctan 2\omega - 180° - \arctan 0.5\omega - \arctan\omega$$

开环幅相曲线起点为

$$G_K(j0^+) = \infty\angle -180°$$

开环幅相曲线终点为

$$G_K(+j\infty) = 0\angle -270°$$

与坐标轴的交点为

$$G_K(j\omega) = \frac{2}{\omega^2(0.25\omega^2+1)}(1+\omega^2)$$

$$\times [-(1+2.5\omega^2) - j\omega(0.5-\omega^2)]$$

当 $\omega_x^2 = 0.5$，即 $\omega_x = 0.707$ 时，极坐标图与实轴有一交点，交点坐标为 -5.34，所以概略极坐标图如图 5-30 所示。

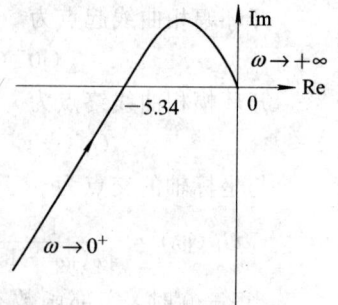

图 5-30　极坐标图

MATLAB 程序如下：

```
>>G=tf(2*[2,1],conv([0.5,1],[1,1,0,0]));
>>figure；
>>nyquist(G)；
>>hold on；
>>axis([-20,5,-2,2])；
>>hold off；
```

输出奈氏曲线如图 5-31 所示。

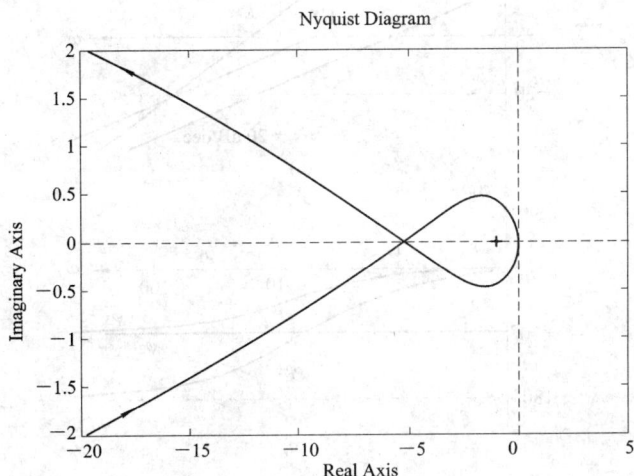

图 5-31　奈氏曲线

2. 伯德图

可以根据典型环节的对数频率特性曲线，方便地绘制出开环频率特性的对数曲线。设系统的开环传递函数由 n 个典型环节串联组成，即

$$G_K(s) = G(s)H(s) = G_1(s)G_2(s)\cdots G_n(s) = \prod_{i=1}^{n} G_i(s)$$

系统的开环频率特性为

$$G(j\omega)H(j\omega) = \prod_{i=1}^{n} G_i(j\omega) = \prod_{i=1}^{n} A_i(\omega) \angle \sum_{i-1}^{n} \varphi_i(\omega) = A(\omega) \angle \varphi(\omega)$$

系统的对数幅频特性为

$$L(\omega) = 20\lg A(\omega) = 20\lg \prod_{i=1}^{n} A_i(\omega) = \sum_{i=1}^{n} 20\lg A_i(\omega) = \sum_{i=1}^{n} L_i(\omega)$$

对数相频特性为

$$\varphi(\omega) = \sum_{i-1}^{n} \varphi_i(\omega)$$

上式表明，若系统开环传递函数由 n 个典型环节串联组成，则其对数幅频特性曲线和对数相频特性曲线可由各典型环节的对数频率特性曲线叠加而成。

【例题 5-6】　已知单位反馈控制系统的开环传递函数为

$$G_K(s) = \frac{K}{s(Ts+1)}$$

试绘制系统的开环对数频率特性曲线。

　　解　系统的开环传递函数由三个典型环节组成：比例环节 K、积分环节 $\dfrac{1}{s}$、惯性环节 $\dfrac{1}{Ts+1}$。分别做出各典型环节的对数频率特性曲线，如图 5-32 所示。

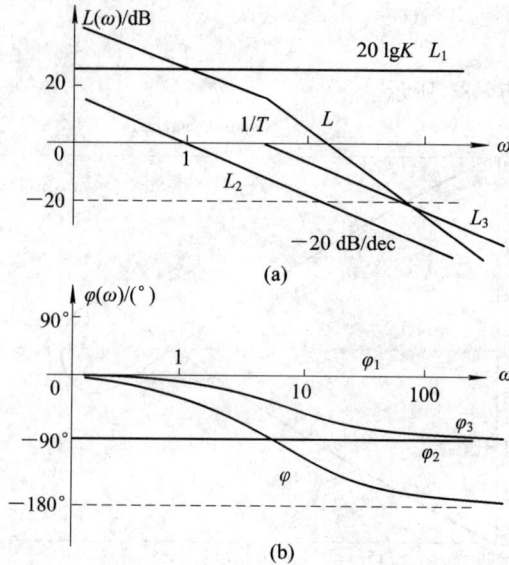

图 5-32　各典型环节伯德图

　　将各典型环节的对数幅频特性曲线叠加，即得系统开环对数幅频特性曲线；将对数相频特性曲线叠加，即得系统开环对数相频特性曲线，如图中的 $L(\omega)$、$\varphi(\omega)$。在交接频率处加以修正，即可得到精确曲线。

　　通过上述系统的对数幅频特性曲线，可以看出开环对数幅频特性曲线有如下特点：

　　(1) 低频段的斜率为 $-v \cdot 20$ dB/dec。其中，v 为开环系统中所包含的串联积分环节的个数。

　　(2) 低频段或其延长线在 $\omega=1$ 处的分贝值是 $20\lg K$。

　　(3) 随着频率的由小增大变化过程中，每经过典型环节的交接频率处，对数幅频特性曲线的斜率要发生变化，变化的特点取决于该典型环节的类型。若遇到惯性环节，则斜率减小 20 dB/dec；若遇到微分环节，则斜率增加 20 dB/dec；若遇到二阶振荡环节，则斜率减小 40 dB/dec；若遇到二阶微分环节，则斜率增加 40 dB/dec。

　　掌握以上特点，就能根据开环传递函数直接绘制对数幅频特性曲线。在绘制对数相频特性曲线时，首先确定低频段的相位角，其次确定高频段的相位角，再在中间选出一些插值点，计算出相应的相位角，将上述特征点连线即得对数相频特性的草图。

　　【例题 5-7】　已知单位反馈系统的开环传递函数为

$$G_K(s) = \frac{100(s+2)}{s(s+1)(s+20)}$$

试绘制系统的开环对数幅频特性曲线。

解　先将开环函数化成典型环节的串联的标准形式，即

$$G_K(s) = \frac{10(0.5s+1)}{s(s+1)(0.05s+1)}$$

然后按下列步骤绘制近似曲线：

（1）把各典型环节对应的交接频率标在 ω 轴上，交接频率分别为 2、1、20，如图 5-33 所示。

（2）画出低频段直线。斜率为 -20 dB/dec，其延长线过点$(1, 20\lg K = 20$ dB$)$。

（3）由低频段向高频段延续，每经过一个交接频率，根据不同的典型环节特点，斜率作适当的改变，或者增大，或者减小。这样，就可以很容易绘制出对数幅频特性曲线，如图 5-33 所示。

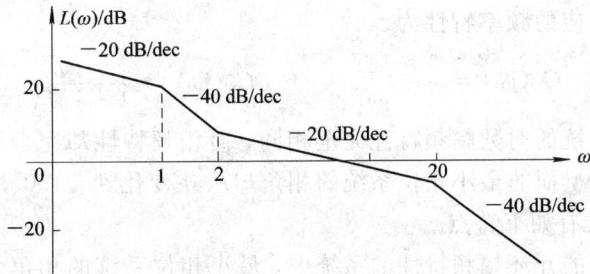

图 5-33　对数幅频特性

（4）如果需要精确的对数幅频特性曲线，可在近似对数幅频特性曲线的基础上加以修正。

MATLAB 程序如下：

```
G=tf(100*[1,2],conv([1,1,0],[1,20]));
bode(G);
grid
```

输出对数频率特性曲线如图 5-34 所示。

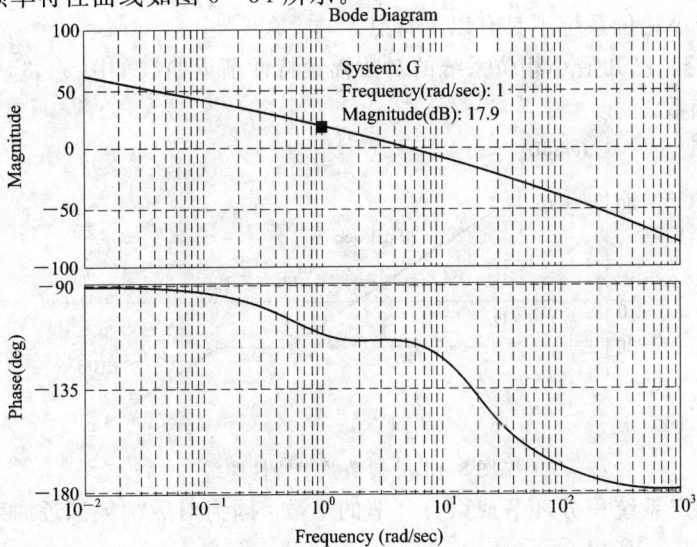

图 5-34　伯德图

5.3.2　最小相位系统和非最小相位系统

在 s 右半平面上没有极点和零点的传递函数称为最小相位传递函数，对应的系统开环函数为最小相位传递函数的系统为最小相位系统。只包含比例、积分、微分、惯性、振荡、一阶微分和二阶微分环节的系统，一定是最小相位系统。反之，若包含一些不稳定环节和（或）延迟环节的系统，则属于非最小相位系统。

举例说明。

设最小相位系统和非最小相位系统的传递函数分别为

$$G_1(s) = \frac{1 + T_2 s}{1 + T_1 s} \qquad G_2(s) = \frac{1 - T_2 s}{1 + T_1 s}$$

式中 $T_1 > T_2 > 0$，对应的频率特性为

$$G_1(j\omega) = \frac{1 + j\omega T_2}{1 + j\omega T_1} \qquad G_2(j\omega) = \frac{1 - j\omega T_2}{1 + j\omega T_1}$$

显然，这两个系统的对数幅频特性完全相同，而相频特性却完全不同。最小相位系统的相角变化范围最小，而非最小相位系统的相角却从 $0°$ 变化到 $-180°$。

最小相位系统具有如下特点：

（1）在具有相同的开环幅频特性的系统中，最小相位系统的相角变化范围最小，最小相位系统也因此得名。

（2）最小相位系统的对数幅频特性曲线的变化趋势和其对数相频特性曲线的变化趋势是一致的。

（3）最小相位系统的幅频特性和相频特性及其传递函数具有一一对应的关系，即根据系统的对数幅频特性，可以唯一地确定系统的相频函数和传递函数，反之也可以根据传递函数确定幅频特性曲线。

（4）最小相位系统当 $\omega \to \infty$ 时，终点相角 $\varphi(\omega)|_{\omega \to \infty} = -90°(n-m)$，$n$ 和 m 分别表示分母和分子的最高阶次。

注意，非最小相位系统不具有以上特点。

【例题 5 - 8】 已知最小相位系统的对数幅频特性渐近曲线如图 5 - 35 所示，试确定系统的开环传递函数。

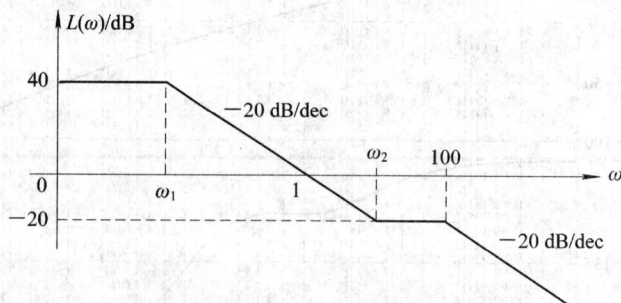

图 5 - 35　对数频率特性曲线

解　（1）确定系统积分环节或微分环节的个数。因为对数幅频渐近曲线的低频渐近线的斜率为 0 dB/dec，所以有 $v = 0$。

(2) 确定系统传递函数的结构形式。

在 $\omega = \omega_1$ 处，斜率变化 -20 dB/dec，对应一阶惯性环节；在 $\omega = \omega_2$ 处，斜率变化 $+20$ dB/dec，对应微分环节；在 $\omega = 100$ 处，斜率变化 -20 dB/dec，对应一阶惯性环节。因此，系统应具有的传递函数为

$$G(s) = \frac{K\left(1 + \dfrac{s}{\omega_2}\right)}{\left(1 + \dfrac{s}{\omega_1}\right)\left(1 + \dfrac{s}{100}\right)}$$

(3) 由给定的条件确定传递函数的参数。

由于低频段延长线通过点 $(1, 20\ \lg K)$，因此

$$20\ \lg K = 40$$

解得 $K = 100$，于是系统的传递函数为

$$G(s) = \frac{100\left(1 + \dfrac{s}{\omega_2}\right)}{\left(1 + \dfrac{s}{\omega_1}\right)\left(1 + \dfrac{s}{100}\right)}$$

再由 $40 = 20\ \lg \dfrac{1}{\omega_1}$，解得 $\omega_1 = 0.01$；由 $20 = 20\ \lg \dfrac{\omega_2}{1}$，解得 $\omega_2 = 10$。

于是系统的传递函数为

$$G(s) = \frac{100\left(1 + \dfrac{s}{10}\right)}{\left(1 + \dfrac{s}{0.01}\right)\left(1 + \dfrac{s}{100}\right)}$$

MATLAB 程序如下：

```
>>G=tf(100 * [0.1,1],[conv([100,1],[0.01,1])]);
>>bode(G);
>>grid
```

输出对数频率特性曲线如图 5 - 36 所示。

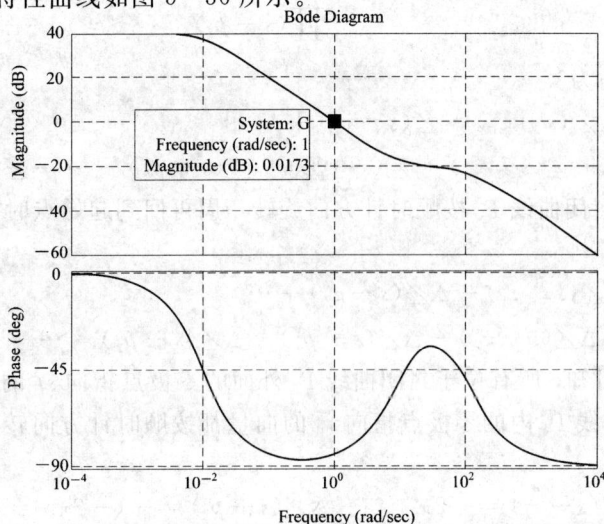

图 5 - 36 伯德图

5.4　奈奎斯特稳定判据的应用

奈奎斯特判据是频域中对系统稳定性进行分析的一种判据，是根据系统的开环频率特性判断闭环系统稳定性的一种方法。它把开环频率特性 $G(j\omega)H(j\omega)$ 与闭环特征方程 $1+G(s)H(s)=0$ 对应的闭环零极点建立一定的联系，用图解的方法分析系统的稳定性。

5.4.1　奈氏稳定判据的数学基础——幅角原理

幅角原理：设 $F(s)$ 除 s 平面上的有限个奇点外，为单值连续正则函数，若在 s 平面上任选一条封闭曲线 Γ_s，并使 Γ_s 不通过 $F(s)$ 的奇点，则在 s 平面上的封闭曲线 Γ_s 映射到 $F(s)$ 平面上也是一条封闭的曲线 Γ_F。当解析点 s 按顺时针方向沿 Γ_s 变化一周时，则在 $F(s)$ 平面上，Γ_F 曲线按逆时针方向绕原点的圈数 N 为封闭曲线 Γ_s 内包含的 $F(s)$ 的极点数 P 与零点数 Z 之差，即

$$N=P-Z$$

式中，若 $N>0$，表明 Γ_F 逆时针方向包围 $F(s)$ 平面上的原点 N 周；若 $N<0$，表明 Γ_F 顺时针方向包围 $F(s)$ 平面上的原点 N 周；若 $N=0$，则说明 Γ_F 曲线不包围 $F(s)$ 平面上的原点。

由幅角原理可以确定封闭曲线 Γ_s 内包含函数 $F(s)$ 的极点与零点个数之差。封闭曲线 Γ_s 和 Γ_F 的形状不影响上述结论。

幅角原理的简单分析如下：

设有辅助函数为

$$F(s)=\frac{K\prod\limits_{i=1}^{n}(s-z_i)}{\prod\limits_{i=1}^{n}(s-p_i)}$$

辅助函数的相角为

$$\angle F(s)=\angle(s-z_1)+\angle(s-z_2)+\cdots$$
$$+\angle(s-z_n)-\angle(s-p_1)-\angle(s-p_2)-\cdots-\angle(s-p_n)$$

当解析点 s_1 沿封闭曲线 Γ_s 按顺时针方向旋转一周再回到起始点时，对应 $F(s)$ 相角变化量为

$$\Delta\angle F(s)=\Delta\angle(s-z_1)+\Delta\angle(s-z_2)+\cdots$$
$$+\Delta\angle(s-z_n)-\Delta\angle(s-p_1)-\Delta\angle(s-p_2)-\cdots-\Delta\angle(s-p_n)$$

由图 5-37(a)可知，所有位于封闭曲线 Γ_s 外面的零极点指向 s_1 的向量转过的角度都是零，而位于封闭曲线 Γ_s 内的零极点指向 s_1 的向量都按顺时针方向转过 2π 弧度（一周），由此可得：

$$\Delta\angle(s-z_i)=-2\pi \qquad -\Delta\angle(s-p_i)=-(-2\pi)=2\pi$$

若封闭曲线 Γ_s 内的零点数为 Z，极点数为 P，则

$$\Delta F(s) = -2\pi(Z - P) = 2\pi(P - Z) = 2\pi N$$

其中： $$N = P - Z$$

$F(s)$ 的相角变化了 $2\pi N$，意味着在 $F(s)$ 平面上 $F(s)$ 曲线围绕着坐标原点逆时针旋转 N 周，如图 5-37(b) 所示。

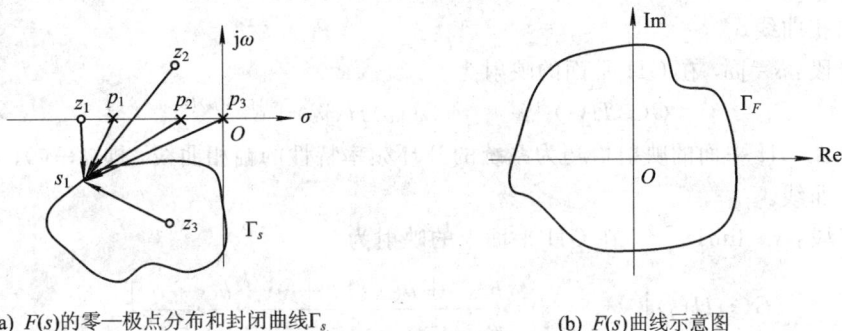

(a) $F(s)$ 的零—极点分布和封闭曲线 Γ_s (b) $F(s)$ 曲线示意图

图 5-37 s 和 $F(s)$ 的映射关系

5.4.2 奈奎斯特稳定判据

1. 辅助函数 $F(s)$

奈奎斯特判据是根据系统的开环频率特性对闭环系统进行稳定性判断的，为应用幅角原理，设系统的开环传递函数为

$$G(s)H(s) = \frac{M(s)}{N(s)}$$

引入辅助函数 $F(s)$，其形式为

$$F(s) = 1 + G(s)H(s) = 1 + \frac{M(s)}{N(s)} = \frac{N(s) + M(s)}{N(s)}$$

由上式可知，辅助函数 $F(s)$ 的分子与分母多项式的阶次相同，而且：

$F(s)$ 的极点——即是开环函数的极点；

$F(s)$ 的零点——即是闭环函数的极点。

由式 $F(s) = 1 + G(s)H(s)$ 可知，函数 $F(s)$ 的复平面 F 与函数 $GH(s)$ 的复平面 GH 的关系只是实轴相差单位 1，即 F 平面的原点就是 GH 平面的 $(-1, j0)$ 点。可以通过以上关系和幅角原理，利用开环函数最终确定闭环极点的个数，从而确定闭环系统的稳定性。

2. s 平面上的封闭曲线 Γ_s

在 s 平面上，选择封闭曲线 Γ_s 为包围整个右半 s 平面，如图 5-38 所示。

若 Γ_s 内不包含 $F(s)$ 的零点（即闭环极点），即 $Z = 0$，则系统稳定；否则，系统不稳定。由于封闭曲线 Γ_s 不能通过 $F(s)$ 的奇点，因此，分两种情况加以讨论：

(1) $F(s)$ 在虚轴上无极点。

将曲线 Γ_s 分成三段：第一段为负虚轴，第二段为正虚轴，第三段为无穷大半圆。

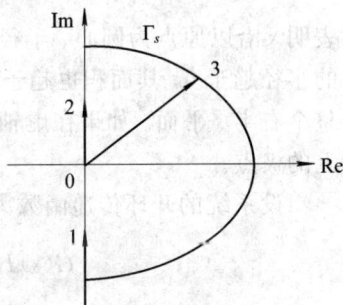

图 5-38 封闭曲线 Γ_s

第一段：$s=-\mathrm{j}\omega$，在 GH 平面上的映射为

$$G(s)H(s)\mid_{s=-\mathrm{j}\omega} = \mid G(-\mathrm{j}\omega)H(-\mathrm{j}\omega) \mid \mathrm{e}^{\mathrm{j}\angle G(-\mathrm{j}\omega)H(-\mathrm{j}\omega)}$$
$$= \mid G(\mathrm{j}\omega)H(\mathrm{j}\omega) \mid \mathrm{e}^{-\mathrm{j}\angle(G(\mathrm{j}\omega)H(\mathrm{j}\omega)}$$

即第一段在 GH 的平面映射恰巧为开环幅相曲线关于实轴的对称曲线，即 $\omega\in(-\infty,0)$ 时的开环幅相曲线。

第二段：$s=\mathrm{j}\omega$，在 GH 平面的映射为

$$G(s)H(s)\mid_{s=\mathrm{j}\omega} = \mid G(\mathrm{j}\omega)H(\mathrm{j}\omega) \mid \mathrm{e}^{\mathrm{j}\angle G(\mathrm{j}\omega)H(\mathrm{j}\omega)}$$

即第二段在 GH 平面的映射恰巧为系统的开环频率特性的幅相曲线，即 $\omega\in(0,+\infty)$ 时的开环幅相曲线。

第三段：$s=\lim\limits_{R\to\infty}R\mathrm{e}^{-\mathrm{j}\phi}$，在 GH 平面上的映射为

$$G(s)H(s)\bigg|_{s=\lim\limits_{R\to\infty}R\mathrm{e}^{-\mathrm{j}\phi}} = \frac{b_m s^m + b_{m-1}s^{m-1}+\cdots+b_1 s+b_0}{a_n s^n + a_{n-1}s^{n-1}+\cdots+a_1 s+a_0}\bigg|_{s=\lim\limits_{R\to\infty}R\mathrm{e}^{-\mathrm{j}\phi}}$$

$$= \left(\lim\limits_{R\to\infty}\frac{b_m}{a_n}\times\frac{1}{R^{n-m}}\right)\mathrm{e}^{\mathrm{j}(n-m)\phi}$$

当 $n=m$ 时　　　$G(s)H(s)\bigg|_{s=\lim\limits_{R\to\infty}R\mathrm{e}^{-\mathrm{j}\phi}} = \dfrac{b_m}{a_n}=K$

即第三段在 GH 平面上的映射为常数 K。

当 $n>m$ 时　　　$G(s)H(s)\bigg|_{s=\lim\limits_{R\to\infty}R\mathrm{e}^{-\mathrm{j}\phi}} = 0\cdot\mathrm{e}^{\mathrm{j}(n-m)\phi}$

即第三段在 GH 平面上的映射为坐标原点。

(2) $F(s)$ 在虚轴上有极点。

由于 Γ_s 不能通过 $F(s)$ 的奇点，因此，当开环传递函数含有虚轴上的极点时，曲线 Γ_s 必须绕过这些极点，如图 5-39 所示。这里以开环函数含有积分环节为例进行讨论。此时，Γ_s 曲线增加了第四部分，以原点为圆心、无穷小半径逆时针作圆，即右半平面的极点不包含该点。

第四部分的定义为

$$s=\lim\limits_{R\to 0}R\mathrm{e}^{\mathrm{j}\theta}\quad\left(-\frac{\pi}{2}\leqslant\theta\leqslant\frac{\pi}{2}\right)$$

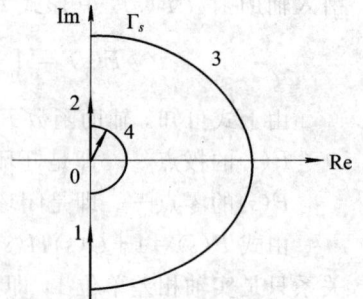

图 5-39　封闭曲线 Γ_s

表明 s 沿以原点为圆心、半径为无穷小的右半圆弧逆时针变化（ω 由 $0_-\to 0_+$）。由于小圆弧的半径趋于 0，其面积也趋于 0，这样，Γ_s 既绕过了位于 GH 平面原点处的极点，又包围了整个右半 s 平面。如果在虚轴上还有其他极点，亦可采用同样的方法，使 Γ_s 绕过这些虚轴上的极点。

设系统的开环传递函数为

$$G(s)H(s) = \frac{k(s-z_1)(s-z_2)\cdots(s-z_m)}{s^v(s-p_1)(s-p_2)\cdots(s-p_{n-v})}$$

其中，v 为系统中含有积分环节的个数或位于原点的开环极点数。当 $s=\lim\limits_{r\to 0}r\mathrm{e}^{\mathrm{j}\theta}$ 时，

$$G(s)H(s)\bigg|_{s=\lim_{r\to 0}re^{j\theta}} = \frac{k(s-z_1)(s-z_2)\cdots(s-z_m)}{s^v(s-p_1)(s-p_2)\cdots(s-p_{n-v})}\bigg|_{s=\lim_{r\to 0}re^{j\theta}}$$

$$= \lim_{r\to 0}\frac{k}{r^v}e^{-jv\theta} = \infty \cdot e^{-jv\theta}$$

上式表明，第四部分的无穷小半圆弧逆时针变化（ω 由 $0_- \to 0_+$）在 GH 平面上的映射为顺时针变化的无穷大圆弧，变化弧度为 $v\pi$。

由以上四段在 GH 平面映射构成的曲线称为奈氏曲线，通过奈氏曲线，利用奈氏判据可以进行系统稳定性分析。

图 5-40 所示为 $v=1$ 时系统的奈氏曲线，其中虚线部分是 Γ_s 上无穷小半圆弧在 GH 平面上的映射。

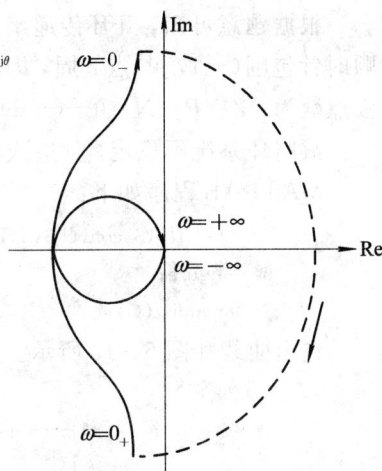

图 5-40　$v=1$ 时系统的奈氏曲线

3. 幅角原理的应用

由上面的分析可知，曲线 Γ_s 在 GH 平面上的映射 Γ_{GH} 正是系统开环频率特性当 $\omega\in(-\infty,+\infty)$ 变化时幅相频率特性曲线。当已知系统的开环频率特性 $G(j\omega)H(j\omega)$ 后，根据它的极坐标图和系统的性质（即若系统含有 v 个积分环节，则需要在原开环频率特性曲线的基础上，ω 由 $0_-\to 0_+$ 变化时，作半径无穷大、顺时针变化 $v\pi$ 弧度的圆弧），便可方便地在 GH 平面上绘制出奈氏曲线 Γ_{GH}。由此可以得到基于开环频率特性 $G(j\omega)H(j\omega)$ 的奈氏判据如下：

闭环系统稳定的充分必要条件是，GH 平面上的开环频率特性 $G(j\omega)H(j\omega)$ 曲线当 ω 由 $-\infty$ 变化到 $+\infty$ 时，Γ_{GH} 按逆时针方向绕 $(-1,j0)$ 点 N 周。

奈氏判据可表示为

$$Z = P - N$$

式中，P——开环传递函数在右半 s 平面极点的个数；

N——奈氏曲线绕 $(-1,j0)$ 点的周数，逆时针绕点时，N 为正，反之 N 为负；

Z——闭环传递函数在 s 右半平面极点的个数。

若 $Z=0$，则闭环系统稳定，否则不稳定，且不稳定根的个数为 Z 个。若 Γ_{GH} 曲线恰好通过 GH 平面的 $(-1,j0)$ 点，则系统处于临界稳定状态。

【例题 5-9】 若两个单位反馈系统的开环传递函数分别为

(1) $G(s) = \dfrac{18}{(3s+1)(2s+1)(s+1)}$

(2) $G(s) = \dfrac{6}{(3s+1)(2s+1)(s+1)}$

试用奈奎斯特稳定判据判别其闭环系统的稳定性。

解　（1）根据开环传递函数可知开环频率特性为

$$G(j\omega) = \frac{18}{(3j\omega+1)(2j\omega+1)(j\omega+1)}$$

系统的开环幅相特性曲线起始于实轴上的点 $(18,j0)$，并以 $-270°$ 终止于原点。曲线与负实轴的交点为 -1.8，如图 5-41 所示。

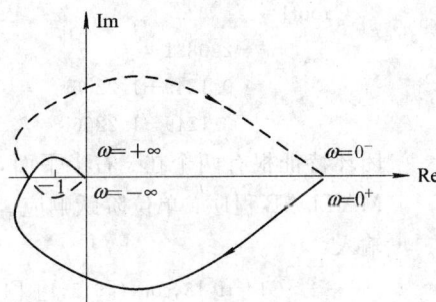

图 5-41　开环幅相曲线

根据题意可知，开环传递函数在右半 s 平面的极点数为 0，即 $P=0$。由图可知，曲线顺时针包围（-1, j0）点 2 周，即 $N=-2$。根据奈氏判据可以求出闭环系统在右半 s 平面的极点数为：$Z=P-N=0-(-2)=2\neq 0$。

故闭环系统不稳定，且造成不稳定的根的个数为 2 个。

MATLAB 程序如下：

```
>>G=tf(18,conv([6,5,1],[1,1]));
>>figure;
>>nyquist(G)
```

输出曲线如图 5-42 所示。

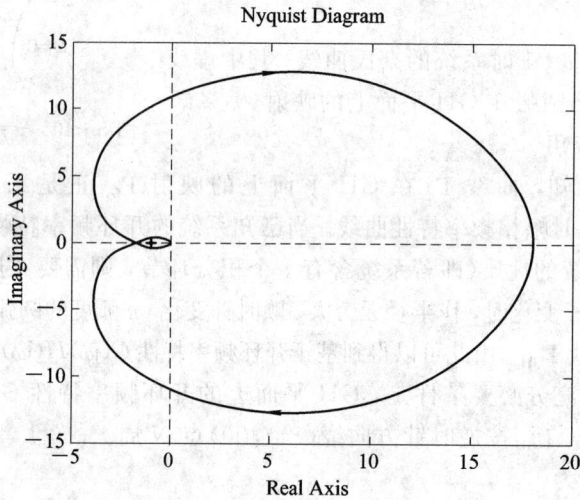

图 5-42　奈氏曲线

MATLAB 程序：闭环特征根的情况。

闭环特征方程为

$$D(s)=6s^3+11s^2+6s+19=0$$

输入：

```
>>den=[6,11,6,19];
>>root1=roots(den)
```

输出：

```
root1=
     -2.0831
      0.1249+1.2266i
      0.1249-1.2266i
```

闭环特征根有两个在 s 右半平面，故闭环系统不稳定。

MATLAB 程序：单位阶跃响应。

输入：

```
>>G1=tf(18,conv([6,5,1],[1,1]));
>>G=feedback(G1,1);
>>t=0:0.1:50;
```

```
>>step(G,t);
>>grid
```

输出阶跃响应如图 5-43 所示，为发散状态，显然系统不稳定。

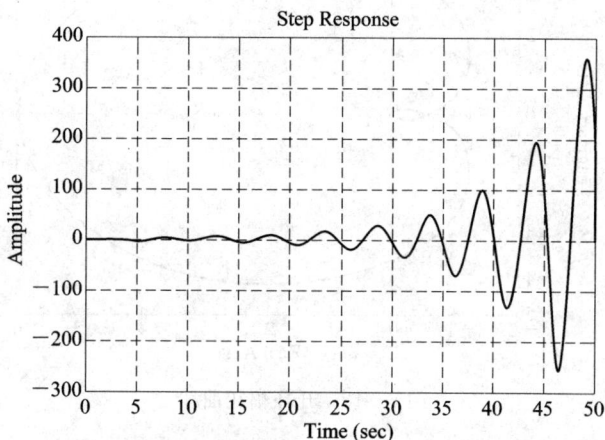

图 5-43　单位阶跃响应

（2）根据开环传递函数可知开环频率特性为

$$G(j\omega) = \frac{6}{(3j\omega+1)(2j\omega+1)(j\omega+1)}$$

系统的开环幅相特性曲线起始于实轴上的点（6，j0），并以 $-270°$ 终止于原点。曲线与负实轴的交点为 -0.6，如图 5-44 所示。

根据题意，开环传递函数在右半 s 平面的极点数为 0，即 $P=0$。由图可知，曲

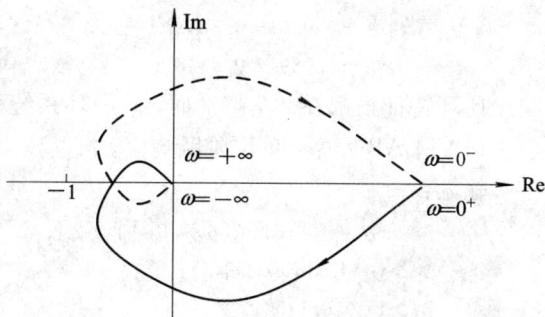

图 5-44　开环幅相特性曲线

线不包围（-1，j0），即 $N=0$。根据奈氏判据可以求出闭环系统在右半 s 平面的极点数为：$Z = P - N = 0 - 0 = 0$。

故闭环系统稳定。

MATLAB 程序如下：

```
>>G=tf(6,conv([6,5,1],[1,1]));
>>figure;
>>nyquist(G)
```

输出开环幅相曲线如图 5-45 所示。

MATLAB 程序：闭环特征根的情况。

闭环特征方程为

$$D(s) = 6s^3 + 11s^2 + 6s + 7 = 0$$

输入：

```
>>den=[6,11,6,7];
>> root1=roots(den)
```

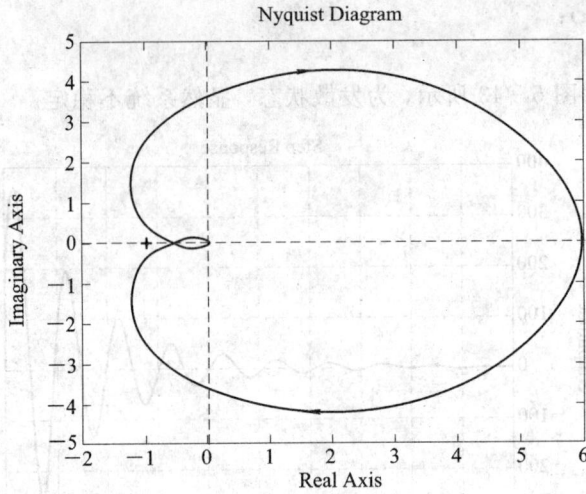

图 5 - 45　开环幅相曲线

输出：

root1＝

-1.6550

-0.0891＋0.8348i

-0.0891-0.8348i

闭环特征根都在 s 左半平面，故闭环系统稳定。

MATLAB 程序：单位阶跃响应。

输入：

```
>>G2＝tf(6,conv([6,5,1],[1,1]));
>>G＝feedback(G2,1);
>>t＝0:0.1:50;
>>step(G,t);
>>grid
```

输出阶跃响应如图 5 - 46 所示，为收敛状态，系统稳定。

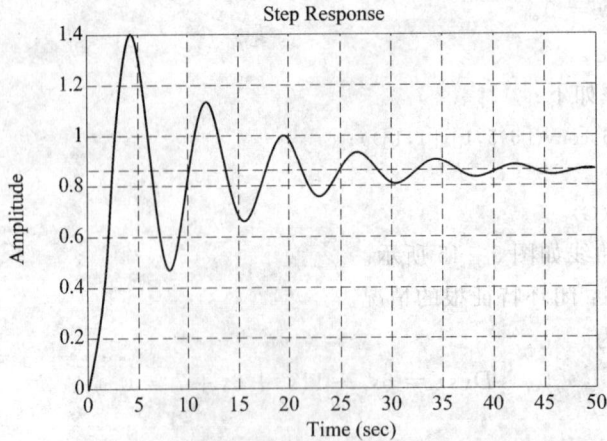

图 5 - 46　单位阶跃响应

【**例题 5 - 10**】　一单位反馈系统，开环传递函数为 $G(s) = \dfrac{K(T_1 s + 1)}{s^2(T_2 s + 1)}(T_1 > T_2 > 0)$，试用奈奎斯特稳定判据判别其闭环系统的稳性。

解　系统的开环幅相曲线如图 5 - 47 所示。

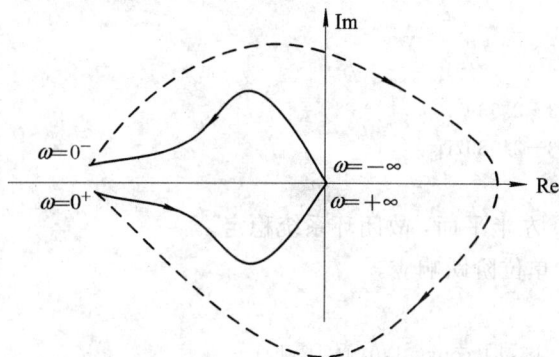

图 5 - 47　开环幅相曲线

由图可知，曲线不包围 $(-1, j0)$，即 $N = 0$。根据奈氏判据可以求出闭环系统在右半 s 平面的极点数为：$Z = P - N = 0 - 0 = 0$。

故闭环系统稳定。

MATLAB 程序：设 $K = 6$，$T_1 = 3$，$T_2 = 2$。

输入：

```
>>G=tf(6*[3,1],conv([1,0,0],[2,1]));
>>figure;
>>nyquist(G)
>>axis([-10,5,-2,2]);
```

输出奈氏曲线如图 5 - 48 所示。

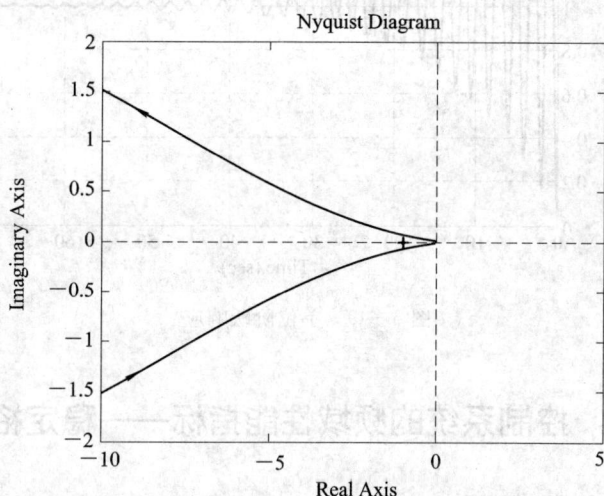

图 5 - 48　奈氏曲线

MATLAB 程序：闭环特征根的情况。

闭环特征方程为

$$D(s) = 2s^3 + s^2 + 18s + 6 = 0$$

输入：

>>den＝[2,1,18,6];

>>root＝roots(den)

输出：

root＝

−0.0823＋2.9897i

−0.0823−2.9897i

−0.3354

闭环特征根都在 s 左半平面，故闭环系统稳定。

MATLAB 程序：单位阶跃响应。

输入：

>>G1＝tf(6 * [3,1],conv([1,0,0],[2,1]));

>>G＝feedback(G1,1);

>>t=0:0.1:70;

>>step(G,t);

>>grid

输出阶跃响应曲线如图 5 - 49 所示，系统稳定。

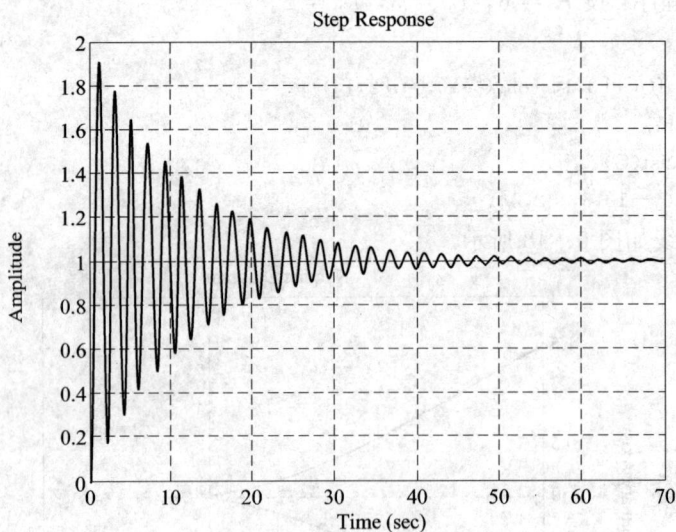

图 5 - 49　单位阶跃响应

5.5　控制系统的频域性能指标——稳定裕度

由奈奎斯特稳定判据可知，对于最小相位系统($P＝0$)，根据开环幅相曲线相对于 $(−1, j0)$ 点的位置不同，对应闭环系统的稳定性有三种情况：当开环幅相曲线包围 $(−1, j0)$ 点时，闭环系统不稳定；当开环幅相曲线通过 $(−1, j0)$ 点时，闭环系统处于临界稳定状态；当开环幅相曲线不包围(−1，j0)点时，闭环系统稳定。同时，开环幅相曲线靠近(−1，j0)点的程度表征了系统的稳定程度或者不稳定的程度，因此位于临界点附近的开环幅相曲线对系统的稳定性影响很大。若稳定系统的开环幅相曲线离(−1，j0)点越远，则闭环系统的相对稳定性就越高。

在图 5-50 中，(a)图的开环幅相曲线包围(−1，j0)点，故闭环系统不稳定，闭环系统的单位阶跃响应曲线 $c(t)$ 发散；(b)图的开环幅相曲线通过(−1，j0)点，故闭环系统临界稳定，闭环系统的单位阶跃响应曲线 $c(t)$ 等幅振荡；(c)图的开环幅相曲线不包围(−1，j0)点，故闭环系统稳定，闭环系统的单位阶跃响应曲线 $c(t)$ 振荡衰减；(c)图和(d)图的开环幅相曲线接近(−1，j0)点的远近程度不同，对应的闭环系统稳定程度也不同，显然(d)图比(c)图曲线离(−1，j0)点更远些，因此对应的系统稳定程度更好，这就是所说的系统的相对稳定性。

衡量系统相对稳定性的指标通常为幅值裕度 K_g 和相位裕度 γ。

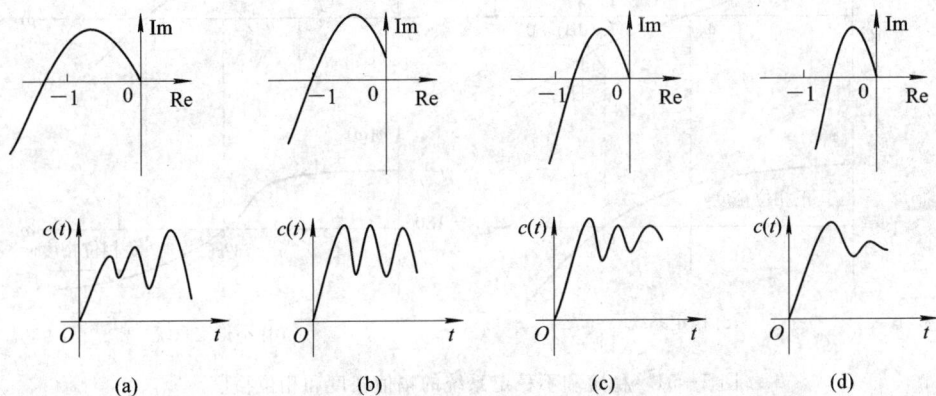

图 5-50　开环幅相曲线与单位阶跃响应的对应关系

5.5.1　幅值裕度

系统开环相频特性为 $-180°$ 时，系统的开环频率特性幅值的倒数定义为幅值裕度，所对应的频率 ω_g 称为相位穿越频率，即

$$K_g = \frac{1}{A(\omega_g)} = \frac{1}{|G(j\omega_g)H(j\omega_g)|}$$

式中，ω_g 满足 $\varphi(\omega_g) = \angle A(\omega_g) = -180°$。

幅值裕度 K_g 的物理意义是：对于闭环稳定系统，如果系统的开环增益再放大 K_g 倍，则系统将处于临界稳定状态。

如果用分贝值表示幅值裕度，则有

$$K_g(\text{dB}) - 20\lg K_g - 20\lg\left|\frac{1}{G(j\omega_g)H(j\omega_g)}\right|$$

$$= -20\lg|G(j\omega_g)H(j\omega_g)|$$

显然，对于稳定的系统，幅值裕度 $K_g > 1$，即 $K_g(\text{dB}) > 0$，幅值裕度为正值；对于不稳定的系统，幅值裕度 $K_g < 1$，即 $K_g(\text{dB}) < 0$，幅值裕度为负值，如图 5-51 所示。

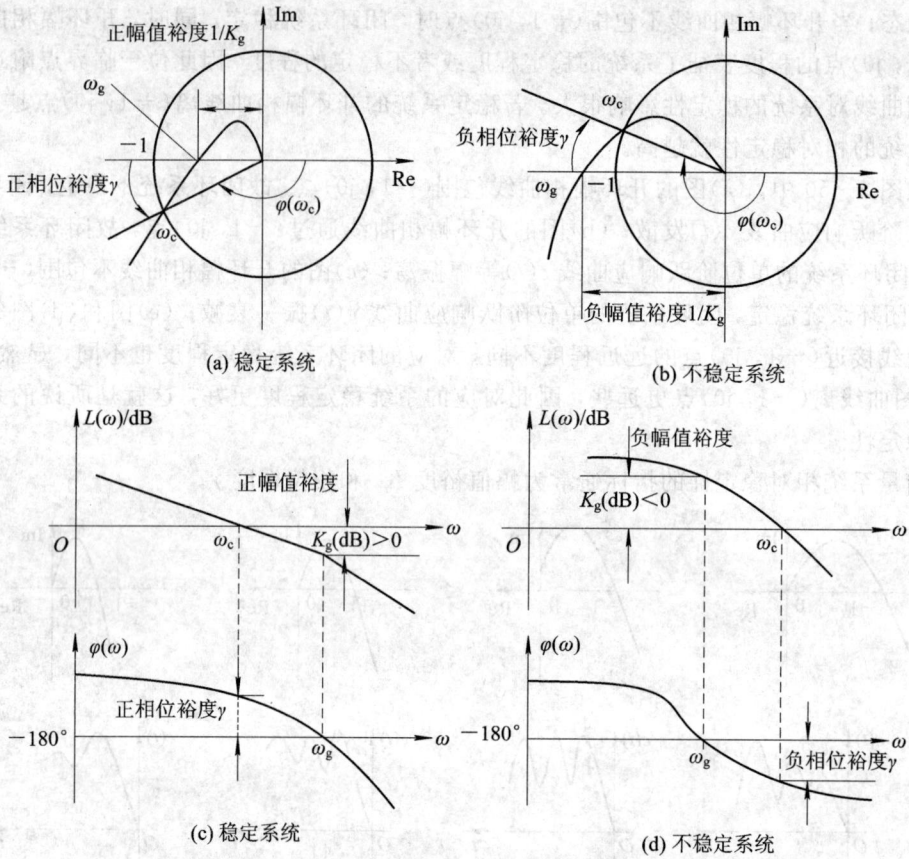

(a) 稳定系统　　　　　　　　　　　(b) 不稳定系统

(c) 稳定系统　　　　　　　　　　　(d) 不稳定系统

图 5-51　稳定和不稳定系统的幅值裕度和相位裕度

通常幅值裕度大的系统，其稳定性优于幅值裕度小的系统。但是，幅值裕度只是表征系统相对稳定性的指标之一，仅仅用幅值裕度还不能充分表示所有系统的稳定程度。例如，图 5-52 中所示的两个系统的开环幅相曲线虽然具有相同的幅值裕度，但是曲线 A 表示的系统比曲线 B 表示的系统稳定程度要好。因此，引入另一个指标相位裕度 γ 就能说明这一点。

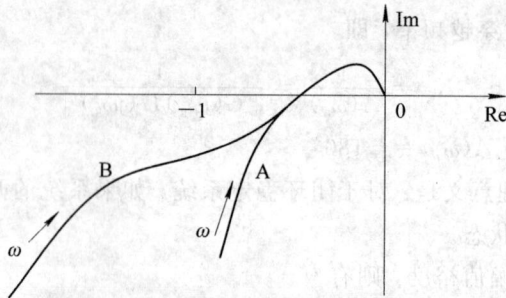

图 5-52　幅值裕度相同但稳定程度不同的两条开环幅相曲线

5.5.2　相位裕度

系统的开环频率特性的幅值为 1 时，系统开环频率特性的相角与 $180°$ 之和定义为相位

裕度 γ，所对应的频率 ω_c 称为系统截止频率，即

$$\gamma = 180° + \angle G(j\omega_c)H(j\omega_c)$$

式中的 ω_c 满足 $A(\omega_c) = |G(j\omega_c)H(j\omega_c)| = 1$。

　　相位裕度 γ 的物理意义是：对于闭环稳定的系统，如果系统开环相频特性再滞后 γ 度，则系统将处于临界稳定状态。

　　相位裕度 γ 从负实轴算起，逆时针为正，顺时针为负。对于稳定的系统，其相位裕度为正，即 $\gamma > 0$；对于不稳定的系统，其相位裕度为负，即 $\gamma < 0$，如图 5-51 所示。

　　综上所述，对于闭环稳定的系统，应该有 $\gamma > 0$，且 $K_g > 1$。对于闭环不稳定的系统，应该有 $\gamma < 0$，且 $K_g < 1$。显然，幅值裕度和相位裕度越大，系统的稳定性越好。但是，稳定裕度过大会影响系统的其他性能，例如系统响应的快速性。工程上一般选择幅值裕度 K_g（dB）为 $6 \sim 20$ dB，相位裕度 γ 为 $30° \sim 60°$。

　　一阶和二阶系统的 γ 总是大于零，而 K_g 为无穷大，因此，理论上讲系统不会不稳定。但是，实际系统在忽略了一些次要因素后建立的系统常常是高阶的，其幅值裕度不可能无穷大。因此，若开环增益太大，则系统仍可能不稳定。

　　γ 和 K_g 作为控制系统的频域性能指标，在使用时是成对来使用的。有时仅用一个裕度指标，如经常使用的是相角裕度 γ，对于系统的稳定性分析没什么影响。但在 γ 较大，而 K_g 较小的情况下，对于系统的动态性能的影响是很大的。

　　应该指出，为了获得满意的过渡过程，通常要求系统有 $45° \sim 70°$ 的相角裕度。这可以通过减小开环增益 K 的办法来达到。但是，减小 K 一般会使稳态误差变大，因此，有必要应用校正技术，使系统兼顾稳态误差和过渡过程的要求。

　　对于最小相位系统，开环对数幅频和对数相频曲线有单值对应的关系。当要求相角裕度在 $30° \sim 70°$ 之间时，意味着开环对数幅频曲线在幅值穿越频率附近（即中频段）的斜率不应太小，且有一定的宽度。在大多数实际系统中，要求中频段斜率为 -20 dB/dec。如果斜率设计为 -40 dB/dec，则系统即使稳定，相角裕度也显得过小；如果此斜率为 -60 dB/dec 或更小，则系统是不稳定的。

　　【例题 5-11】　某控制系统的开环传递函数为 $G(s)H(s) = \dfrac{2}{(2s+1)(8s+1)}$，试求系统的相角裕度 γ。

　　解　根据开环传递函数，画出开环幅频特性如图 5-53 所示。

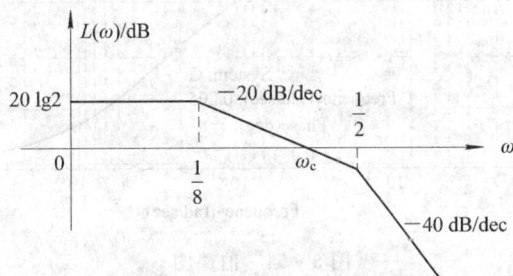

图 5-53　幅频特性

由图 5-53 曲线的几何关系可得：

$$20 \lg 2 = 20 \lg \frac{\omega_c}{1/8}$$

解得 $\omega_c = 0.25$ rad/s，再由

$$\gamma = 180 - \arctan 2\omega_c - \arctan 8\omega_c$$

解得　　　　　　　　　　　　$\gamma = 90°$

MATLAB 程序如下：

```
>>num=2;
>>den=[conv([2,1],[8,1])];
>>G=tf(num,den);
>>bode(G);
>>grid
>>[Gm,Pm,Wcg,Wcp]=margin(G)
Gm=
    Inf
Pm =
    101.0577
Wcg =
    Inf
Wcp=
    0.1963
```

输出伯德图如图 5-54 所示。

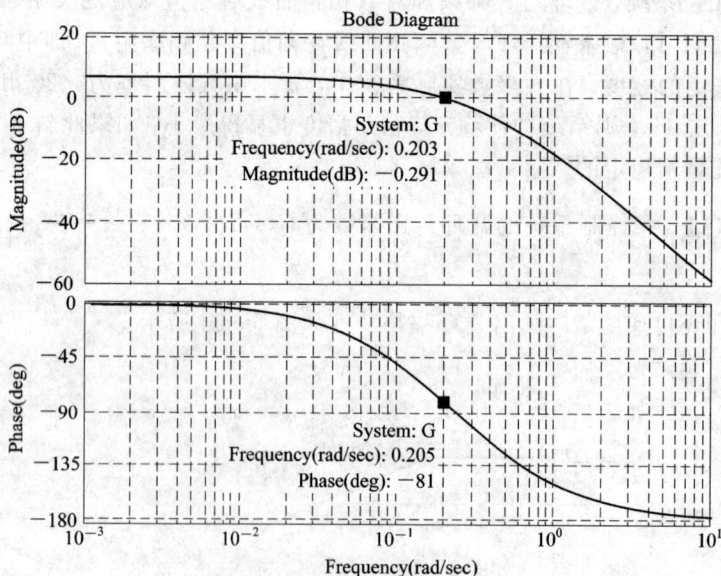

图 5-54　伯德图

【例题 5-12】 已知系统开环近似对数幅频特性曲线如图 5-55 所示。试求：

(1) 系统的相位裕度 γ 是多少？

(2) 若要使系统的相位裕度 $\gamma = 30°$，则系统的开环增益应为多少？

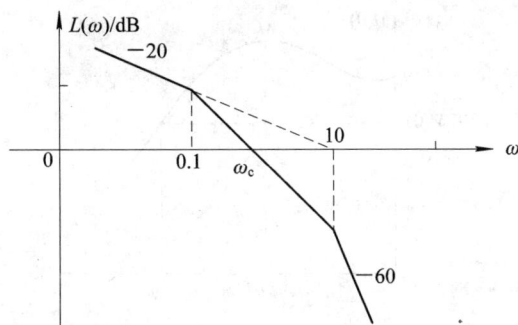

图 5 - 55　开环对数幅频特性

解　根据系统开环近似对数幅频特性曲线，可以写出系统的开环传递函数为

$$G(s)H(s) = \frac{K}{s\left(\frac{1}{0.1}s+1\right)\left(\frac{1}{10}s+1\right)}$$

由于低频段斜率 -20 dB/dec 交于 ω 轴为 10，故 $K=10$。

（1）首先确定截止频率，由于 $0.1<\omega_c<10$，于是根据截止频率的定义有

$$\frac{10}{\omega_c \cdot \dfrac{\omega_c}{0.1}} = 1$$

得 $\omega_c=1$，此时相角裕度为

$$\gamma = 180° - 90° - \arctan\frac{1}{0.1} - \arctan\frac{1}{10} \approx 0°$$

（2）设满足相位裕度为 $30°$ 的截止频率为 ω_c'，则

$$\gamma = 180° - 90° - \arctan\frac{1}{0.1}\omega_c' - \arctan\frac{1}{10}\omega_c' = 30°$$

用试探法求出 $\omega_c'=0.17$，设系统的相位裕度 $\gamma=30°$ 时，系统的开环增益为 K'，则有

$$\frac{K'}{\omega_c' \cdot \dfrac{\omega_c'}{0.1}} = 1$$

可得 $K'=0.17 \times 1.7=0.289$。

5.6　闭环频率特性

5.6.1　闭环频率特性指标

利用开环频率特性分析和设计控制系统是很方便的，但在全面分析系统的控制性能时，也常常需要知道系统闭环频率特性的形状和性能指标。

闭环系统的幅频特性曲线的一般形式如图 5 - 56 所示。在图中，闭环幅频特性曲线的低频部分变化比较平缓，但随着 ω 的增加，$M(\omega)$ 不断增大，出现谐振峰值以后，将以较大的陡度衰减至零。闭环幅频特性的特点常用几个特征量来表示，即谐振峰值 M_r、谐振频率 ω_r、带宽频率 ω_b 和剪切速度。这些特征量又称为频率性能指标，它们在很大程度上能间接地反映出系统时域响应的品质，且与时域性能指标直接有关。

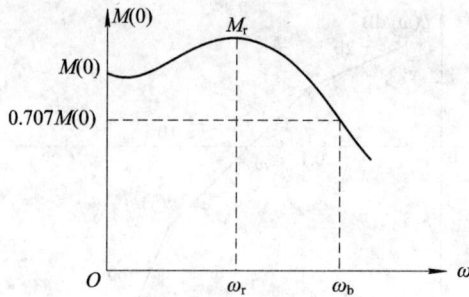

图 5-56　闭环系统幅频特性曲线

1. 谐振峰值 M_r

谐振峰值 M_r 是闭环系统幅频特性的最大值，它反映了系统的相对稳定性。通常，M_r 值越大，系统阶跃响应的超调量 $\sigma\%$ 也越大，因而系统的相对稳定性也就比较差。通常希望系统的谐振峰值 M_r 在 $1.1\sim1.4$ 之间。

2. 谐振频率 ω_r

谐振频率 ω_r 是闭环系统幅频特性出现谐振峰值时所对应的频率，它在一定程度上反映了系统瞬态响应的速度。ω_r 值越大，瞬态响应也越快。

3. 带宽频率 ω_b

当闭环系统频率特性的幅值 $M(\omega)$ 由其初始值 $M(0)$ 减小到 $0.707M(0)$（或零频率分贝值以下 3 dB）时，所对应的频率称为带宽频率 ω_b。$0\sim\omega_b$ 的频率范围称为系统的带宽。系统的带宽反映了系统对噪声的滤波特性，同时也反映了系统的响应速度。带宽大，表明系统能通过较高频率的输入信号；带宽小，表明系统只能通过较低频率的输入信号。因此，带宽大的系统，一方面，重现输入信号的能力强；另一方面，抑制输入端高频噪声的能力弱。

5.6.2　开环频率特性与闭环频率特性的关系

对于单位反馈控制系统，闭环频率特性为

$$\Phi(j\omega) = \frac{G_K(j\omega)}{1+G_K(j\omega)} = \left|\frac{G_k(j\omega)}{1+G_k(j\omega)}\right| \angle \frac{G_K(j\omega)}{1+G_K(j\omega)} = M(\omega)\angle\varphi(\omega)$$

$M(\omega)$ 为闭环幅频特性；$\varphi(\omega)$ 为闭环相频特性。

利用开环频率特性的极坐标图，可以得到闭环频率特性和开环频率特性的矢量关系，如图 5-57 所示。

图中，

$$|OA| = |G_K(j\omega)|$$
$$|OP| = 1$$
$$|PA| = |1+G_K(j\omega)|$$

所以

$$M(\omega) = \left|\frac{G_K(j\omega)}{1+G_K(j\omega)}\right| = \frac{|OA|}{|PA|}$$

$$\varphi(\omega) = \angle OA - \angle PA$$

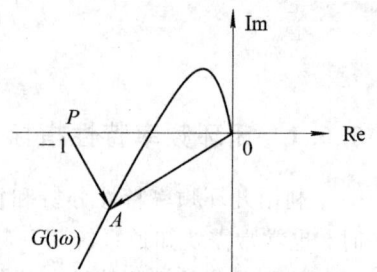

图 5-57　由开环幅相曲线确定闭环幅相曲线

根据此方法求出不同频率处所对应的闭环幅值和相角，就可以得到闭环频率特性，从而绘制出闭环幅频特性曲线和闭环相频特性曲线。根据上述关系，可以借助于计算机绘图工具将闭环频率特性准确地作出。

5.7　频率法系统分析

控制系统的时域性能指标物理意义直观、明确，但仅适用于单位阶跃响应分析，而不能直接应用于频域的分析与综合。

5.7.1　用开环频率特性分析系统的性能

1. 开环频率特性的低频段和系统的稳态误差

如图 5-58 所示，系统的开环传递函数中含有积分环节的个数确定了开环对数幅频特性低频段的斜率，系统开环放大系数的大小决定了低频段的高度，因此，低频段的形状可以用于分析系统对给定信号引起的稳态误差。

设低频段对应的传递函数为

$$G_d(s) = \frac{k}{s^v}$$

$$L_d(\omega) = 20 \lg \frac{k}{\omega^v} = 20 \lg k - v \cdot 20 \lg \omega$$

v 值不同，对应低频段的斜率不同，在图中，斜率值为 $-20v$ dB/dec。开环增益 k 值决定了曲线的高度，在 $\omega = 1$ 处对应的曲线高度为 $20 \lg k$；或者低频段的延长线与 0 dB 的交点处对应 $K = \omega^v$。

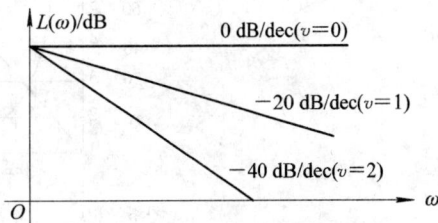

图 5-58　低频段幅频特性

由此可以看出，低频段的斜率越小，系统的积分环节的数目越多；低频段的位置越高，对应开环增益就越大。因此，闭环系统在满足稳定的条件下，其稳态误差就越小。

2. 开环频率特性中频段和系统的动态性能

由开环频率特性分析系统的动态性能时，一般用开环频率特性的两个特征量，即相角裕度 γ 和幅值穿越频率 ω_c。由于系统的动态性能由超调量 $\sigma\%$ 和调节时间 t_s 来描述时具有直观和准确的优点，因此用开环频率特性评价系统的性能，就必须找出开环频域指标 γ 和 ω_c 与时域指标 $\sigma\%$ 和 t_s 的关系。频域指标和系统的动态性能指标之间有确定的或近似的关系。频域指标是表征系统动态性能的间接指标。

1）二阶系统

典型二阶系统的结构图如图 5-59 所示。

开环传递函数为

$$G(s) = \frac{\omega_n^2}{s(s + 2\xi\omega_n)} \qquad (0 < \xi < 1)$$

（1）γ 与 $\sigma\%$ 的关系。

二阶系统的频率特性为

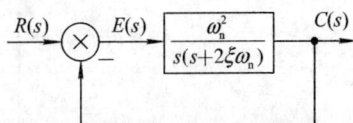

图 5-59　典型二阶系统结构图

$$G(j\omega) = \frac{\omega_n^2}{j\omega(j\omega + 2\xi\omega_n)}$$

由 $A(\omega_c) = 1$，计算开环截止频率 ω_c，有

$$\frac{\omega_n^2}{\omega_c \cdot \sqrt{\omega_c^2 + (2\xi\omega_n)^2}} = 1$$

解得

$$\omega_c = \omega_n \cdot \sqrt{\sqrt{1 + 4\xi^4} - 2\xi^2}$$

则相角裕度 γ 为

$$\gamma = 180° + \varphi(\omega_c) = 180° - 90° - \arctan\frac{\omega_c}{2\xi\omega_n} = \arctan\frac{2\xi}{\sqrt{\sqrt{1 + 4\xi^4} - 2\xi^2}}$$

从而得到 γ 和 ξ 的关系，其关系曲线如图 5-60 所示。

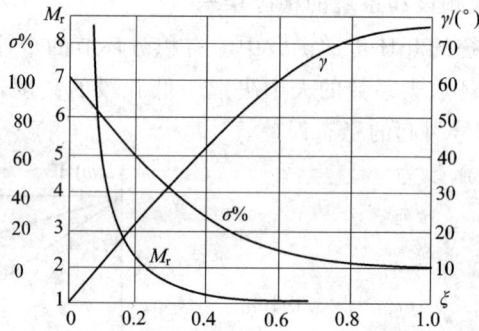

图 5-60　二阶系统的 $\sigma\%$、γ、M_r 与 ξ 的关系曲线

在时域分析中，$\sigma\%$ 与 ξ 的关系为

$$\sigma\% = e^{-\pi\xi/\sqrt{1-\xi^2}} \cdot 100\%$$

把此式的关系也绘于图 5-60 中。

由图 5-60 可以明显看出，γ 越小，$\sigma\%$ 越大；γ 越大，$\sigma\%$ 越小。为使二阶系统不至于振荡得太厉害，一般希望 $30° < \gamma < 70°$。

（2）γ、ω_c 与 t_s 之间的关系。

在时域分析中，已知 $t_s \approx \dfrac{3}{\xi\omega_n}$，则

$$\omega_c \cdot t_s = \frac{3}{\xi}\sqrt{\sqrt{1 + 4\xi^4} - 2\xi^2} = \frac{6}{\tan\gamma}$$

由此关系式绘成的曲线如图 5-61 所示。

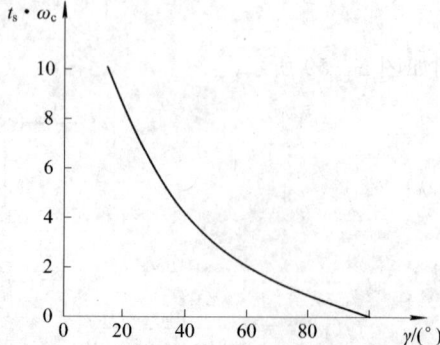

图 5-61　二阶系统 t_s、ω_c 与 γ 的关系

可以看出，调节时间与相角裕度和幅值穿越频率都有关系。如果两个二阶系统的 γ 相同，则它们的超调量也相同，这时 ω_c 比较大的系统，调节时间 t_s 较短。

2）高阶系统

对于高阶系统，开环频域指标与时域指标之间没有准确的关系式。但是大多数实际系统的开环频域 γ 和 ω_c 能反映动态过程的基本性能，其近似的关系式为

$$\sigma = 0.16 + 0.4\left(\frac{1}{\sin\gamma} - 1\right) \qquad (35° < \gamma < 90°)$$

和

$$t_s = \frac{k\pi}{\omega_c} \qquad \left(式中\ k = 2 + 1.5\left(\frac{1}{\sin\gamma} - 1\right) + 2.5\left(\frac{1}{\sin\gamma} - 1\right)^2 \quad (35° < \gamma < 90°)\right)$$

上式表明，高阶系统的 $\sigma\%$ 随着 γ 的增大而减小，调节时间 t_s 随着 γ 的增大也减小，且随着 ω_c 增大而减小。

由上面对二阶系统和高阶系统的分析可知，系统的开环频率特性反映了系统的闭环响应特性。对于最小相位系统，由于开环幅频特性与相频特性有确定的关系，因此相角裕度取决于系统开环幅频特性的形状，并且开环对数幅频特性中频段（零分贝频率附近的区段）的形状对相角裕度影响最大，所以闭环系统的动态性能主要取决于开环对数幅频特性的中频段。

3. 开环频率特性的高频段和系统抗高频干扰的能力

高频段特性是由小时间常数的环节决定的，由于其转折频率远离 ω_c，因而对系统动态性能影响不大。然而，从系统的抗干扰的角度看，高频段特性是很有意义的。

对于单位反馈系统，开环和闭环传递函数的关系为

$$\Phi(s) = \frac{G(s)}{1 + G(s)}$$

则频率特性之间的关系为

$$\Phi(j\omega) = \frac{G(j\omega)}{1 + G(j\omega)}$$

在高频段，一般 $|20\lg G(j\omega)| \ll 0$，即 $|G(j\omega)| \ll 1$，故有

$$|\Phi(j\omega)| = \left|\frac{G(j\omega)}{1 + G(j\omega)}\right| \approx |G(j\omega)|$$

即闭环幅频等于开环幅频。因此，开环对数幅频特性高频段的幅值，直接反映了系统对输入高频信号的抑制能力，高频段分贝值越低，系统抗干扰能力越强。

通过以上分析可以看出，系统开环对数频率特性表征了系统的性能。对于最小相位系统，系统的性能完全可以由开环对数幅频特性反映出来。

希望系统的开环频率特性具有以下几个方面的特点：

（1）如果要求具有一阶或二阶无静差（无稳态误差）特性，则开环对数幅频特性的低频段应有 -20 dB/dec 或 -40 dB/dec 的斜率，为保证系统的稳态精度，低频段应有较高的增益。

（2）开环对数幅频特性以 -20 dB/dec 的斜率穿越零分贝线，且具有一定的中频段宽度，这样系统就有一定的稳定裕度，以保证闭环系统具有一定的平稳性。

（3）具有尽可能大的零分贝频率，以提高闭环系统的快速性。

（4）为了提高系统抗干扰的能力，开环对数幅频特性的高频段应有较大的负斜率。

5.7.2　用闭环频率特性分析系统的动态性能

典型二阶系统的闭环传递函数为

$$\Phi(s) = \frac{\omega_n^2}{s^2 + 2\xi\omega_n s + \omega_n^2}$$

闭环频率特性为

$$\Phi(j\omega) = \frac{\omega_n^2}{(\omega_n^2 - \omega^2) + j2\xi\omega_n\omega}$$

1. M_r 与 $\sigma\%$ 的关系

典型二阶系统的闭环幅频特性为

$$M(\omega) = \frac{\omega_n^2}{\sqrt{(\omega_n^2 - \omega^2)^2 + 4(\xi\omega_n\omega)^2}}$$

当 ξ 较小时，幅频特性出现峰值。可令

$$\frac{dM(\omega)}{d\omega} = 0$$

则谐振频率和谐振峰值分别为

$$\omega_r = \omega_n\sqrt{1 - 2\xi^2} \qquad (0 \leqslant \xi \leqslant 0.707)$$

$$M_r = \frac{1}{2\xi\sqrt{1 - \xi^2}} \qquad (0 \leqslant \xi \leqslant 0.707)$$

当 $\xi > 0.707$ 时，不存在谐振峰值，幅频特性单调衰减。由上式可得，M_r 越小，系统的阻尼性能越好，ξ 越大，$\sigma\%$ 越小，平稳性及快速性都好；反之，平稳性及快速性都差。

2. M_r、ω_b 与 t_s 的关系

按照定义，在带宽频率处，典型二阶系统的闭环频率特性的幅值为

$$M(\omega_b) = \frac{\omega_n^2}{\sqrt{(\omega_n^2 - \omega_b^2)^2 + 4(\xi\omega_n\omega_b)^2}} = 0.707$$

得到

$$\omega_b = \omega_n\sqrt{1 - 2\xi^2 + \sqrt{2 - 4\xi^2 + 4\xi^4}}$$

由 $t_s = \dfrac{3}{\xi\omega_n}$，得到

$$\omega_b \cdot t_s = \frac{3}{\xi}\sqrt{1 - 2\xi^2 + \sqrt{2 - 4\xi^2 + 4\xi^4}}$$

由上式可以看出，对于给定的谐振峰值，调节时间与带宽频率成反比。如果系统有较大的带宽，则说明系统自身的"惯性"很小，动作过程迅速，系统的快速性好。

3. 高阶系统

对于高阶系统，难以找出闭环频域指标和时域指标之间的确切关系。但如果高阶系统存在一对共轭复数闭环主导极点，则可近似采用二阶系统建立的关系。

通过对大量系统的研究，归纳出了下面两个近似的数学关系式，即：

$$\sigma = 0.16 + 0.4(M_r - 1) \qquad (1 \leqslant M_r \leqslant 1.8)$$

$$t_s = \frac{k\pi}{\omega_c} \quad (其中 \ k = 2 + 1.5(M_r - 1) + 2.5(M_r - 1)^2 \quad (1 \leqslant M_r \leqslant 1.8))$$

上式表明，高阶系统的 $\sigma\%$ 随着 M_r 的增大而增大，调节时间 t_s 随 M_r 的增大也增大，且随着 ω_c 的增大而减小。

5.8 解 题 示 范

【例题 5-13】 已知单位反馈系统的开环传递函数为 $G(s) = \dfrac{10}{s+1}$，求当输入信号频率 $f = 1\ \text{Hz}$，振幅 $A_r = 10$ 时，系统的稳态输出 c_{ss} 和稳态误差 e_{ss}。

解 由题意可知输入信号为

$$r(t) = A_r \sin\omega t = 10 \sin 2\pi f t = 10 \sin 6.3t$$

系统的传递函数为

$$\Phi(s) = \frac{G(s)}{1 + G(s)} = \frac{10}{s + 11}$$

$$\Phi_E(s) = \frac{1}{1 + G(s)} = \frac{s + 1}{s + 11}$$

幅频及相频特性分别为

$$|\Phi(j\omega)| = \left|\frac{10}{j\omega + 11}\right| = \frac{10}{\sqrt{11^2 + \omega^2}} = \frac{10}{\sqrt{11^2 + 6.3^2}} \approx 0.8$$

$$\varphi(\omega) = -\arctan T\omega = -\arctan\frac{6.3}{11} = -29.8°$$

$$|\Phi_E(j\omega)| = \left|\frac{j\omega + 1}{j\omega + 11}\right| = \frac{\sqrt{1 + \omega^2}}{\sqrt{11^2 + \omega^2}} = \frac{\sqrt{1 + 6.3^2}}{\sqrt{11^2 + 6.3^2}} \approx 0.5$$

$$\varphi_E(\omega) = \arctan\omega - \arctan\frac{\omega}{11} = \arctan 6.3 - \arctan\frac{6.3}{11} = 51.2°$$

则根据频率特性可得：

系统的稳态输出为

$$c_{ss} = A_r |\Phi(j\omega)| \sin(\omega t + \varphi) = 10 \times 0.8 \sin(6.3t - 29.8°) = 8\sin(6.3t - 29.8°)$$

系统的稳态误差为

$$e_{ss} = A_r |\Phi_E(j\omega)| \sin(\omega t + \varphi_E)$$
$$= 10 \times 0.5 \sin(6.3t + 51.2°)$$
$$= 5\sin(6.3t + 51.2°)$$

【例题 5-14】 设控制系统的传递函数为

$$G(s)H(s) = \frac{K}{(T_1 s + 1)(T_2 s + 1)(T_3 s + 1)}$$

(1) 写出其实频特性、虚频特性、幅频特性及相频特性的表达式；

(2) 画出当 $K = 10$，$T_1 = 0.2$，$T_2 = 0.04$，$T_3 = 0.08$ 时的幅相频率特性曲线。

解　（1）系统的频率特性为

$$G(j\omega)H(j\omega) = K\frac{1}{j\omega T_1 + 1}\frac{1}{j\omega T_2 + 1}\frac{1}{j\omega T_3 + 1}$$

$$= K\frac{1-j\omega T_1}{1+(T_1\omega)^2}\frac{1-j\omega T_2}{1+(T_2\omega)^2}\frac{1-j\omega T_3}{1+(T_3\omega)^2}$$

$$= U(\omega) + jV(\omega) = A(\omega)e^{j\varphi(\omega)}$$

因此有：

实频特性为

$$U(\omega) = \frac{K[1-(T_1T_2+T_2T_3+T_3T_1)\omega^2]}{(1+T_1^2\omega^2)(1+T_2^2\omega^2)(1+T_3^2\omega^2)}$$

虚频特性为

$$V(\omega) = \frac{K[T_1T_2T_3\omega^3-(T_1+T_2+T_3)\omega]}{(1+T_1^2\omega^2)(1+T_2^2\omega^2)(1+T_3^2\omega^2)}$$

幅频特性为

$$A(\omega) = \frac{K}{\sqrt{(1+T_1^2\omega^2)(1+T_2^2\omega^2)(1+T_3^2\omega^2)}}$$

相频特性为

$$\varphi(\omega) = -\arctan T_1\omega - \arctan T_2\omega - \arctan T_3\omega$$

（2）当 $K=10$，$T_1=0.2$，$T_2=0.04$，$T_3=0.08$ 时取不同的 ω 值，可计算出实频特性、虚频特性、幅频特性及相频特性，绘出其幅相频率特性曲线，也可用概略绘图方法作出曲线，如图 5-62 所示。

此系统为零型系统（$v=0$）。

① 起点：$\omega=0$ 时，$|G(j0)H(j0)| = K$，$\varphi(0)=0$；

② 终点：$\omega=+\infty$时，$|G(+j\infty)H(+j\infty)| = 0$，$\varphi(+\infty) = (m-n)\times\frac{\pi}{2} = \frac{3}{2}\pi$。

MATLAB 程序如下：

```
>>G=tf(10,[conv([0.008,0.24,1],[0.08,1])]);
>> nyquist(G);
```

输出的奈氏曲线如图 5-63 所示。

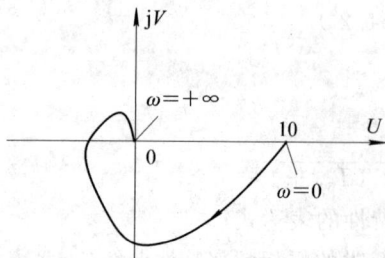

图 5-62　幅相曲线

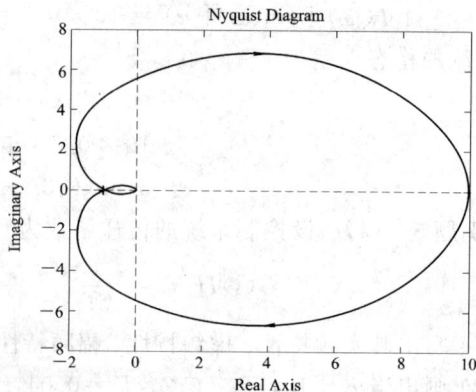

图 5-63　奈氏曲线

【**例题 5-15**】　已知系统开环传递函数为

$$G(s)H(s) = \frac{40(s+0.5)}{s(s+0.2)(s^2+s+1)}$$

试绘制系统的近似对数频率特性曲线。

解　按照绘制伯德图的基本画图步骤绘图。

将开环函数写成标准形式：

$$G(s)H(s) = \frac{100(2s+1)}{s(5s+1)(s^2+s+1)}$$

可见，开环系统由 5 个典型环节组成，它们是：

$$放大环节 K=100, \quad 积分环节 \frac{1}{s}, \quad 惯性环节 \frac{1}{5s+1}$$

$$一阶微分环节 2s+1, \quad 振荡环节 \frac{1}{s^2+s+1}$$

各转折频率为：惯性环节 $\omega_1=0.2$，一阶微分环节 $\omega_2=0.5$，振荡环节 $\omega_3=1$。

起始段高度：在 $\omega=1$ 处，高度为 $20\lg K = 20\lg 100 = 40$ dB。

将各环节相频特性叠加，可得开环系统的对数相频特性。绘制的系统的伯德图如图 5-64 所示。

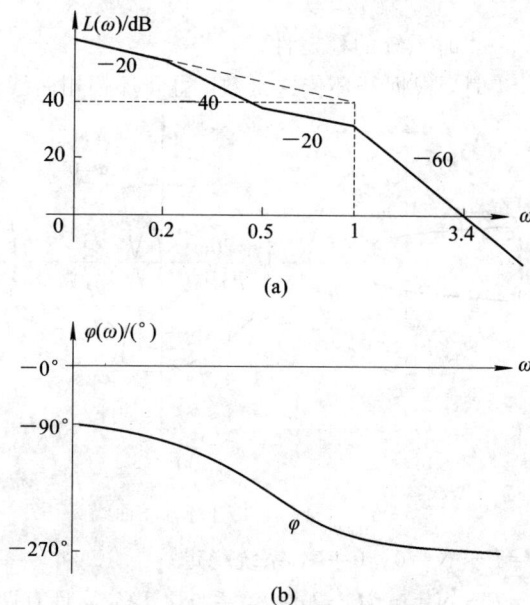

(a)

(b)

图 5-64　近似对数频率特性曲线

MATLAB 程序如下：

```
>>G=tf(100*[2,1],[conv([5,1,0],[1,1,1])]);
>>bode(G);
>>grid
```

输出伯德图如图 5-65 所示。

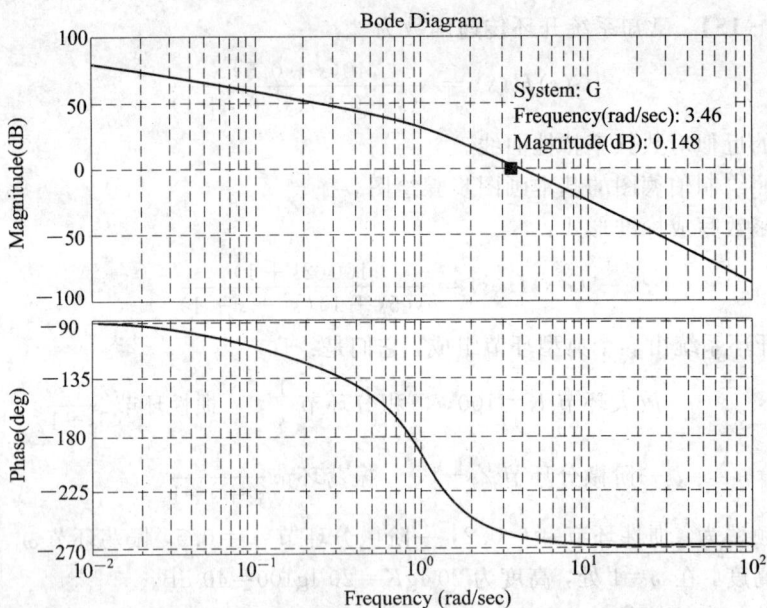

图 5 - 65　伯德图

【**例题 5 - 16**】　已知系统的开环传递函数为 $G(s)H(s)=\dfrac{1}{s^v(s+1)(s+2)}$，试采用奈氏判据分别判断 $v=1$，2，3，4 时系统的稳定性。

解　当 $v=1$，2，3，4 时，根据开环传递函数，得开环幅相曲线分别如图 5 - 66 所示。

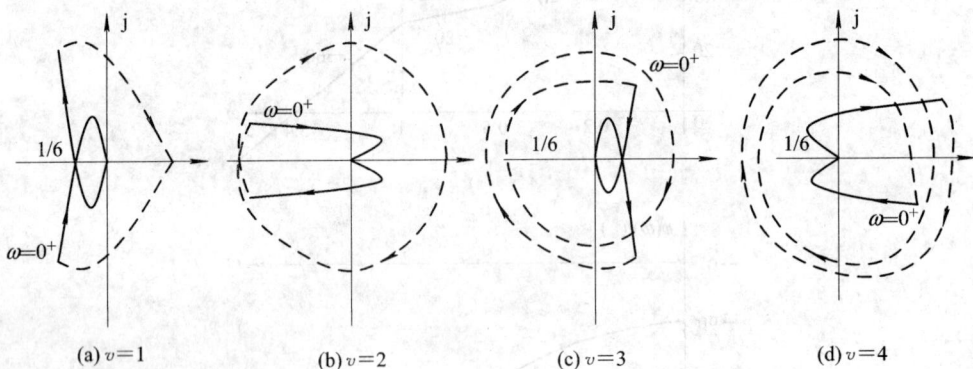

图 5 - 66　($v=1\sim4$)开环幅相曲线

(1) 当 $v=1$ 时，$Z=P-N=0-0=0$，系统稳定。

(2) 当 $v=2$ 时，$Z=P-N=0-(-2)=2$，系统不稳定，且有两个右半平面闭环极点。

(3) 当 $v=3$ 时，$Z=P-N=0-(-2)=2$，系统不稳定，且有两个右半平面闭环极点。

(4) 当 $v=4$ 时，$Z=P-N=0-(-2)=2$，系统不稳定，且有两个右半平面闭环极点。

MATLAB 程序如下：

```
>>num=[1];
>>den1=[1,3,2,0];
>>den2=[1,3,2,0,0];
>>den3=[1,3,2,0,0,0];
```

```
>>den4=[1,3,2,0,0,0,0];
>>nyquist(num,den1);
>>hold on;
>>nyquist(num,den2);
>>hold on;
>>nyquist(num,den3);
>>hold on;
>>nyquist(num,den4);
>>hold on;
>>axis([-0.5,0.5,-0.5,0.5]);
>>hold off;
```

输出开环奈氏曲线如图 5 - 67 所示。

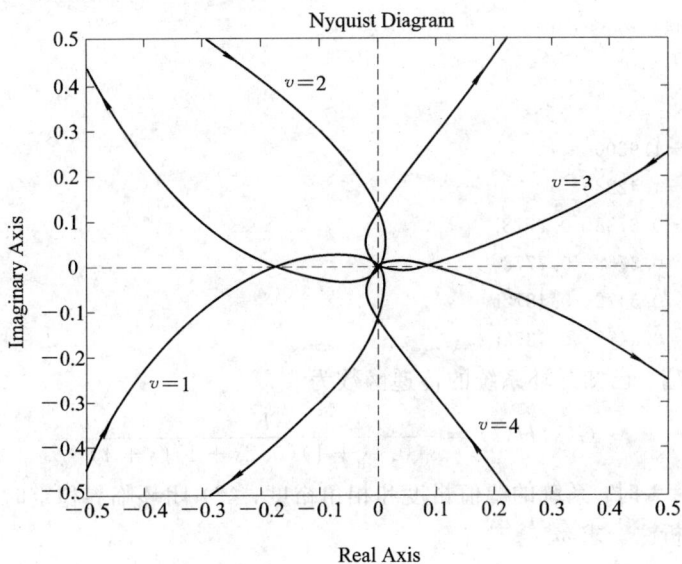

图 5 - 67　($v=1\sim4$)开环奈氏曲线

MATLAB 程序：闭环特征根的情况。

```
>>den1=[1,3,2,1];
>> den2=[1,3,2,0,1];
>> den3=[1,3,2,0,0,1];
>> den4=[1,3,2,0,0,0,1];
>> root1=roots(den1)
```

输出：

```
root1=
       -2.3247
       -0.3376+0.5623i
       -0.3376-0.5623i
>> root2=roots(den2)
```

输出：

```
root2=
```

$$-1.6924+0.3181i$$
$$-1.6924-0.3181i$$
$$0.1924+0.5479i$$
$$0.1924-0.5479i$$

　　　　>>root3=roots(den3)

输出：

　　　root3=
$$-2.0985$$
$$-0.8683+0.6219i$$
$$-0.8683-0.6219i$$
$$0.4175+0.4934i$$
$$0.4175-0.4934i$$

　　　　>>root4=roots(den4)

输出：

　　　root4=
$$-1.9200$$
$$-1.4228$$
$$-0.3758+0.7778i$$
$$-0.3758-0.7778i$$
$$0.5472+0.4372i$$
$$0.5472-0.4372i$$

【例题 5 - 17】 已知开环系统的传递函数为

$$G(s)H(s)=\frac{K}{s(0.1s+1)(0.2s+1)(s+1)}$$

试求：（1）当 $K=1$ 时，系统的幅值裕度和相角裕度；（2）闭环临界稳定时的开环增益。

解 （1）解析法。求 ω_g：

因为，$\varphi(\omega_g)=-180°$，即

$$\varphi(\omega_g)=-90°-\arctan0.1\omega_g-\arctan0.2\omega_g-\arctan\omega_g=-180°$$

可得

$$\arctan\frac{\dfrac{0.3\omega_g}{1-0.02\omega_g^2}+\omega_g}{1-\dfrac{0.3\omega_g^2}{1-0.02\omega_g^2}}=90°$$

则

$$1-\frac{0.3\omega_g^2}{1-0.02\omega_g^2}=0$$

解得　　　　　　　　　　　　　　$$\omega_g=1.77$$

故

$$h=-20\lg|G(j\omega_g)|$$

$$=20\lg\omega_g+20\lg\sqrt{(0.1\omega_g)^2+1}+20\lg\sqrt{(0.2\omega_g)^2+1}+20\lg\sqrt{\omega_g^2+1}$$

$$=20\lg1.77+20\lg\sqrt{1.77^2+1}\approx10\ dB$$

求 ω_c：

因为$|G(j\omega_c)|=1$，在本例中$K=1$，全部转折频率大于1，所以可直接确定$\omega_c=1$，故

$$\begin{aligned}\gamma &= 180° + \varphi(\omega_c)\\ &= 180° - 90° - \arctan 0.1\omega_c - \arctan 0.2\omega_c - \arctan\omega_c\\ &= 90° - \arctan 0.1 - \arctan 0.2 - \arctan 1\\ &= 90° - 5.7° - 11.3° - 45° = 28°\end{aligned}$$

图解法：根据开环系统的伯德图确定ω_c和ω_g，然后求h和γ。

MATLAB程序如下：

```
>>G=tf(1,[conv([0.1,1,0],[0.2,1.2,1])]);
>>bode(G);
>>grid
```

输出开环频率特性曲线如图5-68所示。

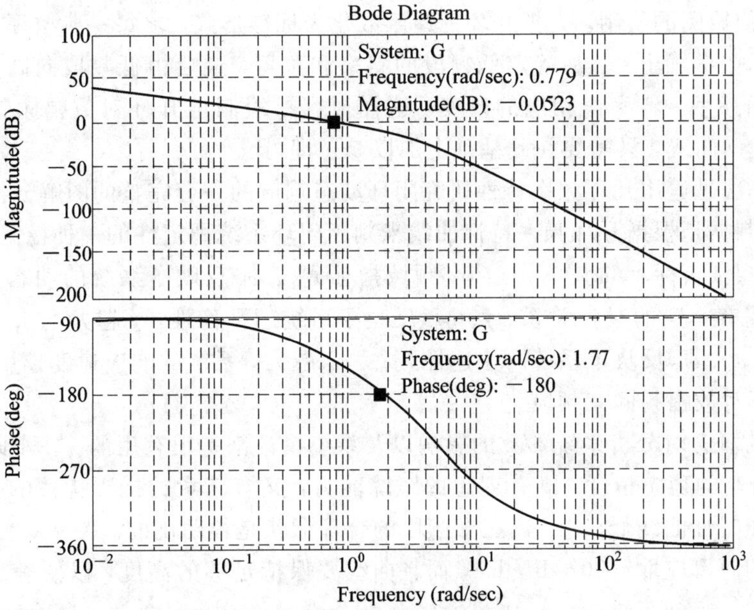

图5-68　开环对数频率特性曲线

从伯德图中可以直接读出：

$$\omega_c = 1 \qquad 和 \qquad \omega_g = 1.77$$

代入即可求得h和γ。

(2) 求闭环临界稳定时的K值。应满足条件：$h=0$ dB和$\gamma=0$，联立以下两个方程：

$$\begin{aligned}h &= -20\lg|G(j\omega_c)|\\ &= -20\lg K + 20\lg\omega_c + 20\lg\sqrt{(0.1\omega_c)^2+1} + 20\lg\sqrt{(0.2\omega_c)^2+1} + 20\lg\sqrt{\omega_c^2+1}\\ &= 0\end{aligned}$$

$$\gamma = 180° + \varphi(\omega_c) = 180° - 90° - \arctan 0.1\omega_c - \arctan 0.2\omega_c - \arctan\omega_c = 0$$

解得

$$\omega_c = 1.77, \quad K = 32$$

小　结

(1) 频率特性是线性系统在正弦函数输入下，稳态输出与输入之比对频率的关系，概括起来即为同频、变幅、相移。它能反映动态过程的性能，故可视为动态数学模型。

(2) 开环频率特性可以写成因式形式的乘积，这些因式就是典型环节的频率特性，所以典型环节是系统开环频率特性的基础。典型环节有比例环节、积分环节、微分环节、惯性环节、一阶微分环节、振荡环节、二阶微分环节和延迟环节。

(3) 开环频率特性的几何表示：开环极坐标图和开环伯德图。

① 开环极坐标图的绘制。由定义确定出起点、终点以及与坐标轴的交点，即可绘制出开环极坐标草图。

② 开环伯德图的绘制。先把开环传递函数化为标准形式，求每一典型环节所对应的转折频率，并标在 ω 轴上；然后确定低频段的斜率和位置；最后由低频段向高频段延伸，每经过一个转折频率，斜率作相应的改变。这样很容易绘制出开环对数幅频特性渐近线曲线。若需要精确曲线，只需要在此基础上加以修正即可。

(4) 频率法是运用开环频率特性研究闭环动态响应的一套完整的图解分析计算法。

① 奈氏判据是根据开环频率特性曲线来判断闭环系统稳定性的一种稳定判据。

② 开环频域指标 γ、ω_c、K_g 或闭环频域指标 M_r、ω_b 反映了系统的动态性能，它们和时域指标之间有一定的对应关系。γ、M_r 反映了系统的平稳性，γ 越大，M_r 越小，系统的平稳性越好；ω_c、ω_b 反映了系统的快速性，ω_c、ω_b 越大，系统的响应速度越快。

(5) 开环对数幅频的三频段。

三频段的概念对分析系统参数的影响以及系统设计都是很有用的。一个既有好的动态响应，又有较高的稳态精度，既有理想的跟踪能力，又有满意的抗干扰性的控制系统，其开环对数幅频特性曲线低、中、高三个频段的合理形状是很明确的。

低频段的斜率应取 $-20v$ dB/dec，而且曲线要保持足够的高度，以便满足系统的稳态精度。

中频段的截止频率不能过低，而且附近应有 -20 dB/dec 斜率段，以便满足系统的快速性和平稳性。-20 dB/dec 斜率段所占频程越宽，则稳定裕度越大。

高频段的幅频特性应尽量低，以便保证系统的抗干扰性。

习　题

5-1　设单位反馈系统的传递函数为 $G(s) = \dfrac{10}{s+1}$，当把下列信号作用在系统输入端时，求系统的稳态输出。

(1) $r(t) = \sin(t+30°)$

(2) $r(t) = 2\cos(2t-45°)$

（3）$r(t) = \sin(t+30°) - 2\cos(2t-45°)$

5-2　某控制系统的结构图如题图 5-1 所示，(1) 绘制系统的奈氏曲线；(2) 用奈氏判据判断系统的稳定性，并说明在右半 s 平面是否存在闭环极点，若存在，则指出其个数。

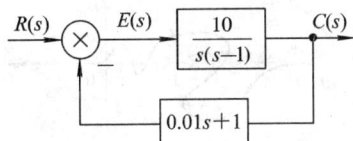

题图 5-1

5-3　某单位反馈系统的闭环幅频特性如题图 5-2 所示，试求系统的开环传递函数和输入 $r(t) = \dfrac{1}{2}t$ 时的稳态误差。

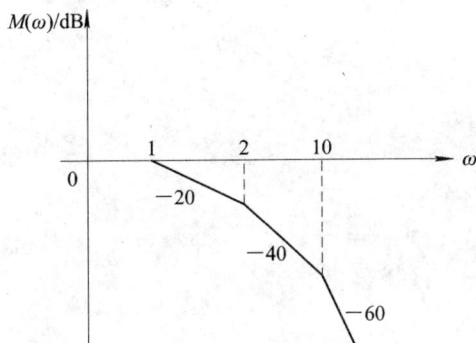

题图 5-2

5-4　最小相位系统的开环传递函数幅频特性的渐近线如题图 5-3 所示，试确定系统的开环传递函数。

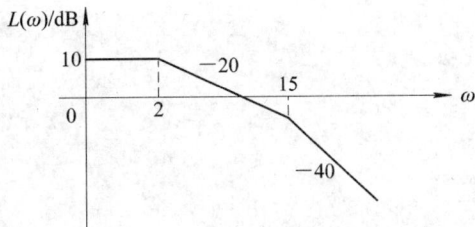

题图 5-3

5-5　设单位反馈系统的开环传递函数为 $G(s) = \dfrac{K}{s(0.01s+1)(0.2s+1)}$，试求当 $K=10, 20, 40$ 时的相角裕度。

5-6　系统的开环传递函数为 $G(s) = \dfrac{K}{s(0.5s+1)(0.1s+1)}$，(1) 确定 $\gamma=60°$ 的 K 值；(2) 确定单位斜坡输入时，$e_{ss}=0.1$ 的 K 值。

5-7 题图 5-4 为几个开环传递函数的极坐标图的正频率部分，试画出完整的奈氏轨迹图。若设开环传递函数不存在右半 s 平面的极点，试判断闭环系统的稳定性。

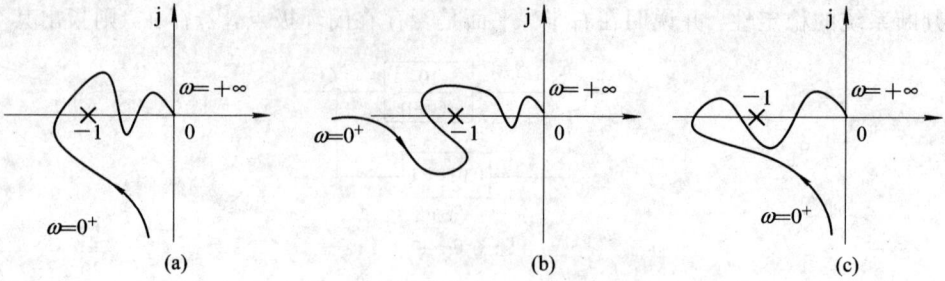

题图 5-4

5-8 已知系统的开环传递函数为 $G(s)H(s) = \dfrac{K(s+3)}{s(s-1)}$，试判断系统的稳定性。

第 6 章　线性系统的校正方法

- 自动控制系统串联校正的基本原理及方法；
- 自动控制系统 PID 校正的原理及方法。

- 自动控制系统 PID 校正的原理及方法。

对于一个控制系统的研究主要有两个方面，即系统分析和系统设计。在进行系统分析时，可以采用时域分析法和频域分析法来获得系统的性能指标，分析系统的特性。系统设计是根据被控对象及其技术指标的要求设计自动控制系统，需要进行大量的分析计算，保证所设计的系统具有良好的性能，满足给定技术指标的要求。然而，对于初步设计的控制系统而言，通常其性能指标达不到要求的指标，因此在设计系统的过程中，需要处理的一个问题就是对系统进行校正，改善系统的性能，以满足给定的性能指标。本章讨论关于校正的概念及频率法校正的方式和方法等问题。

6.1　校正的基本概念

6.1.1　校正的定义

所谓系统的校正是指当初步设计的控制系统不能满足给定的性能指标的要求时，需要进一步改变控制系统，给控制系统增加一些辅助装置，使构成的新系统满足给定的性能指标，辅助装置的设计过程即为系统的校正。所增加的辅助装置称为校正装置或控制器。

当给定的稳态性能指标是单位阶跃响应的峰值时间、调节时间、超调量、稳态误差等时域指标时，一般采用根轨迹法校正；如果给定的性能指标是系统的相角裕度、幅值裕度、谐振频率、闭环带宽等频域指标时，一般采用频率法校正。目前在工程方面多采用频率法校正，通过近似公式进行两种指标的互换。

6.1.2　校正方式

按照校正装置在系统中的连接方式，控制系统的校正方式可分为串联校正、反馈校正、前馈校正和复合校正四种。

串联校正：校正装置一般串接在系统的前向通道中，为减小校正装置的功率，一般将其串联在相加点之后，如图 6-1 所示。

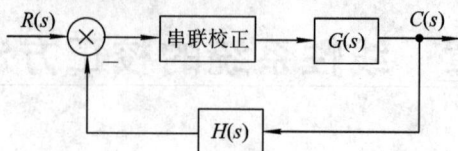

图 6-1　串联校正

反馈校正：校正装置接在系统的局部反馈通道之中，如图 6-2 所示。

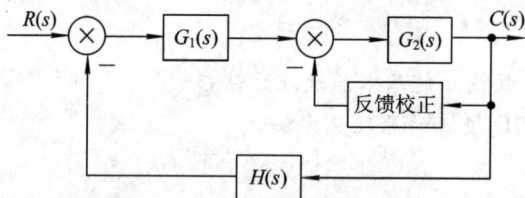

图 6-2　反馈校正

前馈校正：又叫顺馈校正，校正装置接在系统给定值之后、主反馈作用点之前的前向通道上，如图 6-3 中的 $G_r(s)$。这种校正装置的作用相当于对给定信号进行整形或滤波后，再送入反馈系统。另一种前馈校正装置接在系统可测扰动作用点与误差测量点之间，对扰动信号进行直接或间接测量，形成一条附加的对扰动影响进行补偿的通道，如图 6-4 中的 $G_n(s)$。

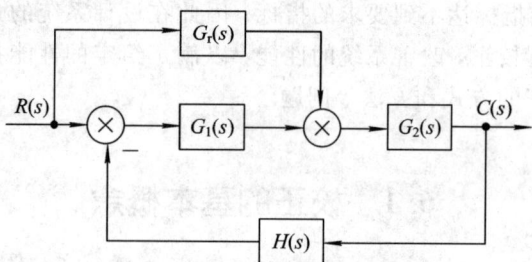

图 6-3　按输入补偿的复合校正

复合校正：在反馈控制回路中，加入前馈校正通路，组成一个有机整体，图 6-3 为按输入补偿的复合控制形式，图 6-4 为按扰动补偿的复合控制形式。

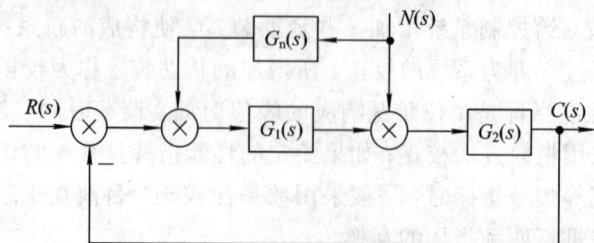

图 6-4　按扰动补偿的复合校正

在控制系统中常采用串联校正和反馈校正，一般串联校正的设计比反馈校正的设计简单。本章着重讨论频率法串联校正。串联校正装置分为无源和有源两种：无源校正装置通常由 RC 无源网络构成；有源校正装置通常由运算放大器和 RC 网络组成。

6.2　无　源　校　正

6.2.1　无源串联超前校正

所谓串联超前校正，即采用串联校正，其中校正装置具有相角超前的特点。

1. 典型无源超前校正网络

典型无源超前校正网络如图 6-5 所示。

设输入信号源的内阻为零，而输出端的负载阻抗为无穷大，则该网络的传递函数为

$$G_c(s) = \frac{1}{a} \cdot \frac{1+aTs}{1+Ts}$$

式中：

$$a = \frac{R_1 + R_2}{R_2} > 1, \quad T = \frac{R_1 R_2}{R_1 + R_2}C$$

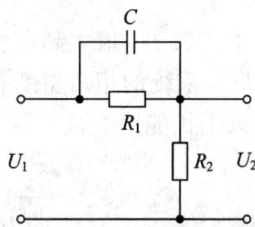

图 6-5　无源超前校正网络

由上式可见：采用无源超前网络进行串联校正时，校正后系统的开环放大系数将是原来的 $1/a$，这样原系统的稳态误差就要增大 a 倍。为保证稳态误差不受影响，设网络对开环放大系数的衰减已由提高原系统的放大器放大系数所补偿，则补偿后的无源超前网络的传递函数为

$$aG_c(s) = \frac{1+aTs}{1+Ts}$$

根据上式可以画出无源超前校正网络的对数频率特性，如图 6-6 所示。

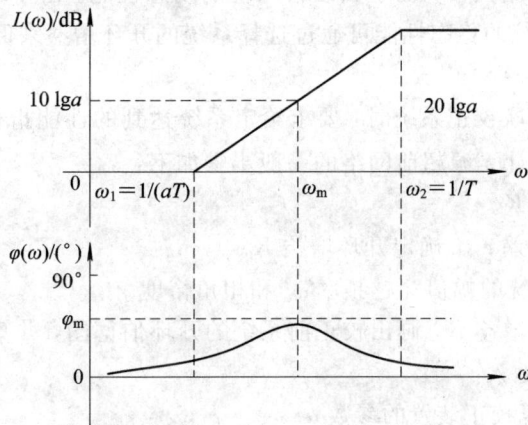

图 6-6　无源超前校正网络的对数频率特性

显然，超前网络对频率在 $1/(aT)$ 至 $1/T$ 之间的输入信号有明显的微分作用，在该频率范围内，输出信号相角比输入信号相角超前，超前网络的名称由此得名。在相角曲线上有一最大值，即最大超前相角 φ_m，超前网络的相角为

$$\varphi_c(\omega) = \arctan aT\omega - \arctan T\omega = \arctan \frac{(a-1)T\omega}{1+aT^2\omega^2}$$

将上式对 ω 求导并令其为零，得最大超前角频率为

$$\omega_{\mathrm{m}} = \frac{1}{T\sqrt{a}} = \sqrt{\omega_1 \omega_2}$$

或

$$\lg\omega_{\mathrm{m}} = \frac{1}{2}(\lg\omega_1 + \lg\omega_2)$$

可见，ω_{m} 在对数分度的 ω 轴上出现在 $\omega_1 = 1/(aT)$ 和 $\omega_2 = 1/T$ 的几何中点上。

将 ω_{m} 代入相角函数，得到最大超前相角为

$$\varphi_{\mathrm{m}} = \arctan\frac{a-1}{2\sqrt{a}} = \arcsin\frac{a-1}{a+1}$$

上式表明：最大超前相角 φ_{m} 仅与系数 a 有关：a 值越大，校正网络微分作用越强。可见，提高系统的相角裕度有助于系统动态性能的改善，但同时微分作用也越强，这使系统抗高频干扰能力明显下降。因此实际选用时，a 不能太大，一般不大于 20。此外，当 $\omega \rightarrow \infty$ 时，

$$L_{\mathrm{c}}(\infty) = 20\lg\sqrt{\frac{1+(aT\omega)^2}{1+(T\omega)^2}}\,\Bigg|_{\omega \rightarrow \infty} \approx 20\lg a$$

从图上可以明显地看出，ω_{m} 处的对数幅频值为

$$L_{\mathrm{c}}(\varphi_{\mathrm{m}}) = 10\lg a$$

2. 串联超前校正设计

1）校正的基本原理

利用超前网络进行串联校正，其基本原理是利用超前网络的相角超前特性，补偿原系统中频段过大的负相角，增大相角裕度；同时，利用超前网络幅值上的高频放大作用，使校正后的幅值穿越频率增大，从而全面改善系统的动态性能。由于超前装置传递系数小于 1，因而校正后闭环系统的稳态性能可通过选择系统的开环增益来保证。

2）设计的一般步骤

利用频率法设计串联校正系统时，要求给定系统达到的性能指标是开环频域指标 e_{ss}、ω_{c}' 和 γ'。利用分析法设计无源超前网络的一般步骤如下：

（1）确定开环增益 K。

根据要求的稳态误差 e_{ss}，确定开环增益 K。

（2）计算校正前系统的幅值穿越频率 ω_{c} 和相角裕度 γ。

利用已确定的开环增益 K，画出校正前系统的开环伯德图，并算出校正前系统的幅值穿越频率 ω_{c} 和相角裕度 γ。

（3）确定 ω_{m} 并计算校正装置的参数 a。

如果给定校正后的幅值穿越频率 ω_{c}'，为充分利用网络最大超前相角，则可选定 $\omega_{\mathrm{m}} = \omega_{\mathrm{c}}'$；然后在校正前的 $L(\omega)$ 曲线上算出 $\omega = \omega_{\mathrm{c}}'$ 处的对数幅值 $L(\omega_{\mathrm{c}}')$。为实现所要求的 ω_{c}'，使超前网络的 $L_{\mathrm{c}}(\varphi_{\mathrm{m}}) = 10\lg a$ 与校正前系统的对数幅值 $L(\omega_{\mathrm{c}}')$ 之和为零，即

$$L(\omega_{\mathrm{c}}') + 10\lg a = 0$$

从而求出超前网络的 a。

如果未给定校正后的幅值穿越频率 ω_{c}'，则可从给定校正后系统的相角裕度 γ' 出发，为

充分利用网络的最大超前相角,选定校正后的 ω_c' 在 ω_m 处,从而选定校正装置的最大超前相角 φ_m 为

$$\varphi_m = \gamma' - (\gamma - \Delta)$$

式中的 Δ 是考虑到由于校正装置在 ω_m 幅值 $10\lg a$ 引起实际校正后 $\omega_c' > \omega_c$,从而带来的 γ 相角减小的补偿角,一般 Δ 取 $5° \sim 10°$。

确定出校正装置的 φ_m 后,通过公式可以求出 a。最后在校正前系统的 $L(\omega)$ 曲线上计算出 $L(\omega) = -10\lg a$ 处所对应的频率 ω,就是校正后系统的幅值穿越频率 ω_c',且 $\omega_m = \omega_c'$。

(4) 确定校正装置的传递函数。

根据已确定的 ω_m 和 a,由公式 $\omega_m = \omega_c' = \dfrac{1}{T\sqrt{a}}$,算出 T,并写出校正装置的传递函数为

$$aG_c(s) = \frac{1 + aTs}{1 + Ts}$$

(5) 检验校正后的系统是否满足要求的性能指标。

由于在步骤(3)中选定的 ω_c'(或 φ_m)具有试探性,因而必须检验。如果校正后的系统满足要求,则设计工作结束。如果校正后的系统不满足要求,则须再一次选定 ω_c'(或 φ_m),重新计算,直到满足给定的指标要求为止。一般情况下,可增大 ω_c'(或 φ_m)。

(6) 根据超前网络的参数,选定 RC 超前网络的元件值。

根据实际情况,首先选定 R_1,然后算出其它两个元件值 R_2 和 C。注意,确定 RC 的元件值时,应符合 RC 元件的标准化要求。

【例题 6-1】　某控制系统的开环传递函数为

$$G(s) = \frac{K}{s(0.1s + 1)(0.001s + 1)}$$

对该系统的要求是:(1) 系统的相角裕度 $\gamma' \geqslant 45°$;(2) 静态速度误差系数 $K_v = 1000$。求校正装置的传递函数。

解　(1) 由稳态指标的要求得

$$K = K_v = 1000$$

(2) 未校正系统的开环传递函数为

$$G(s) = \frac{1000}{s(0.1s + 1)(0.001s + 1)}$$

画出校正前系统的伯德图如图 6-7 所示,并计算原系统的幅值穿越频率 ω_c 和相角裕度 γ。

首先算出 $\omega = 10$ 的对数幅值:

$$20\lg K - 20\lg 10 = 60 - 20 = 40 \text{ dB}$$

通过斜率为 -40 dB/dec 的线段,可以求出

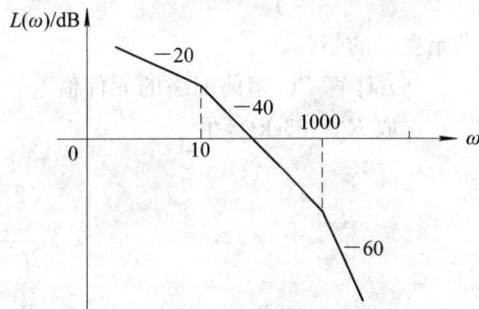

图 6-7　校正前对数幅频特性

幅值穿越频率 $\omega_c = 100$,则相角裕度为

$$\gamma = 180° + (-90° - \arctan 0.1 \times 100 - \arctan 0.001 \times 100) = 0°$$

原系统处于临界稳定状态。

(3) 根据 $\gamma' \geqslant 45°$、$\gamma = 0°$,取 $\Delta = 5°$,有

$$\varphi_m = \gamma' - \gamma + \Delta = 50°$$

则

$$a = \frac{1 + \sin\varphi_m}{1 - \sin\varphi_m} = 7.5$$

又

$$L_c(\varphi_m) = 10\, \lg a = 8.75\ \text{dB}$$

在校正前系统的曲线上，算出 $L(\omega) = -8.75$ dB 所对应的频率，就是校正后系统的幅值穿越频率 ω_c'。

因为 $L(\omega) = -8.75$ dB 在 -40 dB/dec 线段上，所以利用一个已知点 $\omega_c = 100$，得到

$$L(\omega) = 0 - 40(\lg\omega_c' - \lg 100) = -8.75\ \text{dB}$$

解得

$$\omega_c' = 164.5\ \text{rad/s}$$

(4) 由 $\omega_m = \omega_c' = \dfrac{1}{T\sqrt{a}}$，得

$$T = \frac{1}{\omega_c'\sqrt{a}} = \frac{1}{164.5\sqrt{7.5}} = 0.00222$$

于是可写出

$$aG_c(s) = \frac{1 + aTs}{1 + Ts} = \frac{1 + 0.0167s}{1 + 0.00222s}$$

(5) 检验校正后的相角裕度 γ'。

校正后的开环传递函数为

$$G'(s) = aG_c(s)G(s) = \frac{1000(1 + 0.0167s)}{s(1 + 0.00222s)(1 + 0.1s)(1 + 0.001s)}$$

因为 $\omega_c' = 164.5$ rad/s，所以

$$\gamma' = 180° + (\arctan 0.0167 \times 164.5 - 90° - \arctan 0.00222 \times 164.5$$
$$- \arctan 0.1 \times 164.5 - \arctan 0.001 \times 164.5)$$
$$= 45°$$

满足要求的指标。

(6) 计算 RC 超前网络的元件值。

选取 $R_1 = 65$ kΩ，由：

$$a = \frac{R_1 + R_2}{R_2}$$

$$T = \frac{R_1 R_2}{R_1 + R_2} C$$

解得

$$R_2 = 10\ \text{kΩ}, \quad C = 0.26\ \mu\text{F}$$

MATLAB 程序如下：

```
>>G1=tf(1000,conv([0.1,1,0],[0.001,1]));
>>G2=tf(1000 * [0.0167,1],conv([0.00222,1,0],[0.0001,0.101,1]));
>>G3=tf([0.0167,1],[0.00222,1]);
>>bode(G1)
>>hold
Current plot held
```

```
>>bode(G2, '--')
>>hold
Current plot held
>>bode(G3, '-.')
>>grid
>>[Gm,Pm,Wcg,Wcp]=margin(G1)
Gm=
    1.0100
Pm=
    0.0584
Wcg=
    100.0000
Wcp=
    99.4863
>> [Gm,Pm,Wcg,Wcp]=margin(G2)
Gm =
    7.2810
Pm =
    44.0783
Wcg =
    614.9057
Wcp =
    164.4357
```

通过 MATLAB 程序输出的结论可以看出，系统的频率指标与计算值相符合。

输出曲线如图 6-8 所示，实线为校正前系统特性，虚线为校正后系统特性，点画线为校正网络的特性。

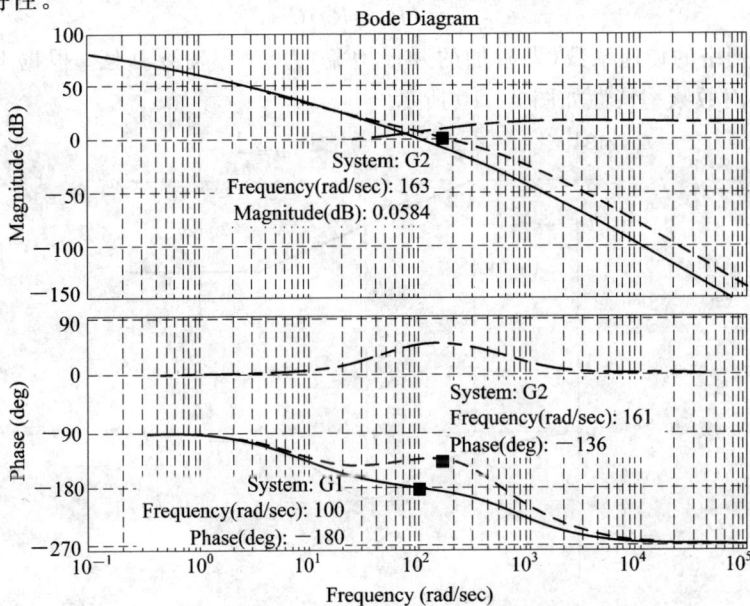

图 6-8　校正前、后系统的对数频率特性曲线

应当指出，在有些情况下采用串联超前校正是无效的。下列情况不宜采用串联超前校正：

（1）如果未校正系统不稳定，则为了得到规定的相角裕度，需要超前网络提供很大的相角超前量 φ_m。这样，超前网络的 a 必须选得很大，$20\lg a$ 就很大，即对系统中的高频信号放大作用很强，从而大大降低了系统的抗干扰能力，使得通过系统的高频噪声很高，很可能使系统失控。

（2）在截止频率附近相角减小速率太大的未校正系统，一般不宜采用串联超前校正。因为随着截止频率的增大，未校正系统的相角迅速减小，造成校正后相角裕度改善不大，很难达到要求的相角裕度。在一般情况下，产生这种相角迅速减小的原因是：在未校正系统截止频率附近有两个交接频率彼此靠近的惯性环节，或有两个交接频率彼此相等的惯性环节，或有一个振荡环节。

在上述情况下，系统可采用其他方法进行校正。例如，采用两级串联超前网络进行串联超前校正，或采用串联滞后校正。

6.2.2 无源串联滞后校正

所谓串联滞后校正，即采用串联校正，其中校正装置具有相角滞后的特点。

1. 典型无源滞后校正网络

典型无源滞后校正网络如图 6-9 所示。

设输入信号源的内阻为零，而输出端的负载阻抗为无穷大，则该滞后网络的传递函数为

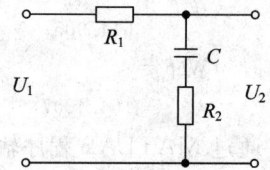

$$G_c(s) = \frac{1+bTs}{1+Ts}$$

式中：

$$b = \frac{R_2}{R_1+R_2} < 1$$

图 6-9 无源滞后校正网络

$$T = (R_1+R_2)C$$

显然，该滞后网络的传递系数（即附加的开环增益）为 1，不需要补偿。根据上式画出的无源滞后网络的对数频率特性如图 6-10 所示。

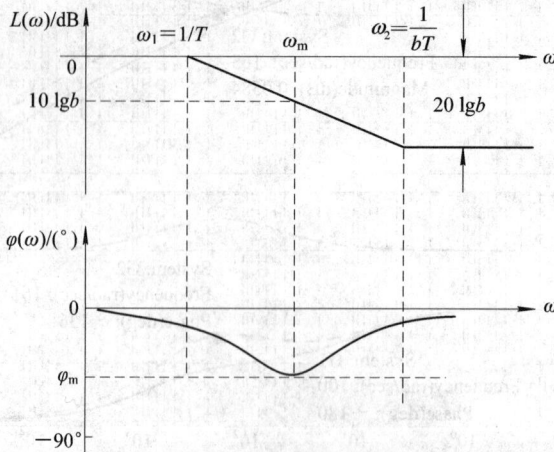

图 6-10 无源滞后校正网络的对数频率特性

从幅值上看，对高频信号具有衰减作用；从相角上看，具有负相角特性，即滞后的，且在 ω_m 处出现最大滞后相角 φ_m。与超前网络的计算方法相同，可得到 $\omega_m = \dfrac{1}{T\sqrt{b}}$，即在两个转折频率的几何中点上，对应的最大相角为 $\varphi_m = \arctan\dfrac{b-1}{2\sqrt{b}} = \arcsin\dfrac{b-1}{b+1}$，当 $\omega \to \infty$ 时，$L_c(\infty) = 20\lg b$，且 $L_c(\varphi_m) = 10\lg b$。

2. 串联滞后校正设计

1）校正的基本原理

利用滞后网络进行串联校正，其基本原理是利用了滞后网络的高频段的特性，幅值上对高频幅值的衰减作用，使校正后的幅值穿越频率 ω_c 减小，从而利用幅值穿越频率 ω_c 减小来增大相角裕度 γ；同时在相角曲线上，使最大滞后相角在原系统低频段叠加且远离系统中频段，保证滞后的相角不影响相角裕度，使校正后的相角曲线的中频段与校正前的相角曲线的中频段基本相同；由于滞后网络的传递函数为 1，因此校正后的稳态误差仍要通过选择系统的开环增益来实现。

2）设计的一般步骤

给定系统校正后的开环频域指标为 e_{ss}、ω_c' 和 γ'。采用分析法设计无源滞后网络的一般步骤如下：

（1）确定开环增益 K。

根据要求的稳态误差 e_{ss}，确定开环增益 K。

（2）计算校正前系统的幅值穿越频率 ω_c 和相角裕度 γ。

利用已确定的开环增益 K，画出校正前系统的开环伯德图，并算出校正前系统的幅值穿越频率 ω_c 和相角裕度 γ。

（3）根据要求的相角裕度 γ'，确定校正后系统的幅值穿越频率 ω_c'。

在利用校正网络的高频段的幅值衰减特性叠加的同时，考虑到滞后网络的负相角多少会对原系统的中频段产生一定的影响，因此在给定的 γ' 的基础上，增加一个补偿角 Δ，一般取 $\Delta = 5° \sim 10°$，这样利用相角裕度 $\gamma' + \Delta$，在原系统的相角曲线上，确定 $\gamma' + \Delta$ 对应的频率作为 ω_c'，即

$$\gamma(\omega_c') = \gamma' + \Delta$$

（4）计算滞后网络的参数 b、T。

首先算出原系统在 ω_c' 处的对数幅值 $L(\omega_c')$，通过

$$20\lg b + L(\omega_c') = 0$$

即可计算出参数 b。

为保证滞后网络的负相角对原系统的中频段的影响尽可能小（即使 φ_m 远离中频段），为此，一般取滞后网络最高的转折频率为 $\omega_2 = \dfrac{1}{bT} = 0.1\omega_c'$，由此可以计算出参数 T。因此校正装置的传递函数为

$$G_c(s) = \frac{1+bTs}{1+Ts} \qquad (b < 1)$$

(5) 校验校正后系统是否满足要求的性能指标。

验算已校正系统的相角裕度和幅值裕度。如果不满足要求，则说明前面选取的补偿角偏小，重新回到前面进行设计，直到满足要求为止。

(6) 确定校正网络的元件值，方法与超前网络相同。

【例题 6 - 2】 设单位反馈系统的开环传递函数为

$$G(s) = \frac{K}{s(s+25)}$$

要求：(1) 系统的相角裕度 $\gamma' \geqslant 45°$；

　　　(2) 静态速度误差系数 $K_v = 100$。

采用串联滞后校正，求校正装置的传递函数。

解　(1) 由稳态指标的要求得

$$K_v = \lim_{s \to 0} sG(s) = \frac{K}{25} = 100$$

得

$$K = 2500$$

(2) 原系统的开环传递函数为

$$G(s) = \frac{2500}{s(s+25)} = \frac{100}{s(0.04s+1)}$$

画出校正前系统的伯德图为图 6 - 11，并计算原系统的幅值穿越频率 $\omega_c = 50$ 和相角裕度 $\gamma = 27°$。

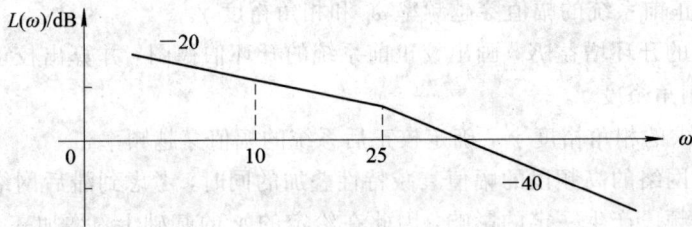

图 6 - 11　校正前系统对数幅频特性

(3) 确定 ω_c'。取 $\Delta = 6°$，则

$$\gamma' + \Delta = 45° + 6° = 51°$$

在原系统的 $\varphi(\omega)$ 曲线上算出与相角裕度 51°对应的频率，作为 ω_c'：

$$\gamma' = 180° - 90° - \arctan(0.04 \times \omega_c') = 51°$$

解得

$$\omega_c' = 20$$

(4) 计算网络参数 b、T。

首先算出原系统在 $\omega_c' = 20$ 处的对数幅值：

$$L(\omega_c') = 20 \lg 100 - 20 \lg 20 = 13.98 \text{ dB}$$

再令

$$L(\omega_c') + 20 \lg b = 0$$

得

$$b = 0.2$$

再令
$$\frac{1}{bT}=0.1\omega_{c}'=2$$

得
$$T=2.5$$

因此
$$G_{c}(s)=\frac{1+bTs}{1+Ts}=\frac{1+0.5s}{1+2.5s}$$

（5）检验校正后的相角裕度 γ'。

校正后的开环传递函数为

$$G'(s)=G_{c}(s)G(s)=\frac{100(1+0.5s)}{s(1+2.5s)(1+0.04s)}$$

因为 $\omega_{c}'=20$ rad/s，所以

$$\gamma'=90°+\arctan0.5\times20-\arctan2.5\times20-\arctan0.04\times20=47°>45°$$

满足要求的指标。

MATLAB 程序如下：

```
>>G1=tf(100,conv([1,0],[0.04,1]));
>>G2=tf(100*[0.5,1],conv([0.04,1],[2.5,1,0]));
>>G3=tf([0.5,1],[2.5,1]);
>>bode(G1)
>>hold
Current plot held
>>bode(G2,'--')
>>hold
Current plot held
>>bode(G3,'-.')
>>grid
>>[Gm,Pm,Wcg,Wcp]=margin(G1)
Gm=Inf
Pm=28.0243
Wcg=Inf
Wcp=46.9701
>>[Gm,Pm,Wcg,Wcp]=margin(G2)
Gm=Inf
Pm=50.7573
Wcg=Inf
Wcp=16.7338
```

通过 MATLAB 程序输出的以上结论可以看出，系统的频率指标与计算值基本相符合。

输出曲线如图 6-12 所示，实线为校正前系统特性，虚线为校正后系统特性，点画线为校正网络的特性。

通过对滞后校正的分析，应当指出以下几点说明：

（1）串联滞后校正的两种作用：一种是稳态性能不变，改善动态性能，即利用 ω_{c}' 减小，使 γ' 增大，从而响应速度变慢，超调量减小。可见，这是靠牺牲响应速度来减小超调量的，因此适用对响应速度要求不高，而对超调量有要求的场合。

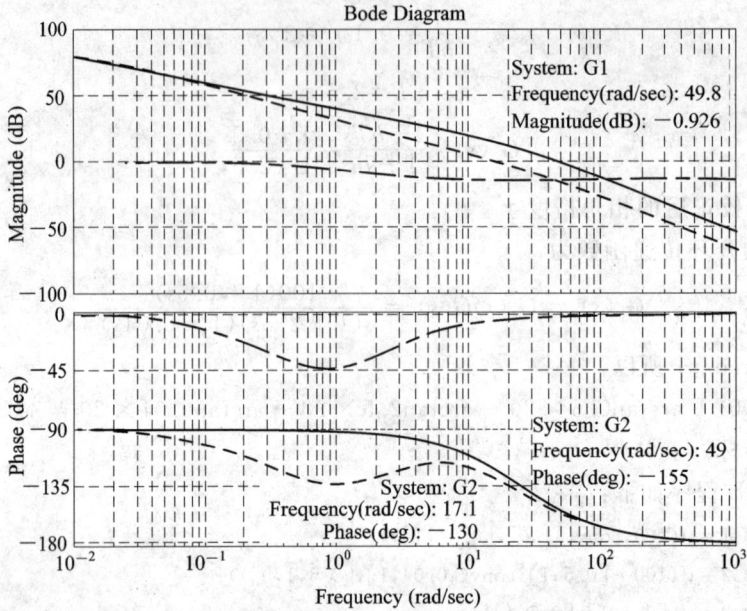

图 6-12　校正前、后系统的对数频率特性曲线

另一种作用是，动态性能基本不变，而改善稳态性能。即在一定条件下，增大滞后网络的附加增益，使校正后系统的幅频特性向上平移，这样，经滞后校正的系统对低频信号具有比校正前更高的放大能力，这样便可降低系统的稳态误差。然而，由于校正装置高频段增益也提高，使得校正后系统和校正前的相角裕度和截止频率基本相同，动态性能基本不变。

（2）串联滞后校正的优点是对高频干扰信号具有衰减作用，可以提高系统抗干扰的能力。

（3）下列情况不能采用滞后校正：

·若要求校正后的 ω_c' 大于原系统的 ω_c，则不能采用串联滞后校正；

·若原系统的 $\varphi(\omega)$ 曲线在 $-180°$ 线下方，也就是说在原 $\varphi(\omega)$ 曲线上找不到与要求的 γ' 所对应的频率，则不能采用串联滞后校正；

·在某些应用场合，采用滞后校正可能会使算出的时间常数达到不能实现的结果，这种不良后果的出现，是由于需要在足够小的频率值上安置滞后网络第一个交接频率 $\dfrac{1}{T}$，以保证在需要的频率范围内产生有效的高频幅值衰减特性所致。

这种情况可采用串联滞后—超前校正。对串联滞后—超前校正，本书未作详述，读者可自行查阅资料。

6.3　有　源　校　正

有源校正装置是由运算放大器及阻容网络组成的。它具有调整方便、体积小、重量轻等优点，在工业控制中得到了广泛的应用。在工程领域，通常把这类校正装置简称为调节器。本节讨论在控制工程中常用的 3 种调节器的基本控制规律及其串联校正分析。

6.3.1　基本控制规律

包含校正装置在内的控制器,其控制规律常有比例、微分、积分等基本控制规律,或者采用比例—微分、比例—积分、比例—积分—微分等组合控制规律,以实现对被控对象的合理的控制。

1) 比例(P)控制规律

具有比例控制规律的控制器称为 P 控制器。P 控制器的传递函数如图 6-13 所示,其中,K_P 称为 P 控制器增益。

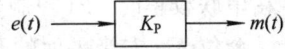

图 6-13　P 控制器传递函数

P 控制器实质上是一个具有可调增益的放大器。在信号变换过程中,P 控制器只改变信号的增益而不影响其相位。在串联校正中,加大控制器增益 K_P,可以提高系统的开环增益,减小系统稳态误差,从而提高系统的控制精度,但系统的相对稳定性变差,甚至可能造成闭环系统不稳定。因此,在系统校正设计中,很少单独使用比例控制规律。

2) 比例—微分(PD)控制规律

具有比例—微分控制规律的控制器称为 PD 控制器。其输出 $m(t)$ 与输入 $e(t)$ 的关系为

$$m(t) = K_P e(t) + K_P \tau \frac{\mathrm{d}e(t)}{\mathrm{d}t}$$

图 6-14　PD 控制器传递函数

其中:K_P 为比例系数;τ 为微分时间常数;K_P 与 τ 都是可调的参数。PD 控制器的传递函数如图 6-14 所示。

PD 控制器中的微分控制规律能反应输入信号的变化趋势,产生有效的早期修正信号,以增加系统的阻尼程度,从而改善系统的稳定性。在串联校正时,可给系统增加一个开环零点,使系统的相角裕度提高,从而有助于系统动态性能的改善。

微分控制作用只对动态过程起作用,而对稳态过程没有影响,且对系统噪声非常敏感,所以单一的 D 控制器在任何情况下都不宜与被控对象串联起来单独使用。通常,微分控制规律总是与比例控制规律或比例—积分控制规律结合起来,构成组合的 PD 或 PID 控制器,应用于实际的控制系统。

3) 积分(I)控制规律

具有积分控制规律的控制器称为 I 控制器,I 控制器的输出 $m(t)$ 与输入信号 $e(t)$ 的积分成比例,即

$$m(t) = K_I \int_0^t e(t)\mathrm{d}t$$

其中,K_I 为可调比例系数,由于控制器的积分作用,当输入信号消失后,输出信号可能是一个不为零的常数。积分控制器的传递函数如图 6-15 所示。

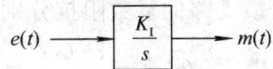

图 6-15　I 控制器传递函数

在串联校正时,采用积分控制器可以提高系统的型别,有助于系统稳态性能的提高。但积分控制给系统增加了一个位于原点的开环极点,使信号产生 90° 的相位滞后,对系统的稳定性不利。因此,在控制系统的校正设计中,通常不宜采用单一的积分控制器。

4）比例—积分控制规律

具有比例—积分控制规律的控制器称为 PI 控制器。其输出信号 $m(t)$ 同时成比例的反映输入信号 $e(t)$ 及其积分，即

$$m(t) = K_P e(t) + \frac{K_P}{T_I} \int_0^t e(t)\ \mathrm{d}t$$

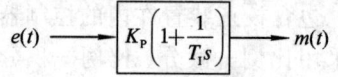

图 6 - 16　PI 控制器传递函数

其中：K_P 为可调比例系数；T_I 为可调积分时间常数。
PI 控制器的传递函数如图 6 - 16 所示。

在串联校正时，PI 控制器相当于在系统中增加了一个位于原点的开环极点，同时也增加了一个位于 s 左半平面的开环零点。位于原点的极点可以增加系统的型别，以消除或减小系统的稳态误差，改善系统的稳态性能。而增加的开环零点则用来提高系统的阻尼程度，缓和开环零、极点对系统稳定性的不利影响。只要积分时间常数 T_I 足够大，PI 控制器对系统稳定性的不利影响可大为削弱。在实践中，PI 控制器主要用来改善系统的稳态性能。

5）比例—积分—微分控制规律

具有比例—积分—微分控制规律的控制器称为 PID 控制器。其输出信号 $m(t)$ 同时成比例的反映输入信号 $e(t)$ 及其积分和微分，即

$$m(t) = K_P e(t) + \frac{K_P}{T_I} \int_0^t e(t)\mathrm{d}t + K_P \tau \frac{\mathrm{d}e(t)}{\mathrm{d}t}$$

PID 控制器的传递函数如图 6 - 17 所示。

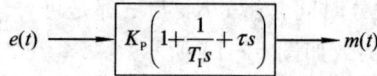

图 6 - 17　PID 控制器传递函数

当利用 PID 控制器进行串联校正时，除可使系统的型别提高一级外，还将提供两个负实零点。与 PI 调节器相比，除了同样具有提高系统的稳态性能外，还多提供了一个负实零点，从而在提高系统动态性能方面具有更大的优越性。因此，在工业过程控制系统中，广泛使用 PID 控制器。

6.3.2　三种常用的调节器

1. 比例—积分(PI)调节器

PI 调节器的电路图如图 6 - 18 所示。

由于运算放大器工作时，$U_B \approx 0$（虚地），设输入支路和反馈支路的复数阻抗分别为 Z_1 和 Z_2，则有

$$G(s) = \frac{U_c(s)}{U_r(s)} = -\frac{Z_2}{Z_1} = -\frac{R_2 Cs + 1}{R_1 Cs}$$

$$= -\frac{\tau s + 1}{Ts} = -K_P \left(1 + \frac{1}{T_I s}\right)$$

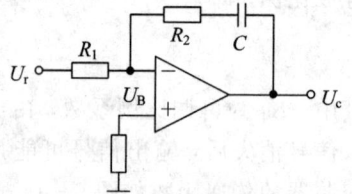

图 6 - 18　PI 调节器

式中：$\tau = R_2 C$；$T = R_1 C$；$K_P = \dfrac{R_2}{R_1}$；$T_I = \tau = R_2 C$。PI 调节器相当于一个积分环节和一个一阶微分环节相串联，不考虑式中的负号，则相应的对数频率特性曲线如图 6 - 19 所示。

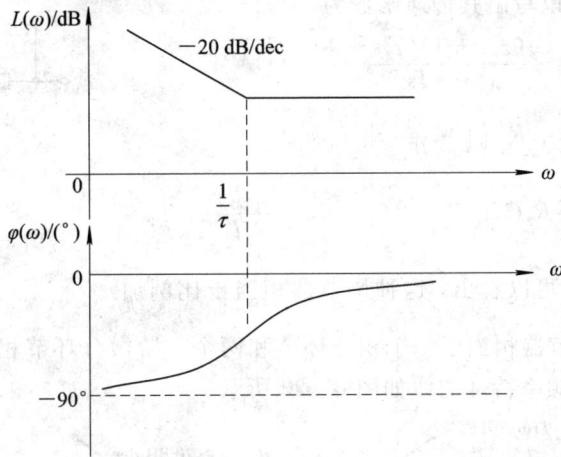

图 6-19　PI 调节器对数频率特性曲线

2. 比例—微分(PD)调节器

PD 调节器的电路图如图 6-20 所示。

设输入支路和反馈支路的复数阻抗分别为 Z_1 和
Z_2，则有

$$G(s) = \frac{U_c(s)}{U_r(s)} = -\frac{Z_2}{Z_1} = -\frac{R_2}{R_1}(R_1 C s + 1)$$

$$= -K_P(\tau s + 1)$$

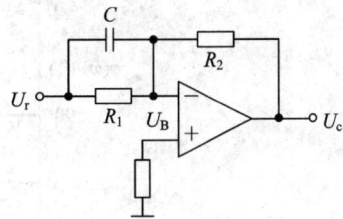

图 6-20　PD 调节器

式中：$\tau = R_1 C$；$K_P = \dfrac{R_2}{R_1}$。PD 调节器相当于一个比例放

大环节和一个一阶微分环节相串联，不考虑式中的负号，则相应的对数频率特性曲线如图
6-21 所示。

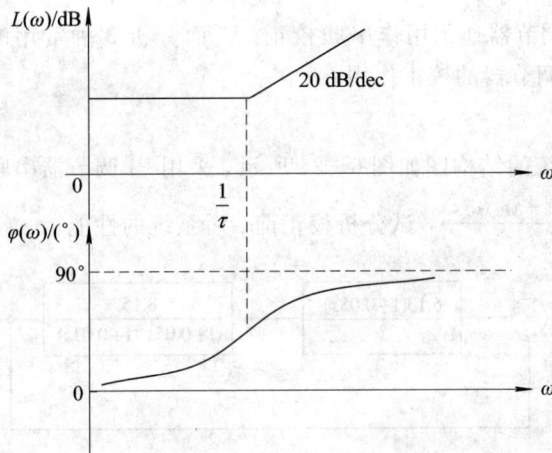

图 6-21　PD 调节器对数频率特性曲线

3. 比例—积分—微分(PID)调节器

PID 调节器的电路图如图 6-22 所示。

用同样的方法可以写出其传递函数为

$$G(s) = -\frac{(\tau_1 s + 1)(\tau_2 s + 1)}{Ts}$$

$$= -K_P\left(1 + \frac{1}{T_1 s} + T_D s\right)$$

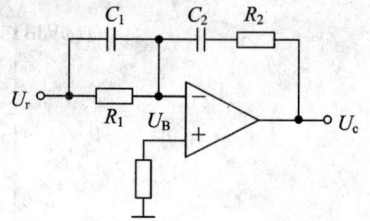

图 6-22　PID 调节器

式中：$\tau_1 = R_1 C_1$；$\tau_2 = R_2 C_2$；$T = R_1 C_2$；$K_P = \dfrac{\tau_1 + \tau_2}{T}$；$T_1 = \tau_1 + \tau_2$；$T_D = \dfrac{\tau_1 \tau_2}{\tau_1 + \tau_2}$。可以看出，这种调节器相当于比例加积分加微分。PID 调节器相当于一个积分环节和两个一阶微分环节相串联，不考虑式中的负号，则相应的对数频率特性曲线如图 6-23 所示。

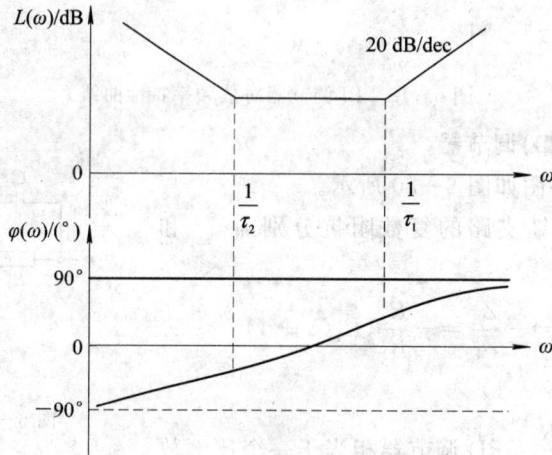

图 6-23　PID 调节器对数频率特性曲线

6.3.3　串联校正分析

在控制工程中，调节器通常用作串联校正。下面分析 3 种常用的调节器的串联校正，进而说明这 3 种常用调节器的校正作用。

1. PI 调节器

【例题 6-3】　系统的结构图如图 6-24 所示，采用 PI 调节器串联校正，其调节器传递函数为 $G_c(s) = \dfrac{6.13(1+0.05s)}{s}$，试分析校正前、后系统的性能。

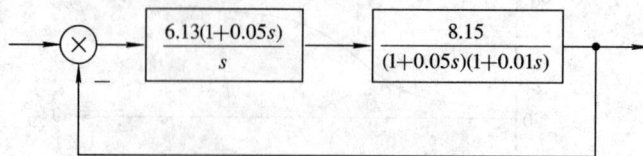

图 6-24　系统结构图

解　校正前系统的开环传递函数为

$$G(s) = \frac{8.15}{(1+0.05s)(1+0.01s)} = \frac{8.15}{0.0005s^2 + 0.06s + 1}$$

用 MATLAB 程序可得出原系统的幅值裕度与相角裕度。输入:

```
>>G=tf(8.15,[0.0005,0.06,1]);
>> [Gm,Pm,Wcg,Wcp]=margin(G)
```

在窗口显示如下结果:

```
Gm =
      Inf
Pm =
      53.1180
Wcg=
      Inf
Wcp=
      108.4768
```

可以看出,这个系统有无穷大的幅值裕量,系统的相角裕度 $\gamma = 53.18°$,幅值穿越频率 $\omega_c = 108 \text{ rad/s}$。

引入一个校正装置:

$$G_c = \frac{6.13(1+0.05s)}{s} = \frac{0.3065s + 6.13}{s}$$

校正后系统的开环传递函数为

$$G_2 = \frac{6.13 \times 8.15(1+0.05s)}{s(1+0.05s)(s+0.01s)} = \frac{50(1+0.05s)}{s(1+0.05s)(1+0.01s)}$$

输入:

```
>>G2=tf(8.15*[0.3065,6.13],conv([0.0005,0.06,1],[1,0]));
>>[Gm,Pm,Wcg,Wcp]=margin(G2)
```

在窗口显示如下结果:

```
Gm =
      Inf
Pm =
      65.5452
Wcg =
      Inf
Wcp =
      45.4775
```

由此可见,校正后系统的相角裕度为 $\gamma = 65.5°$,幅值穿越频率为 $\omega_c = 45 \text{ rad/s}$。

通过 MATLAB 程序得出校正前、后系统的伯德图如图 6 - 25 所示(校正后的为虚线)。输入语句:

```
>>G1=tf(8.15,[0.0005,0.06,1]);
>> G2=tf(8.15*[0.3065,6.13],conv([0.0005,0.06,1],[1,0]));
>> G3=tf(6.13*[0.05,1],[1,0]);          %校正环节
>> bode(G1)
>> hold
Current plot held
>> bode(G2,'--')
```

```
>> hold
Current plot held
>> bode(G3, '-.')
>> grid
```

输出显示如图 6 - 25 所示。

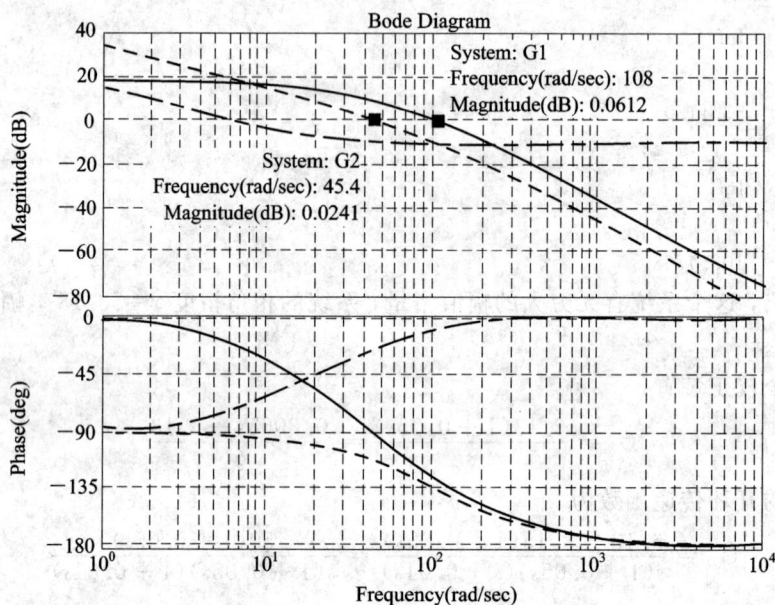

图 6 - 25　校正前、后系统的对数频率特性曲线

输入以下语句可得到阶跃响应：

```
>>figure
>>G1_c=feedback(G1,1)
```

在窗口显示如下结果：

Transfer function：

$$\frac{8.15}{0.0005\ s^2 + 0.06\ s + 9.15}$$

输入：

```
>>G2_c=feedback(G2,1)
```

在窗口显示如下结果：

Transfer function：

$$\frac{2.498\ s + 49.96}{0.0005\ s^3+0.06\ s^2+3.498\ s+49.96}$$

输入：

```
>> step(G1_c)
>> hold
Current plot held
```

```
>> step(G2_c, '--')
>> grid
```

阶跃响应曲线如图 6 - 26 所示。

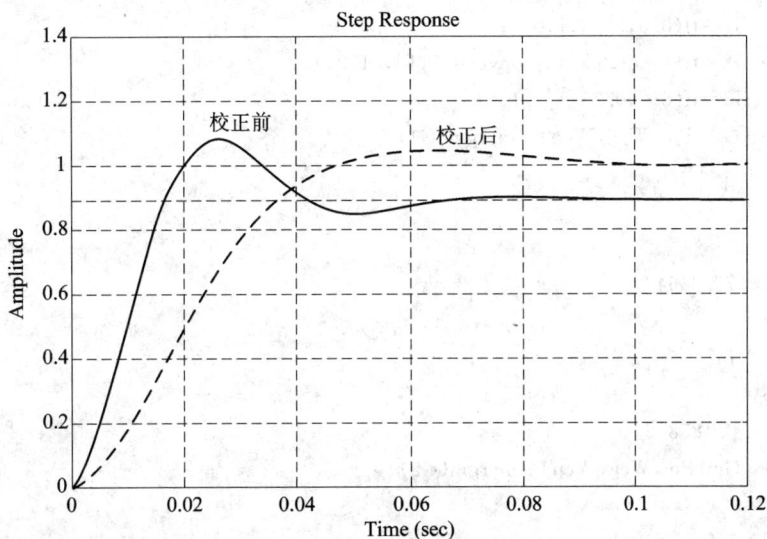

图 6 - 26 校正前、后阶跃响应曲线

由以上的伯德图和阶跃响应曲线可以看出：单位阶跃响应的稳态输出由有误差变为无误差，校正后的系统由原来的 0 型系统提高为 1 型系统，且 $K_v = K' = 50$，显著提高了系统的稳态性能。同时校正后系统仍是稳定的，且开环频域指标 $\omega_c' = 45$ rad/s，$\gamma' = 65.5°$，具有较好的动态性能。

由本例可以看出 PI 调节器串联校正的作用是：由于增加了一个原点处的开环极点，因而可将系统提高一个无差系统，从而显著提高系统的稳态性能；与此同时，增加的开环零点弥补了开环极点对系统稳定性的不利影响，可保证校正后的系统仍是稳定的，且具有较好的动态性能。由 PI 调节器的传递函数可以看出，其作用相当于串联了一个积分环节和一个比例微分环节，因此可以同时改善系统的稳态性能和动态性能，主要用于改善稳态性能。

2. PD 调节器

【例题 6 - 4】 已知单位反馈系统的结构图如图 6 - 27 所示，采用 PD 调节器串联校正，其传递函数为 $G_c(s) = 8(1 + 0.25s)$，试分析校正前、后系统的性能。

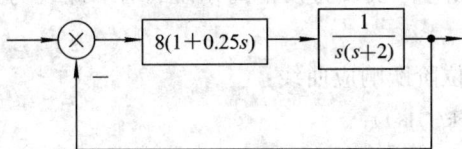

图 6 - 27 系统结构图

解 校正前原系统的开环传递函数为

$$G(s) = \frac{1}{s(s+2)} = \frac{0.5}{s(0.5s+1)}$$

校正后的开环传递函数为

$$G'(s) = G_c(s)G(s) = \frac{4(1+0.25s)}{s(1+0.5s)}$$

采用 MATLAB 输入以下指令：

```
>> G1=tf(0.5,[0.5,1,0]);
>> G2=tf(4*[0.25,1],conv([0.5,1],[1,0]));
>> G3=tf(8*[0.25,1],[1]);
>> [Gm,Pm,Wcg,Wcp]=margin(G1)
Gm =
      Inf
Pm =
      76.3464
Wcg =
      Inf
Wcp =
      0.4858
>> [Gm,Pm,Wcg,Wcp]=margin(G2)
Gm =
      Inf
Pm =
      70.5288
Wcg =
      NaN
Wcp =
      2.8284
>> bode(G1)
>> hold
Current plot held
>> bode(G2,'--')
>> hold
Current plot held
>> bode(G3,'-.')
>> grid
```

通过 MATLAB 程序输出，由上述结论可以看出系统的频率指标与计算值相符合。

输出曲线如图 6-28 所示，实线为校正前系统特性，虚线为校正后系统特性，点画线为校正网络的特性。

输入如下指令可得单位阶跃响应曲线：

```
>> G1_c=feedback(G1,1);
>> G2_c=feedback(G2,1);
>> step(G1_c)
>> hold
Current plot held
>> step(G2_c,'--')
>> grid
```

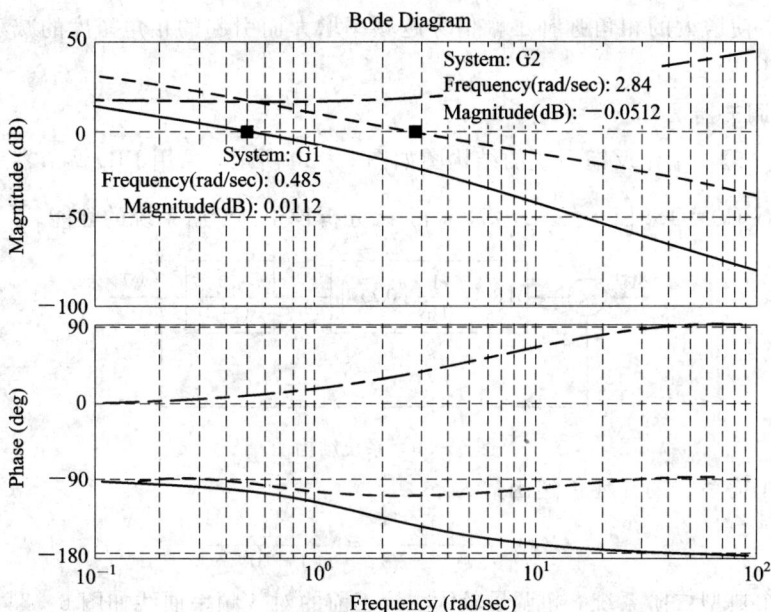

图 6-28　校正前、后系统的对数频率特性曲线

阶跃响应曲线如图 6-29 所示。

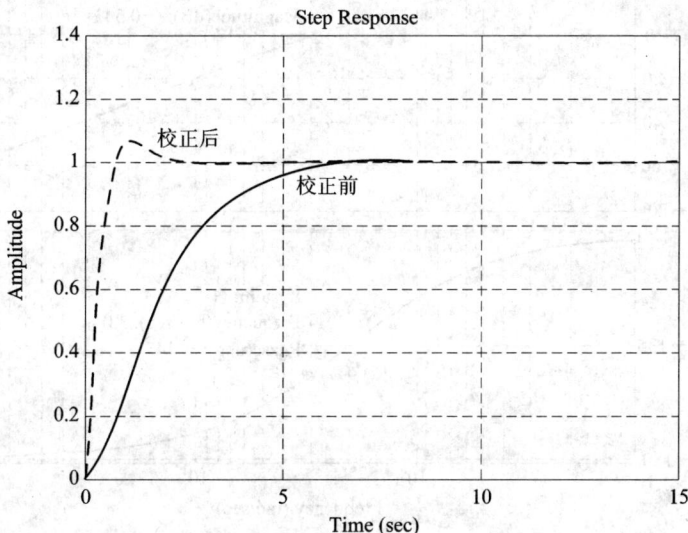

图 6-29　校正前、后阶跃响应曲线

　　由以上分析可以看出：校正前系统为一个 1 型系统，且处于 $\xi=1$ 的临界阻尼状态，响应速度较慢。校正前系统的相角裕度为 $\gamma=76.34°$，幅值穿越频率为 $\omega_c=0.48$ rad/s，校正后系统的 $\omega_c'=2.82$ rad/s，$\gamma'=70.52°$。因此，校正后系统的稳态性能，其无差型号没有变化（均为 1 型系统），但稳态误差显著减小。校正后系统是稳定的，响应速度明显加快，可以算出校正后系统的 $\xi=\sqrt{2}/2$，因此超调量也不大。

　　由此可以看出 PD 调节器的作用是：PD 调节器的作用相当于串联一个放大环节和一个微分环节。其中放大环节可以加大系统的开环传递系数，减小稳态误差；微分环节可以提高系统的幅值穿越频率，加快响应速度，全面改善系统的动态品质。同时系统增加了一个开环零点,使增大的相角弥补了幅值穿越频率增大而引起的相角裕度的减小量,保证相角裕度基本不变。

3. PID 调节器

【**例题 6 - 5**】　单位反馈系统的结构图如图 6 - 30 所示,采用 PID 调节器串联校正,其传递函数为 $G_c(s) = 4.8\left(1 + \dfrac{1}{0.6s} + 0.25s\right)$,试分析校正前、后系统的性能。

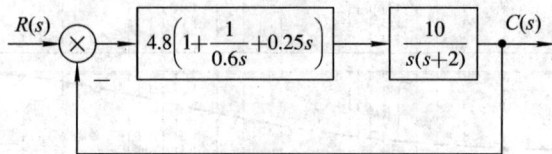

图 6 - 30　系统结构图

解　校正前系统的开环传递函数为

$$G(s) = \frac{10}{s(s+2)} = \frac{5}{s(1+0.5s)}$$

这是一个典型二阶系统,超调量较大。校正前的对数频率曲线如图 6 - 31 所示。

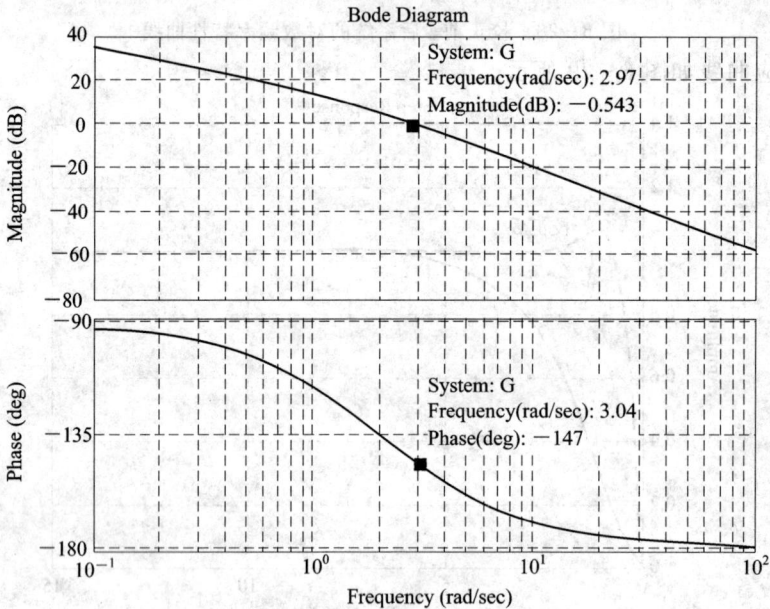

图 6 - 31　校正前系统的对数频率特性曲线

可以算出,校正前系统的 $\omega_c = 2.9$,$\gamma = 33°$。

校正后系统的开环传递函数为

$$G'(s) = \frac{10 \times 4.8\left(1 + \dfrac{1}{0.6s} + 0.25s\right)}{s(s+2)} = \frac{40.08\left(\dfrac{s^2}{6.68} + \dfrac{s}{1.67} + 1\right)}{s^2(1+0.5s)}$$

由 $G'(s)$ 可画出校正后的开环对数幅频特性曲线如图 6 - 32 所示。

可得 $\omega_c' = 12$,$\gamma' = 80.2°$,因此,校正后系统是稳定的,由原来的 1 型系统校正成 2 型系统,并且动态品质也得到全面的改善。

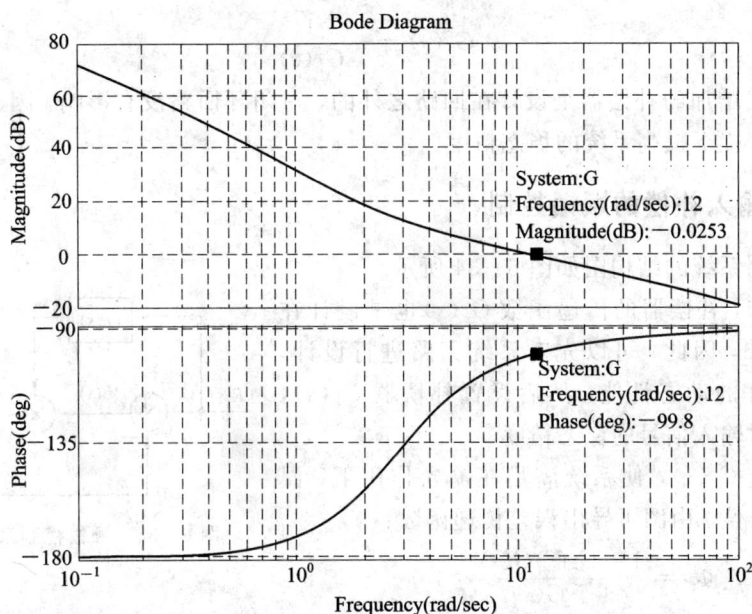

图 6-32　校正后开环对数幅频特性曲线

6.4　复合校正

6.4.1　按扰动补偿的前馈控制

当干扰直接可测时，加补偿器的系统结构图如图 6-33 所示，图中 $G_n(s)$ 为补偿器的传递函数。现在要确定 $G_n(s)$，使干扰 $N(t)$ 对输出没有影响，达到 $E(t)=0$，提高系统抗干扰的能力。

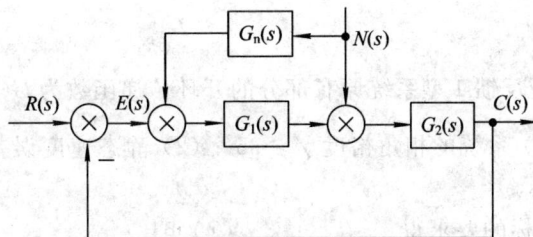

图 6-33　加补偿器的系统结构图

令 $R(s)=0$，由上图可以写出输出 $C(t)$ 对扰动 $N(t)$ 的闭环传递函数：

$$\Phi_{cn}(s)=-\frac{G_2(s)+G_n(s)G_1(s)G_2(s)}{1+G_1(s)G_2(s)}$$

若能使上述传递函数为零，则干扰对输出的影响就可以消除。令分子为零，得

$$G_2(s)+G_n(s)G_1(s)G_2(s)=0$$

得到对干扰全补偿的条件为

$$G_\text{n}(s) = -\frac{1}{G_1(s)}$$

这种方式增加的补偿器是设计在回路之外的,对闭环回路没有影响,因此可以在不破坏稳定性的前提下提高系统的稳态精度。

6.4.2 按输入补偿的顺馈控制

顺馈控制系统的结构图如图6-34所示。

由图可知,补偿器的传递函数$G_\text{r}(s)$也是设计在系统回路之外,因此,可以先对系统回路进行设计,保证其有较好的动态性能,然后设置补偿器$G_\text{r}(s)$,以提高系统对输入信号的稳态精度。

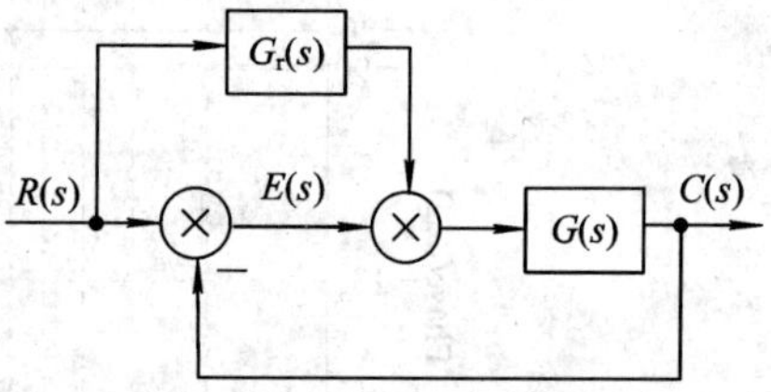

现在确定$G_\text{r}(s)$,使系统满足在输入作用下,误差得到完全补偿。由图可导出误差传递函数:

图6-34　顺馈控制系统结构图

$$\varPhi_\text{e} = \frac{1 - G_\text{r}(s)G(s)}{1 + G(s)}$$

若能使上面的传递函数为零,则可消除误差,实现完全补偿。

令分子为零,得

$$1 - G_\text{r}(s)G(s) = 0$$

得出补偿条件为

$$G_\text{r}(s) = \frac{1}{G(s)}$$

从图可以看出,输入信号通过补偿器再加给系统的回路,增强了原控制信号的作用,使系统跟随能力提高,既满足了动态性能要求,又提高了稳态精度。

6.5　解 题 示 范

【例题6-6】 单位反馈1型系统原有部分的开环传递函数为$G(s) = \dfrac{K}{s(s+1)(0.1s+1)}$,对该系统的要求是:(1)系统的相角裕度$\gamma' \geqslant 35°$;(2)静态速度误差系数$K_v \geqslant 8$。求串联校正装置的传递函数。

解 (1)由稳态指标的要求得

$$K = K_v \geqslant 8$$

(2)未校正系统的开环传递函数为

$$G(s) = \frac{8}{s(s+1)(0.1s+1)}$$

画出校正前系统的伯德图如图6-35所示,并计算原系统的幅值穿越频率ω_c和相角裕度γ。

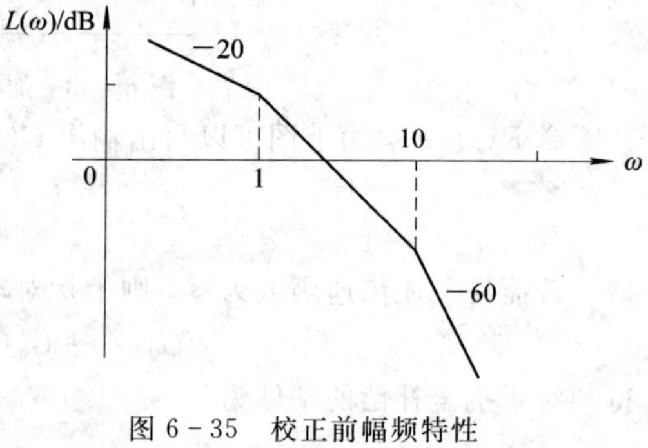

首先算出$\omega = 1$的对数幅值为

$$20\lg K = 20\lg 8$$

图6-35　校正前幅频特性

通过斜率为 $-40\ \text{dB/dec}$ 的线段，求出幅值穿越频率为

$$\omega_c = \sqrt{K} = 2.83$$

则相角裕度为

$$\gamma = 180° - 90° - \arctan 2.83 - \arctan(0.1 \times 2.83) = 3.66° < 35°$$

（3）根据 $\gamma' \geqslant 35°$、$\gamma = 3.66°$，取 $\Delta = 18.66°$，则

$$\varphi_m = \gamma' - \gamma + \Delta = 50°$$

有

$$a = \frac{1+\sin\varphi_m}{1-\sin\varphi_m} = 7.576$$

又

$$L_c(\varphi_m) = 10\lg a = 8.79\ \text{dB}$$

在校正前系统的曲线上，算出 $L(\omega) = -8.79\ \text{dB}$ 所对应的频率，就是校正后系统的幅值穿越频率 ω_c'。

因为 $L(\omega) = -8.79\ \text{dB}$ 在 $-40\ \text{dB/dec}$ 线段上，故利用其一个已知点 $\omega_c = 2.83$，得到

$$L(\omega) = 0 - 40(\lg\omega_c' - \lg 2.83) = -8.79\ \text{dB}$$

解得

$$\omega_c' = 4.69\ \text{rad/s}$$

（4）由 $\omega_m = \omega_c' = \dfrac{1}{T\sqrt{a}}$，得

$$T = \frac{1}{\omega_c'\sqrt{a}} = \frac{1}{4.69\sqrt{7.576}} = 0.077$$

于是可写出

$$aG_c(s) = \frac{1+aTs}{1+Ts} = \frac{1+0.588s}{1+0.077s}$$

（5）检验校正后的相角裕度 γ'。

校正后的开环传递函数为

$$G'(s) = aG_c(s)G(s) = \frac{8(1+0.588s)}{s(1+s)(1+0.1s)(1+0.077s)}$$

因为 $\omega_c' = 4.69\ \text{rad/s}$，所以

$$\gamma' = 180° - 90° + \arctan 0.588 \times 4.69 - \arctan 4.69$$
$$- \arctan 0.1 \times 4.69 - \arctan 0.077 \times 4.69$$
$$= 37.12° > 35°$$

满足要求的指标。

MATLAB 程序如下：

```
>> G1=tf(8,conv([1,1,0],[0.1,1]));
>> G2=tf(8 * [0.588,1],conv([1,1,0],[0.0077,0.177,1]));
>> G3=tf([0.588,1],[0.077,1]);
>> bode(G1)
>> hold
Current plot held
>> bode(G2,'--')
>> hold
Current plot held
```

```
>> bode(G3,'-. ')
>> grid
>> [Gm,Pm,Wcg,Wcp]=margin(G1)
Gm =
    1.3750
Pm =
    5.3243
Wcg =
    3.1623
Wcp =
    2.6910
>> [Gm,Pm,Wcg,Wcp]=margin(G2)
Gm =
    4.2636
Pm =
    39.9426
Wcg =
    10.6771
Wcp =
    4.2976
```

通过 MATLAB 程序输出，由上述结论可以看出系统的频率指标与计算值相符合。

输出曲线如图 6-36 所示，实线为校正前系统特性，虚线为校正后系统特性，点画线为校正网络的特性。

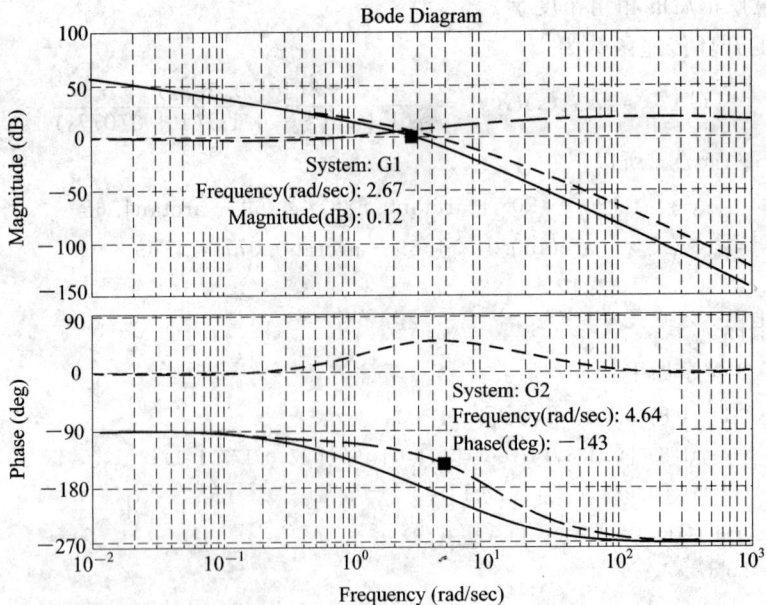

图 6-36　校正前、后系统的对数频率特性曲线

【例题 6-7】　设单位反馈系统的开环传递函数为 $G(s)=\dfrac{K}{s(s+1)(0.125s+1)}$，要求：

（1）系统的相角裕度 $\gamma' \geqslant 30°$；（2）开环增益 $K=10$，采用串联滞后校正。求校正装置的传递函数。

解　（1）已知 $K=10$，原系统的开环传递函数为

$$G(s) = \frac{10}{s(s+1)(0.125s+1)}$$

画出校正前系统的伯德图如图 6-37 所示，并计算原系统的幅值穿越频率 $\omega_c=3.16$ 和相角裕度 $\gamma = -4° < 30°$。可见未校正系统不稳定，采用滞后校正。

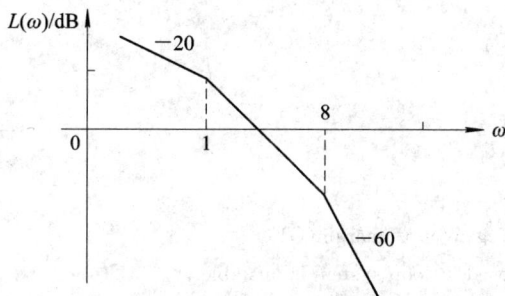

图 6-37　校正前幅频特性

（2）确定 ω_c'。取 $\Delta=15°$，则

$$\gamma' + \Delta = 30° + 15° = 45°$$

在原系统的 $\varphi(\omega)$ 曲线上算出与相角裕度 45° 对应的频率，作为 ω_c'：

$$\gamma' = 180° - 90° - \arctan 0.125 \times \omega_c' - \arctan \omega_c' = 45°$$

解得
$$\omega_c' = 0.815$$

（3）计算网络参数 b、T。

首先算出原系统在 $\omega_c'=0.815$ 处的对数幅值：

$$L(\omega_c') = 20\lg 10 - 20\lg \omega_c' = 21.78 \text{ dB}$$

再令
$$L(\omega_c') + 20\lg b = 0$$

得
$$b = 0.08$$

再令
$$\frac{1}{bT} = 0.25\omega_c' = 0.204$$

得
$$\frac{1}{T} = 0.016$$

因此
$$G_c(s) = \frac{1+bTs}{1+Ts} = \frac{1+4.9s}{1+62.5s}$$

（4）检验校正后的相角裕度 γ'。

校正后的开环传递函数为

$$G'(s) = G_c(s)G(s) = \frac{10(1+4.9s)}{s(1+62.5s)(1+0.125s)(s+1)}$$

因为 $\omega_c'=0.815$ rad/s，所以

$$\gamma' = 180° - 90° + \arctan 4.9 \times 0.815 - \arctan 62.5 \times 0.815 - \arctan 0.125 \times 0.815$$
$$= 32.1° > 30°$$

满足要求的指标。

MATLAB 程序如下：

```
>> G1=tf(10,conv([1,1,0],[0.125,1]));
>> G2=tf(10*[4.9,1],conv([62.5,1,0],[0.125,1.125,1]));
>> G3=tf([4.9,1],[62.5,1]);
>> bode(G1)
>> hold
Current plot held
>> bode(G2,'--')
>> hold
Current plot held
>> bode(G3,'-.')
>> grid
>> [Gm,Pm,Wcg,Wcp]=margin(G1)
Warning：The closed - loop system is unstable.
> In lti. margin at 89
Gm=0.9000    Pm =-1.8876
Wcg=2.8284   Wcp=2.9806
>> [Gm,Pm,Wcg,Wcp]=margin(G2)
Gm=9.0475    Pm=35.6706
Wcg=2.5116   Wcp=0.6759
```

通过 MATLAB 程序输出，由上述结论可以看出系统的频率指标与计算值相符合。

输出曲线如图 6-38 所示，实线为校正前系统特性，虚线为校正后系统特性，点画线为校正网络的特性。

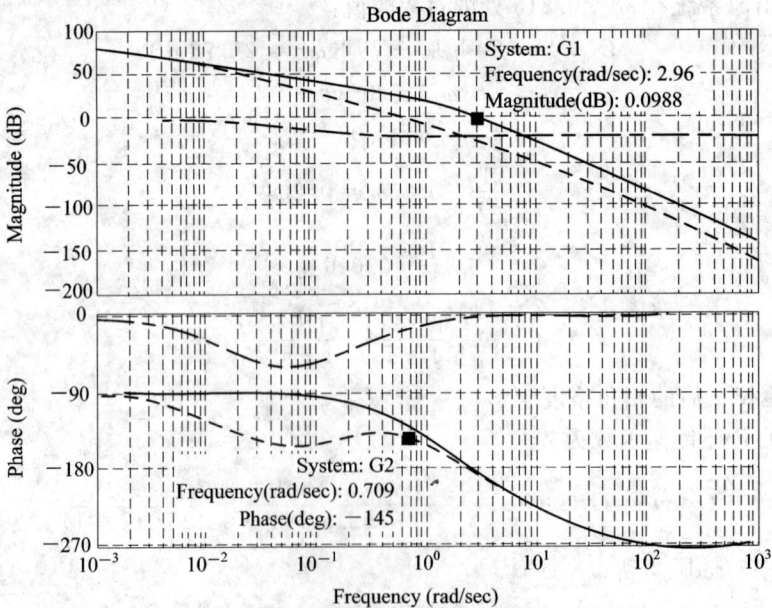

图 6-38　校正前、后系统的对数频率特性曲线

┌─────────┐
小　　结
└─────────┘

（1）串联超前校正的基本原理，是利用超前网络的相角超前特性，补偿原系统中频段过大的负相角，增大相角裕度；同时利用超前网络幅值上的高频放大作用，使校正后的幅值穿越频率增大。因此，采用串联超前校正可以提高系统的响应速度并且减小超调量，全面改善系统的动态响应品质。由于超前装置传递系数小于 1，为保证校正后闭环系统的稳态性能，可通过选择系统的开环增益来实现。超前校正的缺点是会降低系统的抗干扰能力。若原系统不稳定，或原系统中频段相角减小的速率很大，则不能采用串联超前校正。

（2）串联滞后校正的基本原理是利用了滞后网络的高频段的特性，幅值上对高频幅值的衰减作用，使校正后的幅值穿越频率 ω_c 减小，从而利用幅值穿越频率 ω_c 的减小来增大相角裕度 γ；同时在相角曲线上，使最大滞后相角在原系统低频段叠加且远离系统中频段，保证滞后的相角不影响相角裕度，使校正后的相角曲线的中频段与校正前的相角曲线的中频段基本相同；由于滞后网络的传递函数为 1，因此校正后的稳态误差仍要通过选择系统的开环增益来实现。

（3）PD、PI 和 PID 是控制工程中三种常用的调节器，其共同点是在改善系统的稳定性能的同时还可以保证系统的稳定性，并改善系统的动态品质。在工程中，人们通常利用这三种调节器将系统校正成几类典型系统。其目的在于使调节器参数计算简单，且校正后的系统具有满意的性能指标。

┌─────────┐
习　　题
└─────────┘

6-1　超前校正装置的传递函数分别为：

（1）$G_1(s)=0.1\left(\dfrac{s+1}{0.1s+1}\right)$　　　　（2）$G_2(s)=0.3\left(\dfrac{s+1}{0.3s+1}\right)$

绘制它们的伯德图，并进行比较。

6-2　滞后校正装置的传递函数分别为：

（1）$G_1(s)=\dfrac{s+1}{5s+1}$　　　　（2）$G_2(s)=\dfrac{s+1}{10s+1}$

绘制它们的伯德图，并进行比较。

6-3　一单位反馈系统的开环传递函数为 $G(s)=\dfrac{200}{0.1s+1}$，试设计一校正装置，使系统的相角裕度不小于 45°，截止频率不低于 50 rad/s。

6-4　设单位反馈系统的开环传递函数为 $G(s)=\dfrac{K}{s(0.1s+1)(0.01s+1)}$，试设计串联校正装置，使系统特性满足下列指标：

（1）静态速度误差系数 $K_v\geqslant250$；

（2）截止频率 $\omega_c'\geqslant30$ rad/s；

（3）相角裕度 $\gamma' \geqslant 45°$。

6-5　已知单位反馈系统，原开环传递函数 $G(s)$ 和串联校正装置 $G_c(s)$ 的对数幅频特性曲线如题图 6-1 所示。要求：

（1）写出原系统的开环传递函数 $G(s)$；

（2）画出校正后系统的对数幅频曲线；

（3）分析 $G_c(s)$ 对系统的作用。

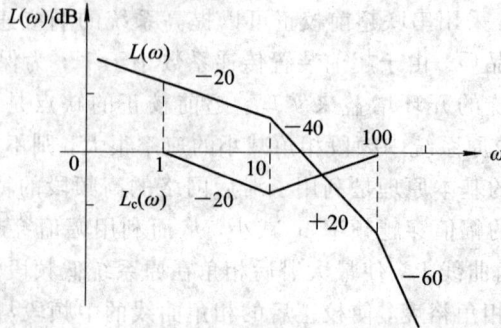

题图 6-1

6-6　某系统的开环传递函数为 $G(s) = \dfrac{100}{s^2}$，要求斜坡输入时的稳态误差为零，相角裕度 $\gamma' \geqslant 45°$。试确定串联校正装置的传递函数。

第 7 章　线性离散系统

　　• 离散系统的相关概念,特别是采样过程和采样定理、z 变换和 z 反变换及其性质、差分方程和脉冲传递函数等。

　　• 采样过程及采样定理,保持器的作用和数学模型,z 变换的定义和求法、基本性质,z 反变换的求法,线性差分方程的建立及其解法,脉冲传递函数的概念及求取方法。

　　• 利用脉冲传递函数求解离散系统的暂态响应,离散系统稳定性和稳态性能计算。

　　• z 变换的定义和求法、基本性质和 z 反变换的求法。

　　• 线性差分方程的建立及其解法。

　　• 脉冲传递函数的概念及求取方法。

　　• 利用脉冲传递函数求解离散系统的暂态响应。

　　前面各章研究的都是连续控制系统。所谓连续系统,指系统中各元件的输入和输出信号都是时间 t 的连续函数。随着计算机技术的迅速发展,在现代控制工程中越来越广泛地采用数字计算机进行控制。因此,作为分析和设计这类控制系统的理论基础,离散系统理论得到了极大的发展和广泛的应用。离散系统与连续系统相比,既有本质上的不同,又有分析和设计方面的相似性。与利用拉普拉斯变换法研究线性连续系统类似,在利用 z 变换法研究离散系统时,可以把连续系统中的许多概念和方法推广应用于线性离散系统。

　　本章主要讨论线性离散系统的建模和分析方法。首先建立信号采样和保持的数学描述,然后介绍 z 变换理论和离散系统的数学模型,最后研究线性离散系统的稳定性及稳态和动态性能的分析计算。

7.1　离散系统的基本概念

　　在离散系统中既有连续信号又有离散信号,因此,需要对同一系统中两种不同类型的信号进行相互转换。本节重点讨论离散系统的定义和结构。

7.1.1　离散系统的定义、分类及典型结构

1. 离散系统的几个定义

1）离散信号

若信号在时间上是离散的,则该信号被称为离散信号。这类信号的特点是,它不再是

时间 t 的连续函数，而只在离散的时间点上才有定义。离散信号又可分为两类：一类是时间上是离散的，而幅值上是任意的，即幅值上未进行量化的信号，称之为脉冲序列或采样信号，如图 7-1(b)所示；另一类是时间和幅值上都是离散的，即幅值上是量化的，称为数字信号或数码，如图 7-1(c)所示。

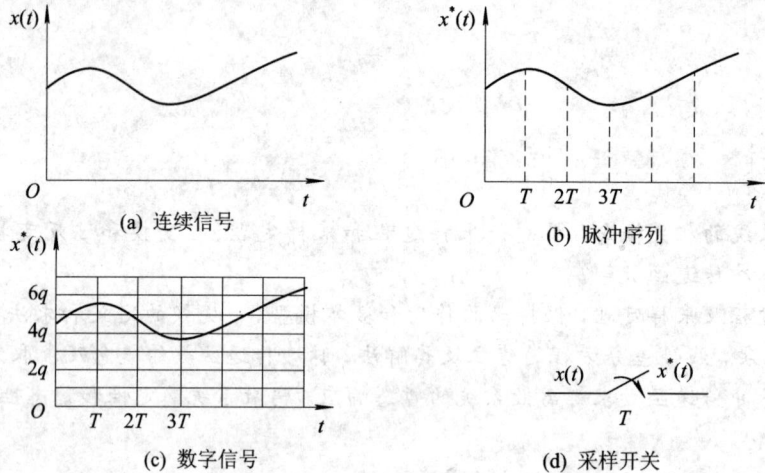

(a) 连续信号　　(b) 脉冲序列　　(c) 数字信号　　(d) 采样开关

图 7-1　连续信号、离散信号与采样开关

2）离散系统

系统中只要有一处的信号是脉冲序列或数码时，就称为离散系统。换句话说，系统中只要有一处的信号是离散信号，该系统就是离散系统。

3）采样

把连续信号变成脉冲序列或数码的过程，称为采样。用来实现采样的装置叫采样器，又称为采样开关。采样器可以是电子开关，也可以是 A/D 转换器。通常，由于计算机中 A/D 转换器有足够的字长来表示数码，即量化单位 q 足够小，因此由量化引起的幅值上的断续性可以忽略。这样在理论上，数字信号仍可看做脉冲序列。而 A/D 转换器就可以用一个理想的采样开关来表示。采样开关的输出称为采样信号，记为 $x^*(t)$。采样开关的开闭周期记为 T，称为采样周期，如图 7-1(d)所示。

4）保持

从离散信号中将连续信号恢复出来的过程，称为保持。实现保持的装置称为保持器，具有低通滤波特性的电网络和 D/A 转换器都是这类装置。

2. 离散系统的分类

按离散系统中离散信号的不同，把离散系统分为两类：一类是离散信号为脉冲序列的离散系统，称为采样控制系统或脉冲控制系统，其特点是离散信号是脉冲序列；另一类是离散信号为数字序列的离散系统，称为数字控制系统或计算机控制系统，其特点是离散信号是数字信号。由于在理论上数字信号又可看做脉冲序列，因此从控制理论的角度来说，这两类系统在本质上没有什么区别。

3. 离散系统的典型结构

1）采样控制系统

(1) 定义。

采样控制系统是指间断地对系统中的某些变量进行测量和控制的系统。

（2）典型结构。

根据采样装置在系统中所处的位置不同，可以构成各种采样系统。例如：

开环采样系统：采样器位于系统闭合回路之外，或系统本身不存在闭合回路。

闭环采样系统：采样器位于系统闭合回路之内。

常用误差采样控制的闭环采样系统如图 7 - 2 所示。

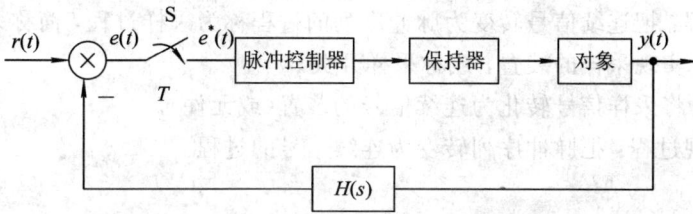

图 7 - 2 误差采样控制的闭环采样系统

又如图 7 - 3 所示的多点温度采样控制系统。

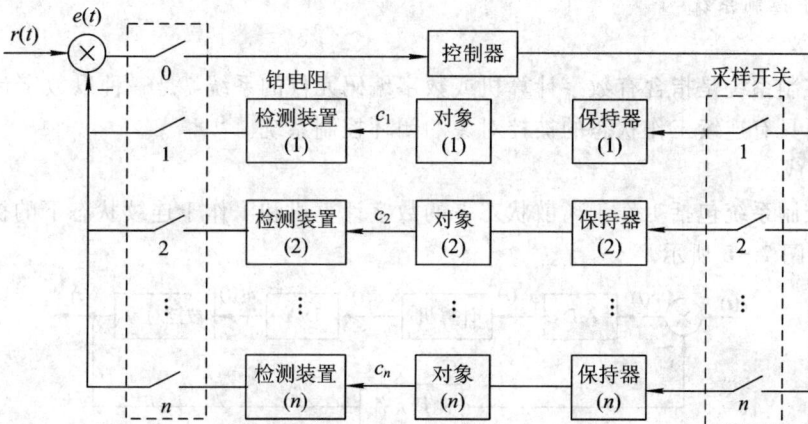

图 7 - 3 多点温度采样控制系统

图 7 - 3 所示的多点温度采样控制系统内的控制器和对象均是连续信号处理器，用采样开关实现多个对象共享一个控制器。类似的系统称为采样控制系统。

以上两图中，$r(t)$、$e(t)$、$y(t)$ 分别为输入、误差、输出的连续信号，如图 7 - 4(a) 所示。其中：

S——采样开关或采样器，为实现采样的装置。

T——采样周期。

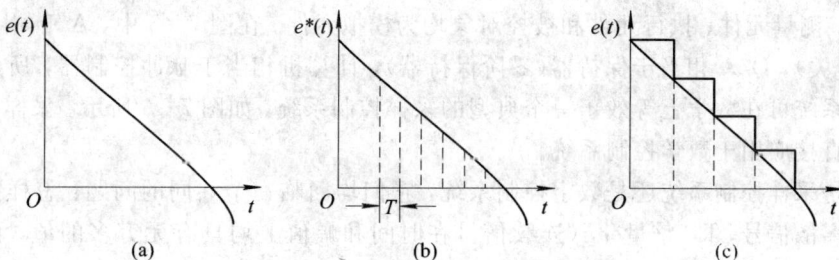

图 7 - 4 信号的变化过程

$e^*(t)$——是连续误差信号 $e(t)$ 经过采样开关后，获得的一系列离散的误差信号，如图 7-4(b)所示。

$e^*(t)$ 作为脉冲控制器的输入，经控制器对信号进行处理，再经过保持器（或滤波器）将脉冲信号 $e^*(t)$ 复现为阶梯信号 $e(t)$，如图 7-4(c)所示。当采样频率足够时，$e(t)$ 接近于连续信号，从而去控制被控对象，对象输出又反馈到输入端进行调节。

（3）几个术语。

① 采样过程：把连续信号转变为脉冲序列的过程称为采样过程，简称采样。

② 采样器：实现采样的装置，或称采样开关。

③ 保持器：将采样信号转化为连续信号的装置（或元件）。

④ 信号复现过程：把脉冲序列转变为连续信号的过程。

（4）特点。

采样系统中既有离散信号，又有连续信号。采样开关接通时刻，系统处于闭环工作状态；而在采样开关断开时刻，系统处于开环工作状态。

2）数字控制系统

（1）定义。

数字控制系统是指含有数字计算机或数字编码元件的系统，是一种以数字计算机为控制器去控制具有连续工作状态的被控对象的闭环控制系统。

（2）组成。

数字控制系统包括工作于离散状态下的数字计算机和工作于连续状态下的被控对象两大部分，如图 7-5 所示。

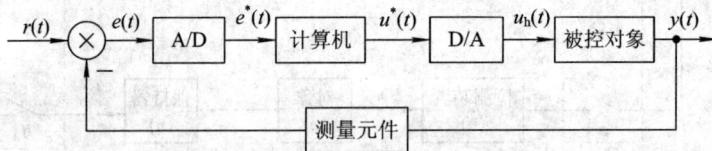

图 7-5　数字控制系统

计算机作为系统的控制器，其输入和输出只能是二进制编码的数字信号，即在时间上和幅值上都是离散信号，而系统中被控对象和测量元件的输入和输出是连续信号，故控制系统内必有 A/D、D/A 转换器以完成连续信号与离散信号之间的相互转换。A/D 的作用是对连续输入信号定时采样和把模拟量在采样时刻的十进制变为二进制代码。D/A 的作用是把离散的数字信号转换成离散的模拟信号（即解码）和经保持器把离散模拟信号复现为连续的模拟信号（即复现）。

通常，测量元件、执行元件和被控对象均为模拟元件。在图 7-5 中，A/D 相当于采样器（采样开关），D/A 相当于保持器（零阶保持器），计算机相当于脉冲控制器，所以数字计算机控制系统可在数学上等效于一个典型的采样控制系统，如图 7-6 所示。采样系统的研究方法可直接应用于数学控制系统。

无论是采样控制系统还是数字控制系统，它们均面临一个共同的问题：怎样把连续信号近似为离散信号，即"整量化"（连续信号在时间和幅值上均具有无穷多的值，而在计算机上是用有限的时间间隔和有限的数值取代之，这种近似的过程称为整量化，简称量化）问题。

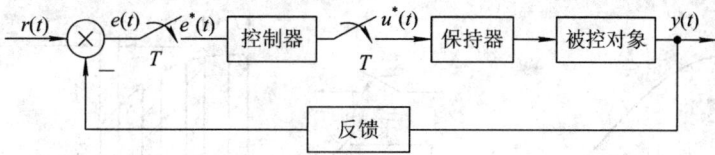

图 7 - 6　采样控制系统

7.1.2　离散系统的优点

由于目前在控制工程中，离散系统一般都是计算机控制系统，因此与连续系统相比，离散系统具有以下优点：

（1）系统精度、灵敏度高，抗干扰能力强，可实现远距离传送。由于离散信号是以数码形式传送和计算的，因而信号传递和转换的精度可以做得很高，而且有效地抑制了噪声，致使系统精度和抗干扰能力得到了提高。另外，数字计算机精度高，允许采用高灵敏度的元件来提高系统的灵敏度。

（2）系统结构简单，控制灵活。只要改变计算机的控制程序，就能灵活地实现各种所需的控制，如自适应控制、最优控制及智能控制，从而大大提高了系统的性能。

（3）可采用分时控制，可实现复杂的控制目标，可实现控制与管理一体化，能实现多路控制，用一台计算机对多个控制系统进行控制，设备利用率高，经济性好。

（4）对于具有大惯性，特别是大延迟的控制系统，采用采样控制方式可以使系统稳定并具有良好的动态性能。

（5）信号的检测精度和转换精度可以做得很高。

7.2　信 号 的 采 样

前已述及，信号的采样是把连续信号转换为离散信号的手段。而在大量的实际应用中，为了控制连续式的部件，离散信号不能直接作为控制对象的输入信号，而要将其转换为连续信号。把离散信号转换为连续信号的过程称为（连续）信号的复现，通常采用"保持器"来实现。为定量研究离散系统，必须对信号的采样过程用数学方法加以描述。

7.2.1　采样过程

为了对采样控制系统进行定量分析，首先需要对采样过程加以定量描述。前已述及，把连续信号转换成离散信号的过程叫做采样过程。在采样方式中，最常用的工作方式为采样开关等周期开闭的工作方式，又称为周期采样。以下讨论的内容均是周期采样的情况。

1. 采样信号 $f^*(t)$ 的数学表达式

将连续信号 $f(t)$ 加到采样开关 S 的输入端，采样开关以周期 T 闭合一次，闭合的持续时间为 τ，在闭合期间，截取被采样的 $f(t)$ 的幅值，作为采样开关的输出。在断开期间，采样开关的输出为零。于是，在采样开关的输出端就得到了宽度为 τ 的脉冲序列 $f^*(t)$，如图 7-7 所示。

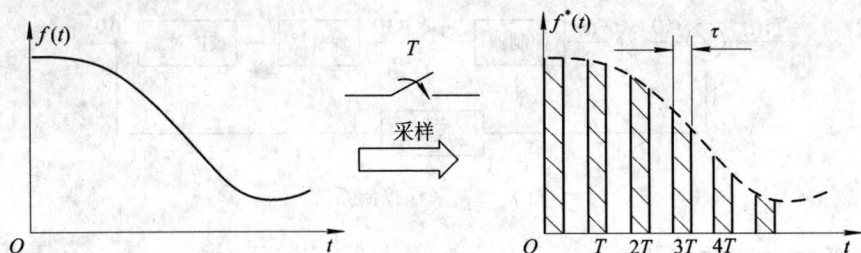

图 7-7　采样过程

由于开关闭合的持续时间 τ 很短，远小于采样周期 T，即 $\tau \ll T$，因而可近似认为 $f(t)$ 脉冲的幅值在 τ 时间内变化不大，这样采样信号 $f^*(t)$ 可近似表示为一串高为 $f(kT)$、宽为 τ 的矩形脉冲序列，如图 7-8 所示。其数学描述可写成：

$$f^*(t) = f(0)[1(t) - 1(t-T)] + f(T)[1(t-T) - 1(t-T-\tau)]$$
$$= f(2T)[1(t-2T) - 1(t-2T-\tau)] + \cdots$$
$$+ f(kT)[1(t-kT) - 1(t-kT-\tau)] + \cdots$$
$$= \sum_{k=0}^{+\infty} f(kT)[1(t-kT) - 1(t-kT-\tau)] \qquad (7-1)$$

由于在控制系统中，当 $t < 0$ 时，$f(t) = 0$，因此序列 k 取从 0 到 $+\infty$。式(7-1)中，$1(t-kT) - 1(t-kT-\tau)$ 为两个阶跃函数之差，表示一个在 kT 时刻，高为 1、宽为 τ、面积为 τ 的矩形，如图 7-8 所示。由于 τ 很小，比采样开关以后系统各部分的时间常数小很多，即可认为 $\tau \to 0$，则此矩形可近似用发生在 kT 时刻的 δ 函数表示：

$$1(t-kT) - 1(t-kT-\tau) = \tau \cdot \delta(t-kT) \qquad (7-2)$$

式中，$\delta(t-kT)$ 为 $t=kT$ 处的 δ 函数。于是式(7-1)可表示为

$$f^*(t) = \tau \cdot \sum_{k=0}^{+\infty} f(kT)\delta(t-kT) \qquad (7-3)$$

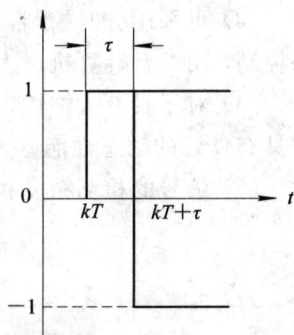

图 7-8　kT 时刻的矩形波

由于 τ 为常数，为了方便，把 τ 归到采样开关以后的系统中去，则采样信号可描述为

$$f^*(t) = \sum_{k=0}^{\infty} f(kT)\delta(t-kT) \qquad (7-4)$$

由于 $t=kT$ 处 $f(t)$ 的值就是 $f(kT)$，因此式(7-4)可写作

$$f^*(t) = \sum_{k=0}^{\infty} f(t)\delta(t-kT) = f(t)\sum_{k=0}^{\infty} \delta(t-kT) \qquad (7-5)$$

式中，$\sum_{k=0}^{\infty} \delta(t-kT)$ 称为单位理想脉冲序列，若用 $\delta_T(t)$ 表示，则式(7-5)可写作

$$f^*(t) = f(t)\delta_T(t) \qquad (7-6)$$

式(7-6)就是信号采样过程的数学描述。它表示在不同的采样时刻有一个脉冲，脉冲的幅值由该时刻的 $f(t)$ 的值决定。

从物理意义上看，式(7-6)所描述的采样过程可以理解为脉冲调制过程（单位理想脉冲序列 $\delta_T(t)$ 被输入信号 $f(t)$ 进行幅值调节的过程）。采样开关（即采样器）是一个幅值调制器，输入的连续信号 $f(t)$ 为调制信号，而单位理想脉冲序列 $\delta_T(t)$ 则为载波信号，采样器的

输出则为一串调幅脉冲序列 $f^*(t)$，如图 7 - 9 所示。

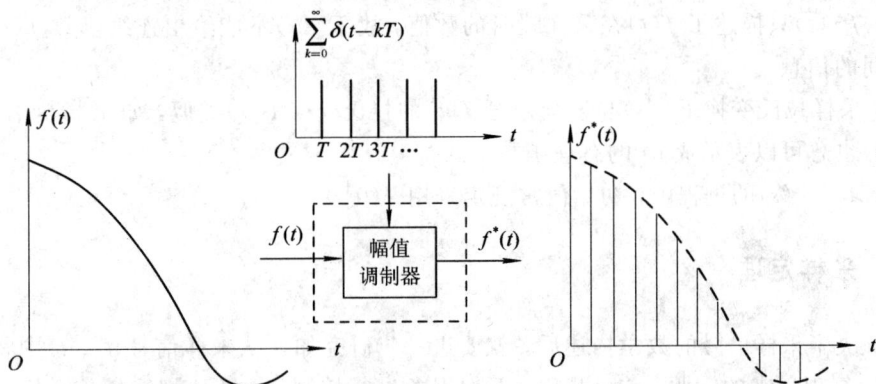

图 7 - 9   采样器相当于幅值调制器

在数字控制系统中，数字计算机接收和处理的是量化后代表脉冲强度的数列，即把幅值连续变化的离散模拟信号用相近的间断的数码（如二进制）来代替，如图 7 - 10 所示。图中小圆圈表示的是数码可以实现的数值，是量化单位的整数倍数。由于量化单位是很小的，因此数字控制系统的采样信号 $f(kT)$ 仍认为与 $f(t)$ 成线性关系，仍用 $f^*(t)$ 表示。

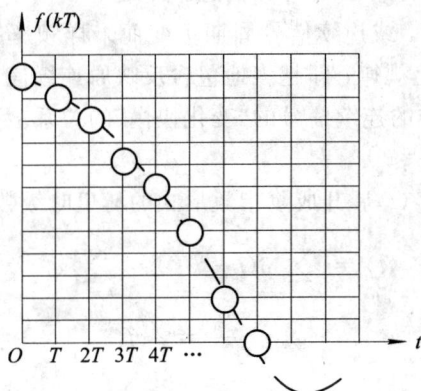

图 7 - 10 $f(t)$ 经采样后变成数码

2. $f^*(t)$ 的拉普拉斯变换

对 $f^*(t)$ 取拉氏变换，即

$$F^*(s) = L\Big[\sum_{k=0}^{\infty} f(kT)\delta(t-kT)\Big] = \sum_{k=0}^{\infty} L[f(kT)\delta(t-kT)]$$

$$= \sum_{k=0}^{\infty} f(kT)L[\delta(t-kT)]$$

把脉冲序列转变为连续信号的过程，即

$$L[\delta(t-kT)] = \mathrm{e}^{-kTs}\int_0^{\infty}\delta(t)\mathrm{e}^{-st}\,\mathrm{d}t = \mathrm{e}^{-kTs}$$

故

$$F^*(t) = \sum_{k=0}^{\infty} f(kT)\mathrm{e}^{-kTs} \tag{7-7}$$

几点说明：

（1）$f^*(t)$ 只描述了 $f(t)$ 在采样瞬时的数值，故 $F^*(s)$ 不能给出连续函数 $f(t)$ 在采样间隔之间的信息。

（2）采样拉氏变换 $F^*(s)$ 与连续信号 $f(t)$ 的拉氏变换 $F(s)$ 类似，如 $f(t)$ 为有理函数，则 $F^*(s)$ 也总可以表示成 e^{Ts} 的有理函数形式。

（3）求 $F^*(s)$ 的过程中，初始值常规定采用 $f(0^+)$。

7.2.2　采样定理

在解决了采样信号的数学描述后，就要进一步研究如何从采样信号 $f^*(t)$ 中将原连续信号 $f(t)$ 复现出来的问题。前已指出，要对对象进行控制，通常要把采样信号恢复成原连续信号（实际上信号经过处理、运算以后，要恢复的则是原连续信号的函数，为了方便起见，讨论时仍认为要恢复的是原连续信号）。此工作一般是由低通滤波器来完成的。但是信号能否恢复到原来的形状，主要决定于采样信号是否包含反映原信号的全部信息。实际上这又与采样频率有关，因为连续信号经采样后，只能给出采样时刻的数值，不能给出采样时刻之间的数值，亦即损失掉 $f(t)$ 的部分信息。由图 7-7 可以直观地看出，同样的采样频率下，连续信号变化越缓慢，或连续信号周期不变而采样频率越高，则采样信号 $f^*(t)$ 就越能反映原信号 $f(t)$ 的变化规律，即越多地包含反映原连续信号的信息。采样定理则是定量地给出采样频率与被采样的连续信号的"变化快慢"的关系。下面分析采样前后信号频谱的关系。

首先将式（7-6）中的 $\delta_T(t)$ 展开成复指数形式的傅里叶级数：

$$\delta_T(t) = \sum_{k=-\infty}^{+\infty} \delta(t-kT) = \sum_{k=-\infty}^{+\infty} c_k e^{jk\omega_s t} \tag{7-8}$$

$$\omega_s = \frac{2\pi}{T} = 2\pi f_s$$

式中：ω_s——采样角频率；

　　f_s——采样频率；

　　T——采样周期；

　　c_k——傅里叶级数的系数，由下式决定：

$$c_k = \frac{1}{T} \int_{-T/2}^{+T/2} \delta_T(t) e^{-jk\omega_s t} \, dt \tag{7-9}$$

由于 $\delta_T(t)$ 在 $-T/2$ 到 $+T/2$ 区间仅在 $t=0$ 时取值为 1，因此系数

$$c_k = \frac{1}{T} \int_{0^-}^{0^+} \delta(t) \, dt = \frac{1}{T} \tag{7-10}$$

因为当 $t \leqslant 0$ 时，$f(t)=0$，所以由式（7-4）、式（7-8）和式（7-10）可得

$$f^*(t) = \frac{1}{T} \sum_{k=-\infty}^{+\infty} f(t) \cdot e^{jk\omega_s t} \tag{7-11}$$

这是采样信号 $f^*(t)$ 的傅立叶级数表达式。对此式进行拉氏变换，由复位移定理可得采样信号的拉氏变换式为

$$F^{*}(s) = L[f^{*}(t)] = L\left[\frac{1}{T}\sum_{k=-\infty}^{+\infty} f(t) e^{jk\omega_s t}\right] = \frac{1}{T}\sum_{k=-\infty}^{+\infty} L[f(t) \cdot e^{jk\omega_s t}]$$

$$= \frac{1}{T}\sum_{k=-\infty}^{+\infty} F(s - jk\omega_s) \qquad\qquad (7-12)$$

于是，得到采样信号的频率特性为

$$F^{*}(j\omega) = \frac{1}{T}\sum_{k=-\infty}^{+\infty} F(j\omega - jk\omega_s) \qquad\qquad (7-13)$$

式中：$F(j\omega)$——原输入信号 $f(t)$ 的频率特性；

　　　　$F^{*}(j\omega)$——采样信号 $f^{*}(t)$ 的频率特性。

$|F(j\omega)|$ 为原输入信号 $f(t)$ 的幅频特性，即频谱。$|F^{*}(j\omega)|$ 为采样信号 $f^{*}(t)$ 的频谱。假定 $|F(j\omega)|$ 为一孤立的频谱，它的最高角频率为 ω_{max}，如图 7-11(a) 所示，则采样信号 $f^{*}(t)$ 的频谱 $|F^{*}(j\omega)|$ 为无限多个原信号 $f(t)$ 的频谱 $|F(j\omega)|$ 之和，且每两条频谱曲线的距离为 ω_s，见图 7-11(b)。其中 $k=0$ 时，就是原信号的频谱，只是幅值为原来的 $1/T$；而其余的是由采样产生的高频频谱。如果 $|F^{*}(j\omega)|$ 中各个波形不重复搭接，相互间有一定的距离（频率），即

$$\frac{\omega_s}{2} \geqslant \omega_{max} \qquad \text{或} \qquad \omega_s \geqslant 2\omega_{max} \qquad\qquad (7-14)$$

则可以用理想低通滤波器（其频率特性如图 7-11(b) 中虚线所示），把 $\omega > \omega_{max}$ 的高频分量滤掉，只留下 $|F(j\omega)|/T$ 部分，就能把原连续信号复现出来。否则，如果 $\omega_s/2 < \omega_{max}$，那么会使 $|F^{*}(j\omega)|$ 中各个波形互相搭接，如图 7-11(c) 所示，就无法通过滤波器滤除 $F^{*}(j\omega)$

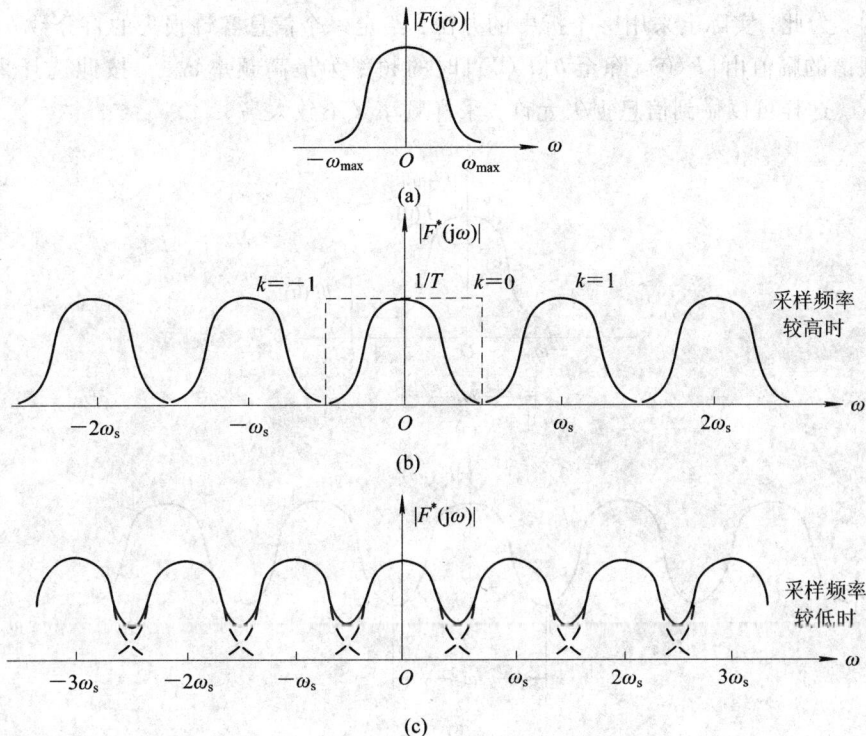

图 7-11　原连续信号与采样信号的频谱

中的高频部分，复现为 $F(\mathrm{j}\omega)$，也就不能从 $f^*(t)$ 恢复为 $f(t)$。这就是香农(Shannon)采样定理。

采样定理可叙述如下：如果采样周期满足下列条件，即

$$\omega_s = \frac{2\pi}{T} > 2\omega_{\max} \qquad\qquad (7-15)$$

或
$$T < \frac{\pi}{\omega_{\max}}$$

式中 $\omega_{\max}$ 为连续信号 $f(t)$ 的最高次谐波的角频率，则采样信号 $f^*(t)$ 就可以无失真地再恢复为原连续信号 $f(t)$。这就是说，如果选择的采样角频率足够高，使得对连续信号所含的最高次谐波，能做到在一个周期内采样两次以上的话，那么经采样后所得到的脉冲序列，就包含了原连续信号的全部信息，就有可能通过理想滤波器把原信号毫无失真地恢复出来。否则，若采样频率过低，信息损失很多，则原信号不能准确复现。

采样定理给出了从采样信号中不失真地复现出原连续信号所必须的理论上的最小采样频率，也就是说，在设计离散系统时采样频率必须足够高。同时，采样频率或采样周期还与离散系统的性能好坏有关，还要考虑到工程上便于实现。因此，在确定采样频率或采样周期时，必须通盘考虑上述因素。需要指出的是，采样定理只是在理论上给出了信号准确复现的条件，但还有两个实际问题需要解决。

其一，实际的非周期连续信号的频谱中最高频率是无限的，如图 7-12(a)所示，因此不可能选择一个有限采样频率，使信号采样后频谱波形不重复搭接，即不论采样频率选得多高，采样后信号频谱波形总是重复搭接的，如图 7-12(b)所示，经过滤波后，信息总是有损失的。为此，实际上采用一个折中的办法：给定一个信息容许损失的百分数 b，即选择原信号频谱的幅值由 $|F(0)|$ 降至 $b|F(0)|$ 时的频率为最高频率 $\omega_{\max}$，按此选择采样频率 $\omega_s = 2\omega_{\max}$。这样可以做到信息损失允许，采样频率又不致太高。

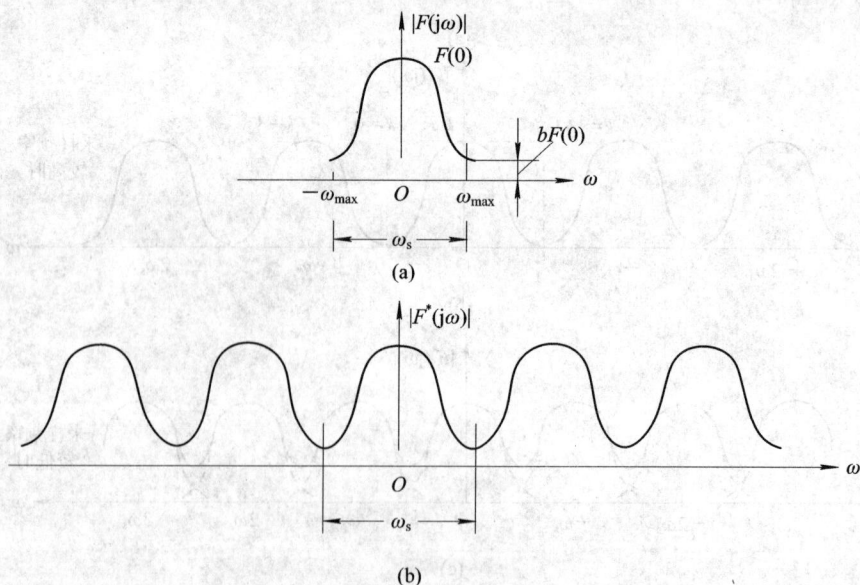

图 7-12　非周期连续信号采样前后的频谱

【**例题 7 - 1**】　设连续信号 $f(t) = e^{-2t}$，试选择采样频率，使信息损失不超过 5%。

解　取 $f(t) = e^{-2t}$ 的拉氏变换得

$$F(s) = \frac{1}{s+2}$$

则其幅频特性为

$$|F(j\omega)| = \frac{1}{\sqrt{4+\omega^2}}$$

其零频振幅为

$$|F(0)| = \frac{1}{2} = 0.5$$

若 $b = 0.05$，则 $\omega_{\max}$ 可由下式确定：

$$\frac{1}{\sqrt{4+\omega_{\max}^2}} = 0.05 |F(0)| = 0.05 \times 0.5 = 0.025$$

所以 $\omega_{\max} \approx 40$，根据采样定理应取 $\omega_s \geqslant 80$。

其二，需要一个幅频特性为矩形的理想低通滤波器，才能把原信号不失真地复现出来，而这样的滤波器实际上是不存在的。因此复现的信号与原信号是有差别的。

7.3　信 号 的 保 持

信号保持是指从采样信号 $f^*(t)$ 中恢复出原连续信号的过程。用于实现这种过程的装置称为保持器。

1. 信号保持的基本原理

由采样定理可知，若采样频率 $\omega_s = 2\pi/T > 2\omega_{\max}$，则可用一个理想的低通滤波器把全部高频频谱分量滤掉，从而把原连续信号不失真地恢复出来。这种滤波器的频率特性应该是具有锐截止特性的低通滤波器。

根据前面的分析可知，连续信号经采样后变成脉冲序列，其频谱中除原信号的频谱外，还有无限多个在采样过程中产生的高频频谱。因此，为了从采样信号复现出原连续信号，而又不使上述高频分量进入系统，应在采样开关后面串联一个信号复现滤波器，它的功能是滤去高频分量，而无损失地保留原信号频谱。能使采样信号不失真地复现为原连续信号的低通滤波器应具有理想的矩形频率特性，即

$$|G(j\omega)| = \begin{cases} 1, & |\omega| < \dfrac{\omega_s}{2} \\ 0, & |\omega| > \dfrac{\omega_s}{2} \end{cases} \quad\quad (7-16)$$

式中，ω_s 满足采样定理，即 $\omega_s > 2\omega_{\max}$。$\omega_{\max}$ 为原连续信号频谱的最高频率。图 7 - 13 所示为理想低通滤波器的频率特性。经过这样的滤波器滤波之后，信号的频谱变为

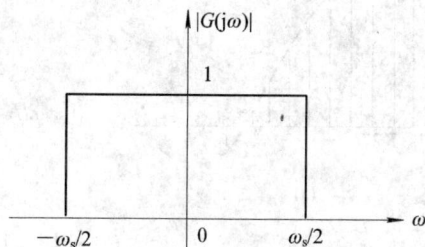

图 7 - 13　理想低通滤波器的频率特性

$$|G(j\omega)| \cdot \frac{1}{T} |F^*(j\omega)| = \frac{1}{T} |F(j\omega)| \qquad (7-17)$$

上式意味着，经过理想滤波以后，脉冲序列的频谱与原连续信号的频谱一样，只是幅值为原来的 $1/T$。实际上，具有图 7-13 所示理想频率特性的滤波器是不存在的，工程上只能采用具有低通滤波功能的保持器来代替，最常用的就是零阶保持器。

2. 零阶保持器

零阶保持器是一种低通滤波器，设其传递函数用 $G_h(s)$ 来表示。其工作原理是：把 kT 时刻的采样值恒定不变地保持到下一个采样时刻 $(k+1)T$。也就是说，在时间区间 $[kT,(k+1)T]$ 内，保持器的输出值一直保持为 $f^*(kT)$，其变化率为零。

保持器将采样信号转换成连续信号的过程恰好是采样过程的逆过程。而从数学上说，保持器的任务是解决采样时刻之间的插值问题。

在 kT 时刻，采样信号 $f^*(kT)$ 直接转换成连续信号 $f(t)|_{t=kT}$。同理，在 $(k+1)T$ 时刻，连续信号为 $f(t)|_{t=(k+1)T} = f^*[(k+1)T]$。但在 kT 和 $(k+1)T$ 之间，即当 $kT<t<(k+1)T$ 时，连续信号应取何值就是保持器要解决的问题。实际上，保持器具有"外推"作用，即保持器现时刻的输出信号取决于过去时刻离散信号值的外推。实现外推常用的方法是采用多项式外推公式，即

$$f(kT + \Delta t) = a_0 + a_1 \Delta t + a_2 \Delta t^2 + \cdots + a_m \Delta t^m \qquad (7-18)$$

式中：Δt——以 kT 为时间原点的时间坐标，$0 < \Delta t < T$。

$\qquad a_0, a_1, a_2, \cdots, a_m$——由过去各采样时刻的采样信号值 $f(kT)$、$f[(k-1)T]$、
$\qquad\qquad\qquad\qquad\qquad f[(k-2)T]$ 等确定的系数。

工程上一般按式(7-18)的第一项或前二项组成外推装置。只按第一项组成的外推装置，因所用外推多项式是零阶的，故称为零阶保持器；同理，按前二项组成的外推装置称为一阶保持器。应用最广泛的是零阶保持器。零阶保持器的外推公式为

$$f[(kT + \Delta t)] = a_0 \qquad (7-19)$$

由于 $\Delta T=0$ 时上式也成立，因此 $a_0 = f(kT)$，从而得到

$$f[(kT + \Delta t)] = f(kT) \qquad 0 \leqslant \Delta t < T \qquad (7-20)$$

上式表明，零阶保持器的作用是把 kT 时刻的采样值，保持到下一个采样时刻 $(k+1)T$ 到来之前，或者说按常值外推，如图 7-14 所示。

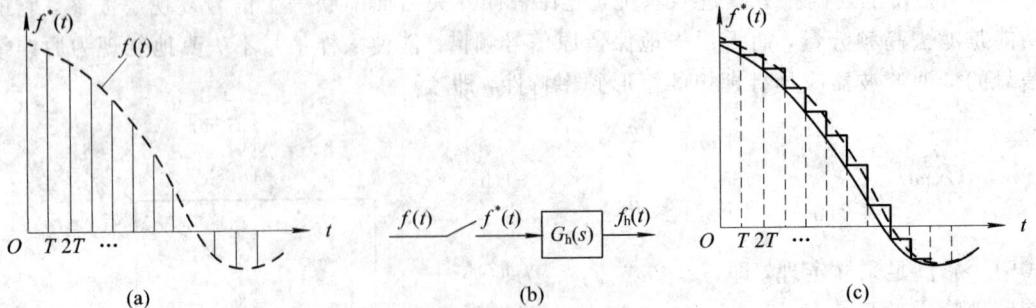

图 7-14　零阶保持器的作用

为了对零阶保持器进行动态分析，需求出它的传递函数。由图 7-14 可以看出，零阶保持器的单位脉冲响应是一个幅值为 1、宽度为 T 的矩形波 $f_h(t)$，实际上就是一个采样周

期应输出的信号。此矩形波可表达为两个单位阶跃函数的叠加,即

$$g_h(t) = 1(t) - 1(t - T)$$

或

$$g_h(t) = 1(t - kT) - 1(t - kT - T) \tag{7-21}$$

根据传递函数就是单位脉冲响应函数的拉氏变换,可求得零阶保持器的传递函数为

$$G_h(s) = L[g_h(t)] = L[1(t) - 1(t - T)] = \frac{1}{s} - \frac{1}{s}e^{-Ts} = \frac{1 - e^{-Ts}}{s} \tag{7-22}$$

其频率特性则为

$$G_h(j\omega) = \frac{1 - e^{-j\omega T}}{j\omega} = \frac{e^{-\frac{j\omega T}{2}}(e^{\frac{j\omega T}{2}} - e^{-\frac{j\omega T}{2}})}{j\omega} = T\frac{\sin\frac{\omega T}{2}}{\frac{\omega T}{2}}e^{-\frac{j\omega T}{2}} \tag{7-23}$$

因为 $T = 2\pi/\omega_s$,代入上式,则有

$$G_h(j\omega) = \frac{2\pi}{\omega_s}\frac{\sin\frac{\pi\omega}{\omega_s}}{\frac{\pi\omega}{\omega_s}}e^{-\frac{j\omega}{\omega_s}}$$

据此可绘出零阶保持器的幅频特性和相频特性曲线,如图 7-15 所示。由幅频特性可以看出,其幅值随频率增高而减小,所以零阶保持器是一个低通滤波器,但不是所要求的理想滤波器。在主频谱之内,放大系数逐渐减小,不是理想锐截止特性。在主频谱之外,幅值很小,但不等于零,因此高频频谱分量还可通过一部分。故复现出的连续信号与原连续信号是有差别的。从相频特性上看,零阶保持器会产生正比于频率的滞后相移,且随频率增高而加大。因此,由零阶保持器恢复的信号 $f(t)$ 是与原信号 $f(t)$ 是有差别的:一方面含有一定的高频分量;另外,在时间上滞后 $T/2$。把阶梯状信号 $f_h(t)$ 的每个区间的中点光滑连接起来,所得到的曲线的形状与 $f(t)$ 相同,但滞后了 $T/2$,如图 7-14(c) 所示。

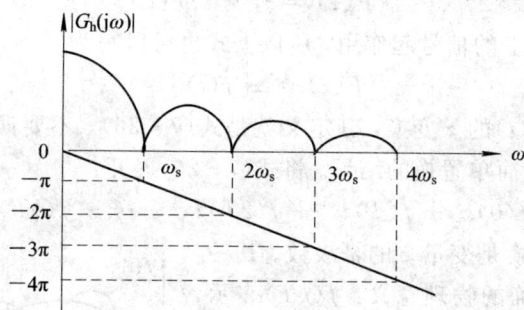

图 7-15 零阶保持器的频率特性

零阶保持器比较简单,容易实现,相位滞后比一阶保持器小得多,因此被广泛采用。步进电机、数控系统中的寄存器、数/模转换器等都是零阶保持器的实例。

7.4 z 变 换 理 论

前面对于线性定常连续系统,应用拉普拉斯变换作为数学工具,将系统的微分方程变

换成代数方程，从而对系统进行建模、分析和设计。与此相似，对于线性定常离散系统，也可应用基于拉普拉斯变换方法的所谓 z 变换法进行建模、分析和设计。z 变换法是离散系统理论的数学工具。

7.4.1　z 变换的定义及求法

1.　z 变换的定义

z 变换实质上是拉氏变换的一种扩展，也称做采样拉氏变换。在采样系统中，连续函数信号 $f(t)$ 经过采样开关，变成采样信号 $f^*(t)$，由式(7-4)给出，即

$$f^*(t) = \sum_{k=0}^{\infty} f(kT) \cdot \delta(t - kT)$$

对上式进行拉氏变换：

$$F^*(s) = L[f^*(t)] = \sum_{k=0}^{\infty} f(kT) \cdot e^{-kTs} \tag{7-24}$$

从此式可以看出，任何采样信号的拉氏变换中，都含有超越函数 e^{-kTs}。因此，若仍用拉氏变换处理采样系统的问题，就会给运算带来很多困难。为此，引入新变量 z，令

$$z = e^{Ts} \tag{7-25}$$

则

$$s = \frac{1}{T}\ln z$$

将 $F^*(s)$ 记做 $F(z)$，则式(7-24)可以改写为

$$F(z) = \sum_{k=0}^{\infty} f(kT)z^{-k} \tag{7-26}$$

这样就变成了以复变量 z 为自变量的函数，称此函数为 $f^*(t)$ 的 z 变换，记做：

$$F(z) = z[f^*(t)]$$

因为 z 变换只对采样点上的信号起作用，所以以上式也可以写为

$$F(z) = z[f(t)]$$

应注意，$F(z)$ 是 $f(t)$ 的 z 变换，其定义就是式(7-26)，不要误以为它是 $f(t)$ 的拉氏变换式 $F(s)$ 中的 s 以 z 简单置换的结果。将式(7-26)展开：

$$F(z) = f(0)z^0 + f(T)z^{-1} + f(2T)z^{-2} + \cdots + f(kT)z^{-k} + \cdots \tag{7-27}$$

可见，采样函数的 z 变换是变量 z 的幂级数。其一般项 $f(kT)z^{-k}$ 具有明确的物理意义：$f(kT)$ 表示采样脉冲的幅值；z 的幂次表示该采样脉冲出现的时刻。因此它包含着量值与时间的概念。

正因为 z 变换只对采样点上的信号起作用，因此，如果两个不同的时间函数 $f_1(t)$ 和 $f_2(t)$，它们的采样值完全重复(见图7-16)，则其 z 变换是一样的。即 $f_1(t) \neq f_2(t)$，但由于 $f_1^*(t) = f_2^*(t)$，故 $F_1(z) = F_2(z)$，就是说，采样函数 $f^*(t)$ 与其 z 变换函数是一一对应的，但采样函数所对应的连续

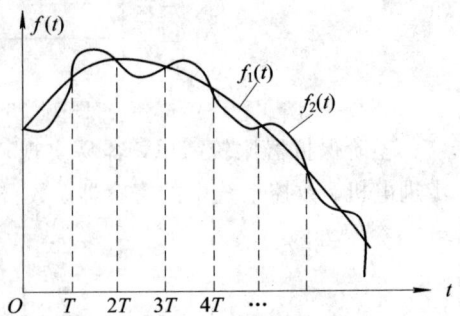

图7-16　连续函数与 z 变换的非一一对应

函数不是唯一的。

2. z 变换的求法

z 变换有多种求法，下面介绍两种常用的方法。

1) 用定义求（级数求和法）

已知时间函数 $f(t)$，则

$$z[f(t)] = \sum_{k=0}^{\infty} f(kT)z^{-k}$$
$$= f(0) + f(T)z^{-1} + f(2T)z^{-2} + \cdots + f(kT)z^{-k} + \cdots$$

显然，只要知道连续函数 $f(t)$ 在各采样时刻的采样值，再根据无穷级数求和公式

$$a + aq + aq^2 + \cdots = \frac{a}{1-q} \qquad \text{其中 } |q| < 1$$

即可求出函数的 z 变换。

【例题 7 - 2】 求下列序列的 z 变换：

$$u(kT) = e^{-akT}$$

其中：$k = 0, 1, 2, \cdots$；a 为常数。

解
$$u^*(t) = \sum_{k=0}^{\infty} e^{-akT}\delta(t-kT)$$

则
$$U^*(s) = \sum_{k=0}^{\infty} e^{-akT} e^{-kTs}$$

将上式两边同时乘以 $e^{-(s+a)T}$，得到的结果再与上式两边对应相减，若满足 $e^{-(s+a)T} < 1$，则可以得到

$$U^*(s) = \frac{1}{1 - e^{-(s+a)T}}$$

其中，δ 是 s 的实部，由此我们可以得到 $u^*(t)$ 的 z 变换，即

$$U(z) = \frac{1}{1 - e^{-aT}z^{-1}} = \frac{z}{z - e^{-aT}} \qquad (e^{-aT}z^{-1} < 1)$$

在本例中，假如 $a = 0$，我们可以得到

$$u(kT) = 1, \quad k = 0, 1, 2, \cdots$$

这个式子表示其序列值均为单位值，则

$$U^*(s) = \sum_{k=0}^{\infty} e^{-kTs}$$

$$U(z) = \sum_{k=0}^{\infty} z^{-k} = 1 + z^{-1} + z^{-2} + \cdots$$

这个表达式可写为

$$U(z) - \frac{1}{1 - z^{-1}} \qquad |z^{-1}| < 1$$

或

$$U(z) = \frac{z}{z - 1} \qquad |z^{-1}| < 1$$

2）用查表法求（部分分式法）

利用这种方法求 z 变换时，若已知函数的拉氏变换（象函数），用部分分式法将其展开，直接逐项查 z 变换表，便可很快得到 $F(z)$。这是工程中常用的方法。

设连续函数 $f(t)$ 的拉普拉斯变换 $F(s)$ 为 s 的有理分式，并具有如下形式：

$$F(s) = \frac{M(s)}{N(s)} = \frac{M(s)}{(s+p_1)(s+p_2)\cdots(s+p_n)}$$

将上式展成部分分式，得

$$F(s) = \frac{A_1}{s+p_1} + \frac{A_2}{s+p_2} + \cdots + \frac{A_n}{s+p_n} = \sum_{i=1}^{n} \frac{A_i}{s+p_i}$$

两边取拉普拉斯反变换，得

$$f(t) = \sum_{i=1}^{n} A_i e^{-p_i t}$$

利用已知的指数函数 z 变换公式，即可求出对应的 z 变换，即

$$F(z) = z[E(s)] = z[e(t)] = \sum_{i=1}^{n} \frac{A_i z}{z - e^{-p_i T}}$$

【例题 7-3】　求 $F(s) = \dfrac{a}{s(s+a)}$ 的 z 变换。

解
$$F(s) = \frac{a}{s(s+a)} = \frac{1}{s} - \frac{1}{s+a}$$

所以
$$e(t) = 1 - e^{-at}$$

对上式两边取 z 变换，得

$$F(z) = \frac{z}{z-1} - \frac{z}{z-e^{-aT}} = \frac{z(1-e^{-aT})}{z^2 - (1+e^{-aT})z + e^{-aT}}$$

7.4.2　z 变换的性质

由于 z 变换实质上是拉普拉斯变换的扩展，因此和拉普拉斯变换的性质相类似，z 变换也有线性，位移（时位移、复位移），初、终值定理等若干性质或定理。利用这些性质或定理，可以方便地求出某些函数的 z 变换，或根据 z 变换求出原函数，也可以根据函数的 z 变换推知原函数的性质。所以，z 变换的性质在分析和研究离散系统时是很有用的。下面不加证明地给出 z 变换的几个常用性质或定理，严格的证明请参考有关资料。

1. 时域性定理

若 $z[f_1(t)] = F_1(z)$，$z[f_2(t)] = F_2(z)$，a、b 均为常数，则

$$z[af_1(t) + bf_2(t)] = aF_1(z) + bF_2(z) \tag{7-28}$$

上式的含义是，函数线性组合的 z 变换，等于各函数 z 变换的线性组合。

【例题 7-4】　求 $\sin\omega t$ 的 z 变换。

解　$\sin\omega t = \dfrac{e^{j\omega t} - e^{-j\omega t}}{2j}$，根据线性定理，则

$$F(z) = z[\sin\omega t] = \frac{1}{2\mathrm{j}}z[\mathrm{e}^{\mathrm{j}\omega t} - \mathrm{e}^{-\mathrm{j}\omega t}]$$

$$= \frac{1}{2\mathrm{j}}\left[\frac{z}{z - \mathrm{e}^{\mathrm{j}\omega T}} - \frac{z}{z - \mathrm{e}^{-\mathrm{j}\omega T}}\right]$$

$$= \frac{z\,\sin\omega T}{z^2 - 2z\,\cos\omega T + 1}$$

2. 延迟定理

若 $z[f(t)] = F(z)$，且 $t < 0$ 时，$f(t) = 0$，则有

$$z[f(t - nT)] = z^{-n}F(z) \tag{7-29}$$

该定理说明，原函数 $f(t)$ 在时域中延迟 n 个采样周期，相当于在象函数 $F(z)$ 上乘以 z^{-n}。算子 z^{-n} 可表示时域中的时滞环节，把脉冲延迟 n 个采样周期。

【例题 7-5】 求 $1(t-nT)$ 的 z 变换。

解　$F(z) = z[1(t-nT)] = z^{-n}z[1(t)] = z^{-n} \cdot \dfrac{z}{z-1} = \dfrac{1}{z^{n-1}(z-1)}$

3. 超前定理

若 $z[f(t)] = F(z)$，则

$$z[f(t+nT)] = z^n\left[F(z) - \sum_{m=0}^{n-1}x(mT)z^{-m}\right] \tag{7-30}$$

z^n 相当于把时间信号超前 n 个周期。

特殊情况，当 $m = 0, 1, 2, \cdots, n-1$ 时，$f(kT) = 0$，则 $z[f(t+nT)] = z^n F(z)$。

【例题 7-6】 求 $f(t) = 1(t+T)$ 的 z 变换。

解　$F(z) = z[1(t+T)] = z \cdot z[1(t)] - z[1(0)] = z\dfrac{z}{z-1} - z = \dfrac{z}{z-1}$

4. 复位移定理

若 $z[f(t)] = F(z)$，则

$$z[\mathrm{e}^{\pm at}f(t)] = F(z\mathrm{e}^{\mp aT}) \tag{7-31}$$

【例题 7-7】 求 $\mathrm{e}^{-at}\sin\omega t$ 的 z 变换。

解　因为 $z[\sin\omega t] = \dfrac{z\,\sin\omega T}{z^2 - 2z\,\cos\omega T + 1}$，所以

$$z[\mathrm{e}^{-at}\sin\omega t] = \frac{\mathrm{e}^{at}z\,\sin\omega T}{(\mathrm{e}^{at}z)^2 - 2\mathrm{e}^{at}z\,\cos\omega T + 1} = \frac{\mathrm{e}^{-at}z\,\sin\omega T}{z^2 - 2\mathrm{e}^{-aT}z\,\cos\omega T + \mathrm{e}^{-2aT}}$$

5. 复微分定理

若 $z[f(t)] = F(z)$，则

$$z[tf(t)] = -Tz\frac{\mathrm{d}}{\mathrm{d}z}F(z) \tag{7-32}$$

【例题 7-8】 求 $f(t) = t$ 的 z 变换。

解　因为 $t = t \cdot 1(t)$，$z[1(t)] = \dfrac{z}{z-1}$，所以

$$F(z) = z[t] = z[t \cdot 1(t)] = -Tz\frac{\mathrm{d}}{\mathrm{d}z}\left(\frac{z}{z-1}\right) = -Tz\frac{-1}{(z-1)^2} = \frac{Tz}{(z-1)^2}$$

6. 初值定理

若 $z[f(t)]=F(z)$ 且 $\begin{cases} t<0 \text{ 时}, f(t)=0 \\ \lim\limits_{z\to\infty}F(z)\text{存在} \end{cases}$，则

$$f(0) = \lim_{t\to 0}f(t) = \lim_{z\to\infty}F(z) \tag{7-33}$$

【例题 7-9】 求 $f(t)=\mathrm{e}^{-at}$ 的初值。

解 因为 $F(z)=z[\mathrm{e}^{-at}]=\dfrac{z}{z-\mathrm{e}^{-aT}}$，所以

$$f(0) = \lim_{z\to\infty}\frac{z}{z-\mathrm{e}^{-aT}} = \lim_{z\to\infty}\frac{1}{1-\mathrm{e}^{-aT}z^{-1}} = 1$$

7. 终值定理

若 $z[f(t)]=F(z)$，且 $(z-1)F(z)$ 在平面上以原点为圆心的单位圆上和圆外没有极点或 $(z-1)F(z)$ 全部极点位于 z 平面单位圆内，则

$$f(\infty) = \lim_{t\to\infty}f(t) = \lim_{z\to 1}(z-1)F(z) \tag{7-34}$$

【例题 7-10】 设 $f(t)$ 的 z 变换为 $F(z)=\dfrac{0.7z^2}{(z^2-0.4z+0.2)(z-1)}$，试求 $f(t)$ 的终值。

解
$$\begin{aligned} f(\infty) &= \lim_{z\to 1}(z-1)F(z) \\ &= \lim_{z\to 1}(z-1)\cdot\frac{0.7z^2}{(z^2-0.4z+0.2)(z-1)} \\ &= \lim_{z\to 1}\frac{0.7z^2}{z^2-0.4z+0.2} = 1 \end{aligned}$$

8. 卷积定理

若 $z[f_1(t)]=F_1(z)$，$z[f_2(t)]=F_2(z)$，则

$$F_1(z)F_2(z) = z\left[\sum_{m=0}^{\infty}f_1(mT)f_2(hT-mT)\right] \tag{7-35}$$

7.4.3 z 反变换

正如在拉氏变换方法中一样，z 变换方法的一个主要目的是要先获得时域函数 $f(t)$ 在 z 域中的代数解，其最终的时域解可通过反 z 变换求出。当然，$F(z)$ 的反 z 变换只能求出 $f^*(t)$，即只能是 $f(kt)$。如果是理想采样器作用于连续信号 $f(t)$，则在 $t=kT$ 瞬间的采样值 $f(kT)$ 可以获得。z 反变换可以记做：

$$z^{-1}[F(z)] = f^*(t) \tag{7-36}$$

求 z 反变换的方法通常有以下三种：

（1）部分分式展开法；

（2）级数展开法（综合除法）；

（3）留数法。

在求 z 反变换时，仍假定当 $k<0$ 时，$f(kT)=0$。下面分别介绍求 z 反变换的方法。

1. 部分分式展开法

此法是将 $F(z)$ 通过部分分式分解为低阶的分式之和，直接从 z 变换表中求出各项对应的 z 反变换，然后相加得到 $f(kT)$。

具体步骤如下：

（1）先将变换式写成 $\dfrac{F(z)}{z}$，展开成部分分式：

$$\frac{F(z)}{z} = \sum_{i=1}^{n} \frac{A_i}{z - z_i}$$

（2）两端乘以 z：

$$F(z) = \sum_{i=1}^{n} \frac{A_i z}{z - z_i}$$

（3）查 z 变换表。

【例题 7 - 11】 已知 $F(z) = \dfrac{z}{(z-1)(z-2)}$，求 $f(kT)$。

解　由于 $F(z)$ 中通常含有一个 z 因子，因此首先将式 $\dfrac{F(z)}{z}$ 展成部分分式较容易些，即

$$\frac{F(z)}{z} = \frac{1}{(z-1)(z-2)} = \frac{-1}{z-1} + \frac{1}{z-2}$$

再求 $F(z)$ 的分解因式：

$$F(z) = \frac{-z}{z-1} + \frac{z}{z-2}$$

查 z 变换表，得到：

$$z^{-1}\left[\frac{-z}{z-1}\right] = -1, \quad z^{-1}\left[\frac{z}{z-2}\right] = 2^k$$

所以

$$f(kT) = -1 + 2^k$$

即

$$f(0) = 0, \; f(T) = 1, \; f(2T) = 3,$$
$$f(3T) = 7, \; f(4T) = 15, \; f(5T) = 31$$

2. 级数展开法

级数展开法又称综合除法，即把式 $F(z)$ 展开成按 z^{-1} 升幂排列的幂级数。因为 $F(z)$ 的形式通常是两个 z 的多项式之比，即

$$F(z) = \frac{b_m z^m + b_{m-1} z^{m-1} + \cdots + b_0}{a_n z^n + a_{n-1} z^{n-1} + \cdots + a_0} \qquad (n \geqslant m)$$

所以，很容易用综合除法展成幂级数。对上式用分母去除分子，所得之商按 z^{-1} 的升幂排列，即

$$F(z) = c_0 + c_1 z^{-1} + c_2 z^{-2} + \cdots + c_k z^{-k} + \cdots = \sum_{k=0}^{\infty} c_k z^{-k} \qquad (7-37)$$

这正是 z 变换的定义式，z^{-k} 项的系数 c_k 就是时间函数 $f(t)$ 在采样时刻 $t = kT$ 时的值。因此，只要求得上述形式的级数，就可知道时间函数在采样时刻的函数值序列，即 $f(kT)$。

【例题 7 - 12】 设 $F(z) = \dfrac{z^3 + 2z^2 + 1}{z^3 - 1.5z^2 + 0.5z}$，求 z 反变换。

解　整理得

$$F(z) = \frac{1+2z^{-1}+z^{-3}}{1-1.5z^{-1}+0.5z^{-2}}$$

$$
\begin{array}{r}
1+3.5z^{-1}+4.75z^{-2}+6.375z^{-3}+\cdots \\
1-1.5z^{-1}+0.5z^{-2} \overline{\smash{\big)}\, 1+\ \ 2z^{-1}+\ \ \ \ \ z^{-3}} \\
\underline{1-1.5z^{-1}+0.5z^{-2}} \\
3.5z^{-1}+0.5z^{-2}+z^{-3} \\
\underline{3.5z^{-1}+5.25z^{-2}+1.57z^{-3}} \\
5.75z^{-2}-0.75z^{-3} \\
\underline{5.75z^{-2}-8.625z^{-3}+2.875z^{-4}} \\
7.875z^{-3}+2.875z^{-4}
\end{array}
$$

$$F(z)=1+3.5z^{-1}+4.75z^{-2}+6.375z^{-3}+\cdots$$

则

$$f^*(t)=\delta(t)+3.5\delta(t-T)+4.75\delta(t-2T)+\cdots$$

可见此法计算 $f^*(t)$ 较为简单，在实际应用中，常常只需计算有限的几项就够了。

3. 留数法(反演积分法)

设连续函数 $f(t)$ 的拉氏变换 $F(s)$ 及全部极点 z_i 已知，则

$$F(z) = z[f^*(t)] = \sum_{i=1}^{n} \text{Res}\left[F(z_i)\frac{z}{z-e^{z_i T}}\right] = \sum_{i=1}^{n} R_i \qquad (7-38)$$

式中，$R_i = \text{Res}\left[F(z_i)\dfrac{z}{z-e^{z_i T}}\right]$，为 $F(s)\dfrac{z}{z-e^{sT}}$ 在 $s=z_i$ 时的留数。

当 $F(s)$ 具有一阶极点 $s=z_1$ 时，其留数 R_i 为

$$R_i = \lim_{s \to z_i}(s-z_i)\left[F(s)\frac{z}{z-e^{z_i T}}\right] \qquad (7-39)$$

当 $F(s)$ 具有一阶极点 n 阶重复极点时，则相应的留数为

$$R_i = \frac{1}{(n-1)!}\lim_{s \to z_i}\frac{\mathrm{d}^{n-1}}{\mathrm{d}s^{n-1}}\left[(s-z_i)^n F(s)\frac{z}{z-e^{z_i T}}\right] \qquad (7-40)$$

计算时，直接利用反演积分分式进行求解，即

$$f(nT) = \frac{1}{2\pi\mathrm{j}}\oint F(z)z^{n-1}\mathrm{d}z = \sum_{i=1}^{n}\text{Res}[F(z)z^{n-1}]_{z=z_i} \qquad (7-41)$$

$\text{Res}[F(z)z^{n-1}]_{z \to z_j}$ 表示函数 $F(z)=z^{n-1}$ 在极点处的函数留数。

若 $z_i(i=1,2,\cdots)$ 为一阶极点，则相应的留数为

$$\text{Res}[F(z)z^{n-1}]_{z \to z_j} = \lim_{z \to z_j}[(z-z_j)F(z)z^{n-1}] \qquad (7-42)$$

若 z_j 为 n 阶重极点，则相应的留数为

$$\text{Res}[F(z)z^{n-1}]_{z \to z_j} = \frac{1}{(n-1)!}\lim_{z \to z_j}\frac{\mathrm{d}^{n-1}[(z-z_i)^n F(z)z^{n-1}]}{\mathrm{d}z^{n-1}} \qquad (7-43)$$

【例题 7-13】 $F(z)=\dfrac{z^2}{(z-1)(z-0.5)}$，试用留数法求 z 反变换。

解
$$F(z)z^{n-1} = \frac{z^{n+1}}{(z-1)(z-0.5)}$$

有 $z_1 = 1$ 和 $z_2 = 0.5$ 两个极点，极点处的留数为 $\lim\limits_{z \to z_1} \dfrac{\mathrm{d}^{n-1}[\ ]}{\mathrm{d}z^{n-1}}$，则

$$\mathrm{Res}\left[\frac{z^{n+1}}{(z-1)(z-0.5)}\right]_{z \to 1} = \lim_{z \to 1}\left[\frac{(z-1)z^{n+1}}{(z-1)(z-0.5)}\right] = 2$$

$$\mathrm{Res}\left[\frac{z^{n+1}}{(z-1)(z-0.5)}\right]_{z \to 0.5} = \lim_{z \to 0.5}\left[\frac{(z-0.5)z^{n+1}}{(z-1)(z-0.5)}\right] = -(0.5)^n$$

故

$$f(nT) = 2 - (0.5)^n$$

采样函数为

$$
\begin{aligned}
f^*(t) &= \sum_{n=0}^{\infty} f(nT)\delta(t - nT) \\
&= \sum_{n=0}^{\infty} [2 - 0.5^n]\delta(t - nT) \\
&= \delta(t) + 1.5\delta(t - T) + 1.75\delta(t - 2T) + 1.815\delta(t - 3T) + \cdots
\end{aligned}
$$

7.5　离散系统的数学模型

　　线性定常连续系统有两种基本的数学模型：微分方程和传递函数。与此类似，线性离散系统也有两种基本的数学模型：时域模型差分方程和复数域模型脉冲传递函数。由于这两类系统的数学模型在形式、分析计算的方法和物理意义的理解方面都有很大的相似性，因此在学习本节内容时，注意到这种平行对应关系，并与连续系统中的相应内容进行比较，只要把握住两者之间的共同点和不同点，就会很容易掌握。

7.5.1　差分方程

　　从基本概念来说，差分与微分类似，差分方程与微分方程类似。微分方程是描述连续系统动态过程的最基本的数学模型，差分方程是离散系统的一种数学模型。由于在离散系统中采样时间的离散性，因而要描述采样信号即脉冲序列随时间的变化规律（动态过程），只能采用相邻脉冲之间的差值即差分的概念。

1. 差分的概念

　　所谓差分，是指在采样信号的脉冲序列中，相邻脉冲之间的差值。因此，一系列插值变化的规律，可反映出采样信号的变化规律。按序列数减少的方向取差值，还是在增大的方向取差值，差分又分为前向差分和后向差分。

　　如图 7-17 所示，连续函数 $f(t)$，经采样后为 $f^*(t)$，在 kT 时刻，其采样值为 $f(kT)$，为简便计，常写做 $f(k)$。

　　一阶前向差分的定义为

$$\Delta f(k) = f(k+1) - f(k) \qquad (7-44)$$

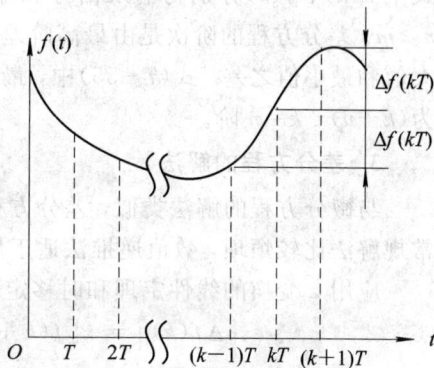

图 7-17　前向差分与后向差分

二阶前向差分的定义为

$$\Delta^2 f(k) = \Delta[\Delta f(k)]$$
$$= \Delta[f(k+1) - f(k)]$$
$$= f(k+2) - f(k+1) - [f(k+1) - f(k)]$$
$$= f(k+2) - 2f(k+1) + f(k) \tag{7-45}$$

n 阶前向差分的定义为

$$\Delta^n f(k) = \Delta^{n-1} f(k+1) - \Delta^{n-1} f(k) \tag{7-46}$$

同理，一阶后向差分的定义为

$$\nabla f(k) = f(k) - f(k-1) \tag{7-47}$$

二阶后向差分的定义为

$$\nabla^2 f(k) = \nabla f(k) - \nabla f(k-1)$$
$$= f(k) - f(k-1) - [f(k-1) - f(k-2)]$$
$$= f(k) - 2f(k-1) + f(k-2) \tag{7-48}$$

n 阶后向差分的定义为

$$\nabla^n f(k) = \nabla^{n-1} f(k) - \nabla^{n-1} f(k-1) \tag{7-49}$$

从上述定义可以看出，前向差分所采用的是 kT 时刻未来的采样值，而后向差分所采用的是 kT 时刻过去的采样值。在实际中后向差分用得更广泛。

2. 差分方程

在连续系统中，描述系统的输入信号与输出信号之间动态关系的方程是微分方程。在离散系统中，描述系统的输入和输出这两个采样信号之间的动态关系，只能用这两个脉冲序列之间的差值，即差分的变化规律来反映，这就是差分方程。因此，差分方程就是用来描述离散系统的输入和输出这两个采样信号之间的动态关系的方程，方程的变量除了含有 $f(k)$ 本身外，还有 $f(k)$ 的各阶差分 $\Delta f(k)$、$\Delta^2 f(k)$、$\cdots$、$\Delta^n f(k)$ 等。

对于输入、输出为采样信号的线性采样系统，描述其动态过程的差分方程的一般形式为

$$a_n y(k+n) + a_{n-1} y(k+n-1) + \cdots + a_1 y(k+1) + a_0 y(k)$$
$$= b_m u(k+m) + b_{m-1} u(k+m-1) + \cdots + b_1 u(k+1) + b_0 u(k) \tag{7-50}$$

式中 $u(k)$、$y(k)$ 分别为输入信号和输出信号，a_n，$\cdots$，a_0；b_m，$\cdots$，b_0 均为常系数，且有 $n \geqslant m$。差分方程的阶次是由最高阶差分的阶次而定的，其在数值上等于方程中自变量的最大值和最小值之差。式（7-55）中，最大自变量为 $k+n$，最小自变量为 k，因此方程的阶次为 $(k+n) - k = n$ 阶。

3. 差分方程的解法

与微分方程的解法类似，差分方程也有三种解法：常规解法、z 变换法和数值递推法。常规解法比较烦琐，数值递推法适于用计算机求解，下面重点介绍 z 变换法。

应用 z 变换的线性定理和时移定理，可以求出各阶前向差分的 z 变换函数为：

$$z[\Delta f(k)] = z[f(k+1) - f(k)] = (z-1)F(z) - zf(0) \tag{7-51}$$

$$z[\Delta^2 f(k)] = (z-1)^2 F(z) - z(z-1)f(0) - z\Delta f(0) \tag{7-52}$$

$$z[\Delta^n f(k)] = (z-1)^n F(z) - z \sum_{r=0}^{n-1} (z-1)^{n-r-1} f(0) \tag{7-53}$$

其中：$\Delta^0 f(0) = f(0)$。

同理，各阶后向差分的 z 变换函数为：

$$z[\nabla f(k)] = z[f(k) - f(k-1)] = (1 - z^{-1})F(z) \tag{7-54}$$

$$z[\nabla^2 f(k)] = (1 - z^{-1})^2 F(z) \tag{7-55}$$

$$z[\nabla^n f(k)] = (1 - z^{-1})^n F(z) \tag{7-56}$$

式中：$t < 0$ 时，$f(t) = 0$。

【例题 7-14】　已知一阶差分方程为

$$y[(k+1)T] - ay(kT) = bu(kT)$$

设输入为阶跃信号 $u(kT) = A$，初始条件 $y(0) = 0$，试求响应 $y(kT)$。

解　将差分方程两端取 z 变换，得

$$zY(z) - zc(0) - aY(z) = bA\frac{z}{z-1}$$

代入初始条件，求得输出的 z 变换为

$$Y(z) = \frac{bAz}{(z-a)(z-1)}$$

为求得时域响应 $y(kT)$，需对 $Y(z)$ 进行反变换，先将 $Y(z)/z$ 展成部分分式，即

$$\frac{Y(z)}{z} = \frac{bA}{(z-a)(z-1)} = \frac{bA}{1-a}\left(\frac{1}{z-1} - \frac{1}{z-a}\right)$$

于是

$$Y(z) = \frac{bA}{1-a}\left(\frac{z}{z-1} - \frac{z}{z-a}\right)$$

查变换表，求得上式的反变换为

$$y(kT) = \frac{bA}{1-a}(1 - a^k) \qquad k = 0, 1, 2, \cdots$$

【例题 7-15】　试用 z 变换法解下面的差分方程：

$$y(k+2) + 3y(k+1) + 2y(k) = 0$$

已知初始条件为 $y(0) = 0$，$y(1) = 1$，求 $y(k)$。

解　对方程两边取 z 变换，并应用时移定理，得

$$z^2 Y(z) - z^2 y(0) - zy(1) + 3zY(z) - 3zy(0) + 2Y(z) = 0$$

代入初始条件，整理后得

$$(z^2 + 3z + 2)Y(z) = z$$

$$Y(z) = \frac{z}{z^2 + 3z + 2} = \frac{z}{z+1} - \frac{z}{z+2}$$

查变换表，进行反变换得

$$y(k) = (-1)^k - (-2)^k \qquad k = 0, 1, 2, \cdots$$

7.5.2　脉冲传递函数

在连续系统中，传递函数定义为在零初始条件下，系统输出的拉普拉斯变换与输入的拉普拉斯变换之比。传递函数是基于拉普拉斯变换下的连续系统的一种复数域数学模型。对于离散系统，在 z 变换的基础上也有类似的定义，称为脉冲传递函数。这是离散系统的

第二种数学模型。

1. 脉冲传递函数的定义

在分析和研究离散控制系统的性能时，一般均是已知控制系统的结构图。我们知道，在连续系统中，传递函数是分析和设计基于系统结构图的有力工具。类似地，我们也可定义脉冲传递函数。

对于如图 7-18 所示的离散系统结构图，定义脉冲传递函数为：线性定常系统在零初始条件下，系统输出采样信号的 z 变换与输入采样信号的 z 变换之比，即

$$G(z) = \sum_{k=0}^{\infty} g(kT)z^{-k} = \frac{Y(z)}{U(z)} \quad \text{或} \quad \frac{C(z)}{R(z)} \tag{7-57}$$

所谓零初始条件，是指 $t < 0$ 时，输入脉冲序列各采样值以及输出脉冲序列各采样值均为 0。

式 (7-57) 中，$g(kT)$ 是单位冲激响应 $g(t)$ 的离散表示；$U(z)$、$Y(z)$ 分别是离散过程输入离散信号和输出离散信号的 z 变换，即：

$$U(z) = z[u^*(t)]$$
$$Y(z) = z[y^*(t)]$$

如果有一个系统如图 7-19 所示，则此时有

$$Y(s) = G(s)U^*(s), \quad Y(s) = L[y(t)]$$

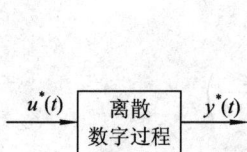

图 7-18　离散过程的结构图　　　　图 7-19　开环采样系统方框图

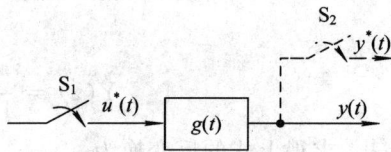

严格地说，$G(s)$ 和 $U^*(s)$ 表示不同类型的函数，不能直接用拉氏变换求出其对应的时间函数。作为一种转换，可以假定在输出端存在一个采样开关 S_2，其采样周期与 S_1 的相同，且 S_2 与 S_1 同步动作，则在 S_2 后可表示为 $y^*(t)$，上式可转换为

$$Y^*(s) = G(s)U^*(s)$$

则有

$$Y(z) = G(z)U(z)$$

即当一个环节的输出不是离散信号时，严格说来，其脉冲传递函数不能求出。这时，可采用虚拟开关的办法经转换后来求。

2. 脉冲传递函数的求法

(1) 由差分方程求脉冲传递函数。

用 z 变换的实位移定理，并假设初始条件为零，对差分方程两端取 z 变换，整理后得到 $Y(z)$，用 $Y(z)$ 除以 $U(z)$ 可得脉冲传递函数 $G(z)$。

(2) 由传递函数求脉冲传递函数。

传递函数 $G(z)$ 的拉氏反变换是单位脉冲响应函数 $\delta(t)$，将 $\delta(t)$ 离散化得单位脉冲响应序列 $\delta(nT)$，将 $\delta(nT)$ 进行 z 变换得 $G(z)$。这一变换过程可表示如下：

$$G(s) \Rightarrow L^{-1}[G(s)] = \delta(t) \Rightarrow \text{离散化} \Rightarrow \delta(t) = \delta(nT) \Rightarrow z[\delta(nT)] = G(z)$$

上式表明，$G(s)$ 到 $G(z)$ 的变换，中间过程可以省略，只要将 $G(s)$ 表示成 z 变换表中的标准形式，直接查表可得 $G(z)$。

7.5.3　由结构图求脉冲传递函数

和连续系统一样，若已知离散系统的结构图，则也可以由结构图求出系统的脉冲传递函数。

1. 串联环节的脉冲传递函数

假定输出变量前有采样开关（或有一理想的虚拟采样开关），或者输入变量后有采样开关，则我们分析下面两种情况。

（1）串联环节间有采样开关。

图 7 - 20(a)所示两个串联环节间有采样器隔开，所以有：

$$U_1(z) = G_1(z)U(z) \qquad\qquad (7-58)$$
$$Y(z) = G_2(z)U_1(z) \qquad\qquad (7-59)$$

式中：$G_1(z)$、$G_2(z)$ 分别为线性环节 $G_1(s)$、$G_2(s)$ 的脉冲传递函数，即 $G_1(z)=z[G_1(s)]$，$G_2(z)=z[G_2(s)]$，则由式(7-58)和式(7-59)可得

$$Y(z) = G_1(z)G_2(z)U(z)$$

所以，图 7 - 20(a)所示系统的脉冲传递函数为

$$G(z) = \frac{Y(z)}{U(z)} = G_1(z)G_2(z)$$

可见，两个环节间有采样器隔开时，环节串联等效脉冲传递函数为两个环节的脉冲传递函数的乘积。同理，n 个环节串联，且所有环节之间均有采样器隔开时，等效脉冲传递函数为所有环节的脉冲传递函数的乘积，即

$$G(z) = G_1(z) \cdot G_2(z) \cdots G_n(z) \qquad\qquad (7-60)$$

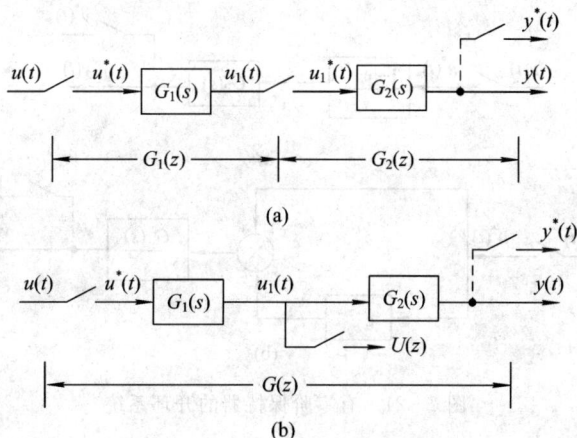

(a)

(b)

图 7 - 20　环节串联的开环系统

（2）串联环节间无采样器。

如图 7 - 20(b)所示，由于环节间没有采样器，因而 $G_2(s)$ 环节输入的信号不是脉冲序列，而是连续函数，所以不能像图 7 - 20(a)那样求 $G_2(z)=Y(z)/U_1(z)$，而应先把 $G_1(s)$、$G_2(s)$ 进行串联运算，求出等效环节 $G_1(s) \cdot G_2(s)$，则 $G_1(s)G_2(s)$ 的 z 变换才是 $U(z)$、

$Y(z)$ 之间的脉冲传递函数，即

$$G(z) = \frac{Y(z)}{U(z)} = z[G_1(s)G_2(s)] = G_1 G_2(z) \qquad (7-61)$$

式中，$G_1 G_2(z)$ 表示 $G_1(s) \cdot G_2(s)$ 乘积经采样后的 z 变换。显然，

$$z[G_1(s)G_2(s)] = G_1 G_2(z) \neq G_1(z)G_2(z) \qquad (7-62)$$

即各环节传递函数乘积的 z 变换，不等于各环节传递函数 z 变换的乘积。

由此可知，两个串联环节间无采样器隔开时，等效脉冲传递函数等于两个环节传递函数的乘积经采样后的 z 变换。同理，此结论也适用于多个环节串联而无采样器隔开的情况，即

$$G(z) = z[G_1(s)G_2(s) \cdots G_n(s)] = G_1 G_2 \cdots G_n(z) \qquad (7-63)$$

如果串联的多个环节中存在上述两种情况，则可分段按上述原则处理。

如果把离散后的传递函数或变量记为 $G^*(s)$，则可以把上述两种情况简单归纳为下面两个重要公式：

若 $Y(s) = E^*(s)G(s)$，则

$$Y^*(s) = [E^*(s)G(s)]^* = E^*(s)G^*(s)$$

即

$$Y(z) = E(z) \cdot G(z) \qquad (7-64)$$

若 $Y(s) = E(s)G(s)$，则

$$Y^*(s) = [E(s)G(s)]^* = EG^*(s) = GE^*(s)$$

即

$$Y(z) = EG(z) = GE(z) \qquad (7-65)$$

【例题 7-16】 结构图如图 7-21(a)所示，求零阶保持器与环节串联时的脉冲传递函数。

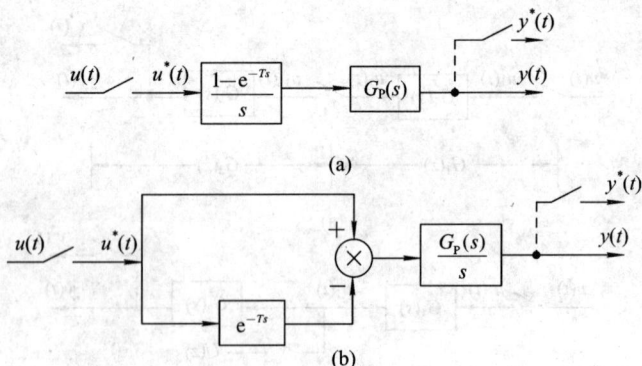

(a)

(b)

图 7-21　有零阶保持器的开环系统

解　已知 $G_H(s) = \dfrac{1 - e^{-Ts}}{s}$，由于 $G_H(s)$ 与 $G_P(s)$ 之间无采样开关，因此串联环节的 z 变换不等于单个环节 z 变换后的乘积。

为分析方便起见，将图 7-21(a)等效为图 7-21(b)的形式。由图可见，采样信号 $u^*(t)$ 分两条通道作用于开环系统：一条直接作用于 $G_P'(s) = \dfrac{1}{s}G_P(s)$；另一条通过纯滞后

环节，滞后一个采样周期作用于 $G_P'(s)$，其响应分别为：

$$Y_1(z) = G_P'(z)U(z) = z\left[\frac{G_P(s)}{s}\right]U(z)$$

$$Y_2(z) = z^{-1}G_P'(z)U(z) = z^{-1}z\left[\frac{G_P(s)}{s}\right]U(z)$$

所以

$$Y_2'(z) = Y_1(z) - Y_2(z) = (1 - z^{-1})G_P'(z)U(z)$$

最后求得开环脉冲传递函数为

$$G(z) = \frac{Y(z)}{U(z)} = \frac{z-1}{z}z\left[\frac{G_P(s)}{s}\right] \tag{7-66}$$

【例题 7 - 17】　若图 7 - 21 所示系统中 $G_P(s) = \dfrac{1}{s(s+1)}$，试求开环系统的脉冲传递函

数 $G(z) = \dfrac{Y(z)}{U(z)}$。

解
$$\frac{G_P(s)}{s} = \frac{1}{s^2(s+1)} = \frac{1}{s^2} - \frac{1}{s} + \frac{1}{s+1}$$

查变换表，进行 z 变换，得

$$z\left[\frac{G_P(s)}{s}\right] = z\left[\frac{1}{s^2} - \frac{1}{s} - \frac{1}{s+1}\right] = \frac{Tz}{(z-1)^2} - \frac{z}{z-1} + \frac{z}{z-e^{-T}}$$

根据式(7 - 66)和上述结果得

$$G(z) = \frac{z-1}{z}\left[\frac{Tz}{(z-1)^2} - \frac{z}{z-1} + \frac{z}{z-e^{-T}}\right] = \frac{T}{z-1} - 1 + \frac{z-1}{z-e^{-T}}$$

$$= \frac{(T-1+e^{-T})z + 1 - (T+1)e^{-T}}{z^2 - (1+e^{-T})z + e^{-T}}$$

2. 并联环节的脉冲传递函数

与环节串联一样，在离散系统中，环节并联的情况也不是唯一的。首先介绍两个等效
图形，如图 7 - 22(a)、(b)所示。

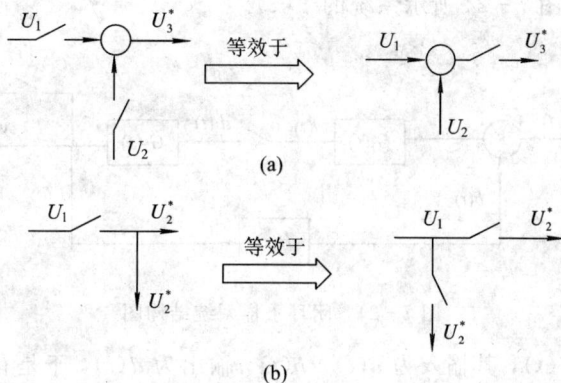

(a)

(b)

图 7 - 22　并联环节的等效

注意，并联环节后的变量是相加减关系，只有同类型的变量才能相加减。因此，我们
讨论图 7 - 23 所示的并联环节。

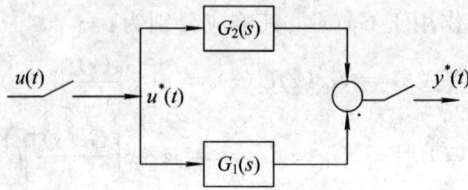

图 7 - 23　并联环节方框图

显然有：

$$Y(s) = U^*(s)[G_1(s) \pm G_2(s)]$$

$$Y^*(s) = U^*(s)[G_1(s) \pm G_2(s)]^*$$

$$Y(z) = U(z)G_1(z) \pm U(z)G_2(z)$$

即

$$G(z) = \frac{Y(z)}{U(z)} = G_1(z) \pm G_2(z) \qquad (7-67)$$

3. 闭环系统的脉冲传递函数

根据不同结构，我们把离散系统分为下面两种情况：

① 输入信号在进入反馈回路后，至回路输出节点前，至少有一个真实的采样开关，则可用简易法计算。

② 不满足①中条件的一般不能用简易法计算。

(1) 闭环系统脉冲传递函数的一般计算方法。

求闭环系统脉冲传递函数时，一般按定义的方法进行计算，即在已知系统的结构图中注明各环节的输入、输出信号，用代数消元法求出系统输入、输出关系式。众所周知，对于比较复杂的离散控制系统，用这种方法计算将是十分复杂和困难的。本文对脉冲传递函数准确的计算是指求取输出的 z 变换关系式（对于脉冲传递函数不存在的系统）。

如图 7 - 24 所示，在这个系统中，连续的输入信号直接进入连续环节 $G_1(s)$，如前所述，在这种情况下，只能求输出信号的 z 变换表达式 $Y(z)$，而求不出系统的脉冲传递函数 $\dfrac{Y(z)}{U(z)}$。下面我们来求图 7 - 24 所示系统的 $Y(z)$。

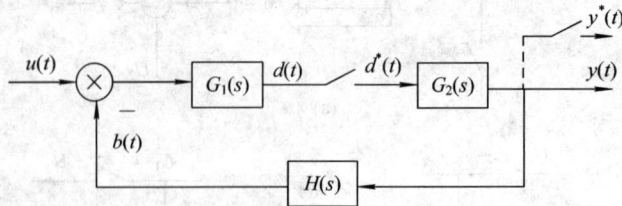

图 7 - 24　闭环采样系统结构图

对于连续环节 $G_1(s)$，其输入为 $u(t) - b(t)$，输出为 $d(t)$，于是有

$$D(s) = G_1(s)[U(s) - B(s)] = G_1(s)U(s) - G_1(s)B(s) \qquad (7-68)$$

对于连续环节 $G_2(s)H(s)$，其输入为 $d^*(t)$，输出为 $b(t)$，于是有

$$B(s) = G_2(s)H(s) \cdot D^*(s) \qquad (7-69)$$

将式(7 - 69)代入式(7 - 68)，有

$$D(s) = G_1(s)U(s) - G_1(s)G_2(s)H(s) \cdot D^*(s)$$

对上式采样，有

$$D^*(s) = [G_1(s)U(s)]^* - [G_1(s)G_2(s)H(s)]^* D^*(s)$$

取 z 变换得

$$D(z) = G_1U(z) - G_1G_2H(z) \cdot D(z)$$

所以

$$D(z) = \frac{G_1U(z)}{1 + G_1G_2H(z)} \qquad (7-70)$$

因为

$$Y(s) = G_2(s) \cdot D^*(s)$$

采样后得

$$Y^*(s) = G_2^*(s) \cdot D^*(s)$$

z 变换为

$$Y(z) = G_2(z)D(z) \qquad (7-71)$$

将式(7-70)代入式(7-71)，得

$$Y(z) = \frac{G_2(z) \cdot G_1U(z)}{1 + G_1G_2H(z)} \qquad (7-72)$$

由式(7-72)知，解不出 $\frac{Y(z)}{U(z)}$，但有了 $Y(z)$，仍可由 z 反变换求输出的采样信号 $y^*(t)$。

部分离散系统结构图及其脉冲传递函数如表 7-1 所示。

表 7-1　部分离散系统结构图及其脉冲传递函数

	结　构　图	$Y(z)$
1	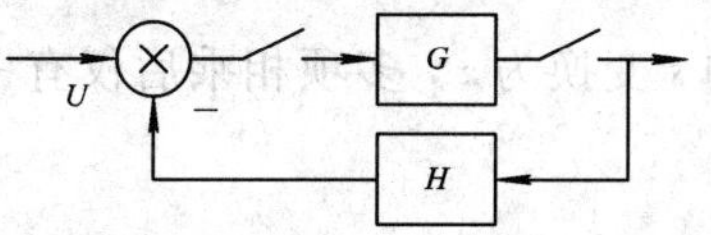	$Y(z) = \dfrac{G(z)U(z)}{1 + G(z)H(z)}$
2	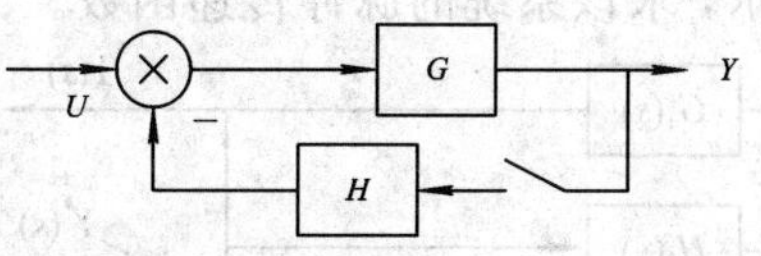	$Y(z) = \dfrac{G(z)U(z)}{1 + G(z)H(z)}$
3	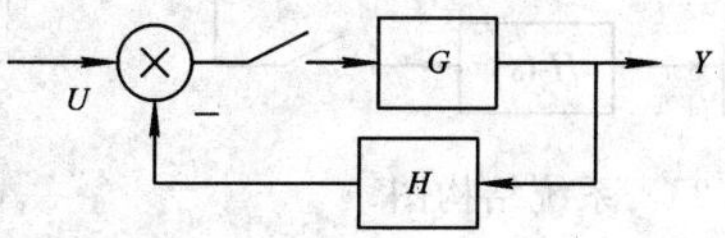	$Y(z) = \dfrac{G(z)U(z)}{1 + GH(z)}$
4	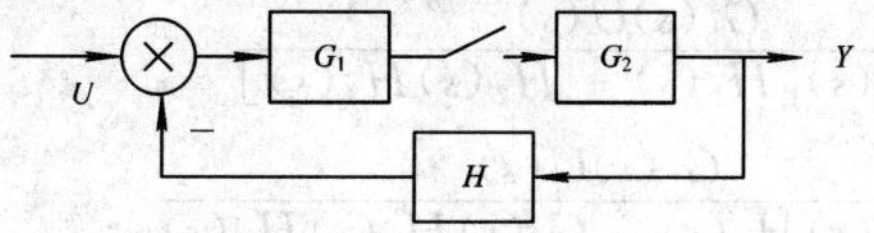	$Y(z) = \dfrac{G_2(z)G_1U(z)}{1 + G_1G_2H(z)}$

结 构 图	$Y(z)$
5	$Y(z) = \dfrac{G_1(z)G_2(z)U(z)}{1 + G_1(z)G_2H(z)}$
6	$Y(z) = \dfrac{G(z)U(z)}{1 + G(z)H(z)}$
7	$Y(z) = \dfrac{G_2(z)G_3(z)G_1U(z)}{1 + G_2(z)G_1G_3H(z)}$
8	$Y(z) = \dfrac{G_2(z)G_1U(z)}{1 + G_2(z)G_1H(z)}$

（2）闭环系统脉冲传递函数的简易计算方法。

这里我们介绍一种脉冲传递函数的简易计算方法：

① 将离散系统中的采样开关去掉，求出对应连续系统的输出表达式。

② 对表达式中各环节乘积项逐个决定其"﹡"号。方法是：乘积项中某项与其余相乘项两两比较，当且仅当该项与其中任一相乘项均被采样开关分隔时，该项才能打"﹡"号；否则，需相乘后才打"﹡"号。

③ 取 z 变换，把有"﹡"号的单项中的 s 变换为 z，多项相乘后仅有一个"﹡"号的，其 z 变换等于各项传递函数乘积的 z 变换。

下面举例说明。

【例题 7-18】　系统如图 7-25 所示，求该系统的脉冲传递函数。

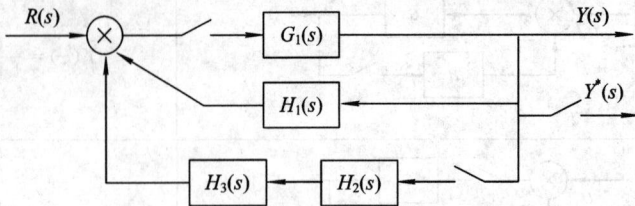

图 7-25　系统结构图

解　显然该系统可用简易法计算，去掉采样开关后，连续系统的输出表达式为

$$Y(s) = \frac{G_1(s)U(s)}{1 + G_1(s)\big[H_1(s) + H_2(s)H_3(s)\big]}$$

$$= \frac{G_1(s)U(s)}{1 + G_1(s)H_1(s) + G_1(s)H_2(s)H_3(s)}$$

对上式进行脉冲变换（加"﹡"）：

$$Y^*(s) = \frac{G_1^*(s)U^*(s)}{1 + [G_1(s)H_1(s)]^* + G_1^*(s)[H_2(s)H_3(s)]^*}$$

变量置换得

$$Y(z) = \frac{G_1(z)U(z)}{1 + G_1H_1(z) + G_1(z)H_2H_3(z)}$$

【例题 7 - 19】　系统如图 7 - 26 所示，求该系统的脉冲传递函数。

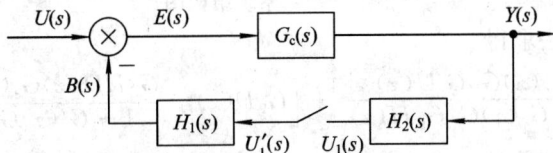

图 7 - 26　系统结构图

解　用代数消元法求出系统的输入输出关系式：

$$Y(s) = G_c(s)E(s)$$

$$E(s) = U(s) - B(s) = U(s) - H_1(s)U_1^*(s)$$

所以

$$Y(s) = G_c(s)U(s) - G_c(s)H_1(s)U_1^*(s)$$

$$Y^*(s) = [G_c(s)U(s)]^* - [G_c(s)H_1(s)]^*U_1^*(s)$$

$$U_1^*(s) = [H_2(s)Y(s)]^* = [H_2(s)G_c(s)E(s)]^*$$

$$= \{H_2(s)G_c(s)[U(s) - H_1(s)U_1^*(s)]\}^*$$

$$= [H_2(s)G_c(s)U(s)]^* - [H_1(s)H_2(s)G_c(s)]^*U_1^*(s)$$

所以

$$U_1^*(s) = \frac{[H_2(s)G_c(s)U(s)]^*}{1 + [H_1(s)H_2(s)G_c(s)]^*}$$

$$Y^*(s) = [G_c(s)U(s)]^* - \frac{[H_2(s)G_c(s)U(s)]^*[G_c(s)H_1(s)]^*}{1 + [H_1(s)H_2(s)G_c(s)]^*}$$

即

$$Y(z) = G_cU(z) - \frac{G_cH_1(z)G_cH_2U(z)}{1 + H_1H_2G_c(z)}$$

其中关键是求出 $U_1^*(s)$。

如果在图 7 - 26 中的 $G_c(s)$ 前增加采样开关（根据图 7 - 22(a)，此时等价于在综合点前分别增加两个采样开关），则

$$Y(z) = G_c(z)U(z) - \frac{G_c(z)H_1(z)G_cH_2(z)U(z)}{1 + H_1(z)G_cH_2(z)} = \frac{G_c(z)U(z)}{1 + H_1(z)G_cH_2(z)}$$

该结果与用简易法获得的结果一致（此时满足简易法计算条件）。

如果在图 7 - 26 中的 $G_c(s)$ 后增加采样开关（根据图 7 - 22(b)，此时等价于在 $H_2(s)$ 前增加采样开关），则

$$Y(z) = G_c(z)U(z) - \frac{G_cH_1(z)H_2(z)G_cU(z)}{1 + H_2(z)G_cH_1(z)} = \frac{G_cU(z)}{1 + H_2(z)G_cH_1(z)}$$

该结果仍与用简易法计算得到的结果一致（此时仍满足简易法计算条件）。

【例题 7 - 20】　系统如图 7 - 27 所示，求该系统的脉冲传递函数。

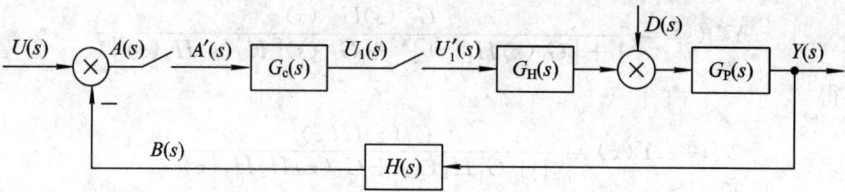

图 7-27　系统结构图

解　用代数消元法求得

$$Y(z) = \left[\frac{G_c(z)G_H G_P U(z)}{1 + G_c(z)G_H G_P H(z)} \right] + \left[G_P D(z) - \frac{G_P H D(z)G_c(z)G_H G_P(z)}{1 + G_c(z)G_H G_P H(z)} \right]$$

$$= Y_U(z) + Y_D(z)$$

其中：$Y_U(z)$ 是输出对应于 U 输入时的响应，从图 7-27 可知，此时满足简易法条件，其结果亦与简易法计算所得结果一致；$Y_D(z)$ 是输出对应于 D 输入时的响应，从图 7-27 可知，此时不满足简易法条件，其结果便与简易法计算所得结果不同。

7.5.4　数学模型之间的转换

和连续系统一样，对于离散系统，其两种数学模型——差分方程与脉冲传递函数之间也可以相互转换。由差分方程求脉冲传递函数的问题，前面已经讨论过，下面主要讨论由脉冲传递函数如何建立差分方程。差分方程的建立方法有若干种，其中利用脉冲传递函数来建立差分方程是最简单的一种方法。

1. 已知脉冲传递函数 $G(z)$ 建立差分方程

首先根据已知的 $G(z)$ 写出关于 $Y(z)$ 与 $U(z)$ 的代数方程，然后对这个方程的两边取 z 反变换，即得差分方程。

【例题 7-21】　已知离散系统的脉冲传递函数为 $G(z) = \dfrac{Tz}{z^2 - 2z + 1}$，试建立系统的差分方程。

解

$$G(z) = \frac{Y(z)}{U(z)} = \frac{Tz}{z^2 - 2z + 1}$$

$$(z^2 - 2z + 1)Y(z) = TzU(z)$$

利用 z 变换超前定理，对上式两边取 z 反变换，即得系统的差分方程为

$$c(k+2) - 2c(k+1) + c(k) = Tr(k+1)$$

2. 已知 $G(s)$ 建立差分方程

若已知基本离散系统中的连续部分的传递函数 $G(s)$，如图 7-28 所示，则首先由 $G(s)$ 求 $G(z)$，再由 $G(z)$ 写出差分方程。

【例题 7-22】　采样系统的结构如图 7-28 所示，设系统连续部分的传递函数为 $G(s) = \dfrac{1}{s^2}$，试建立系统的差分方程。

解　首先由 $G(s)$ 求 $G(z)$，得

$$G(z) = z \left[\frac{1}{s^2} \right] = \frac{Tz}{(z-1)^2}$$

即

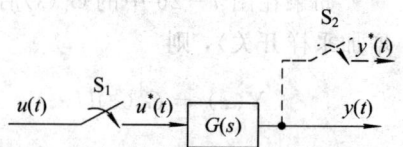

图 7-28　开环采样系统方框图

$$G(z) = \frac{Y(z)}{U(z)} = \frac{Tz}{z^2 - 2z + 1}$$

所以

$$(z^2 - 2z + 1)Y(z) = TzU(z)$$

取 z 反变换，即得系统的差分方程为

$$c(k+2) - 2c(k+1) + c(k) = Tr(k+1)$$

7.6 离散系统性能分析

本节我们首先从 s 域与 z 域的对应关系出发，介绍离散系统的稳定条件及判定方法；然后介绍离散系统的稳态误差；最后介绍离散系统的动态性能分析。

7.6.1 稳定性的分析

1. 离散系统的零、极点概念

离散系统的零、极点的含义与连续系统的相类似。离散系统的极点是指，特征方程的根或无零极相消时脉冲传递函数的极点。离散系统的特征方程（$\Delta(z)=0$）有三种表示形式：

（1）根据输入－输出差分方程式齐次部分的系数表示为

$$\Delta(z) = z^n + a_{n-1}z^{n-1} + \cdots + a_1 z + a_0 = 0$$

（2）根据状态方程的系数矩阵 A 表示为

$$\Delta(z) = \det(z\boldsymbol{I} - \boldsymbol{A}) = 0$$

（3）当无零极相消时根据系统的开环脉冲传递函数 $G_k(z)$ 表示为

$$\Delta(z) = 1 + G_k(z) = 0$$

这三种表示形式是等价的。

系统的零点是指无零极相消时脉冲传递函数的零点。若脉冲传递函数出现零极相消，则称相消后的零、极点为系统的传递零、极点。

2. z 平面与 s 平面的映射关系

在定义 z 变换时，因为令

$$z = \mathrm{e}^{Ts}$$

即

$$r\mathrm{e}^{\mathrm{j}\varphi} = \mathrm{e}^{(\sigma + \mathrm{j}\omega)T} = \mathrm{e}^{\sigma T} \cdot \mathrm{e}^{\mathrm{j}\omega T}$$

所以

$$r = \mathrm{e}^{\sigma T}, \ \varphi = \omega T = 2\pi \frac{\omega}{\omega_s} \quad \left(T = \frac{2\pi}{\omega_s}, \ \omega_s \ \text{为采样角频率} \right)$$

（1）s 平面的虚轴在 z 平面上的映射。

将 s 平面虚轴的表达式 $s = \mathrm{j}\omega$ 代入 $z = \mathrm{e}^{Ts}$，得 $z = \mathrm{e}^{\mathrm{j}\omega T}$，此式表示的是 z 平面上模始终为 1（与 ω 无关）、幅角为 ωT 的复变数。由于其幅角是 ω 的函数，因此当 ω 从 $-\frac{1}{2}\omega_s$ $\left(\omega_s = \frac{2\pi}{T} \right)$ 经零变化到 $+\frac{1}{2}\omega_s$，即变化范围为 ω_s 时，幅角由 $-\pi$ 经零变化到 $+\pi$，相应的点

在 z 平面上逆时针画出一个以原点为圆心、半径为 1 的单位圆,如图 7-29(a)所示。当 ω 继续由 $+\frac{1}{2}\omega_s$ 变化到 $\frac{3}{2}\omega_s$,或由 $-\frac{3}{2}\omega_s$ 变化到 $-\frac{1}{2}\omega_s$,即当 s 平面上的点沿虚轴移动一个 ω_s 的距离时,相应的点便在 z 平面上逆时针重复画出一个单位圆,重叠在上述第一个单位圆上。由此可见,当 ω 由 $-\infty$ 变化到 $+\infty$ 时,相应的点就沿单位圆逆时针转无穷多圈。

由此得出结论: s 平面的虚轴在 z 平面上的映射,是以原点为圆心、半径为 1 的单位圆。s 平面的原点映射到 z 平面上,则是(+1, j0)点。

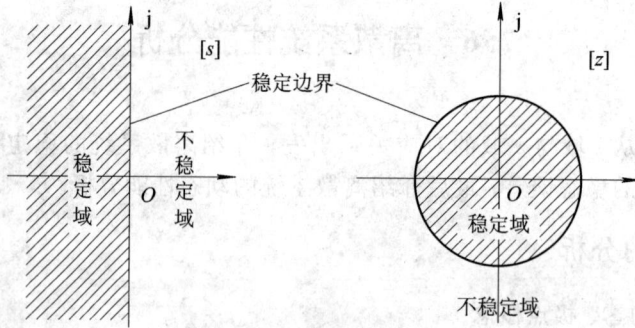

(a) 稳定域从 s 平面到 z 平面的映射

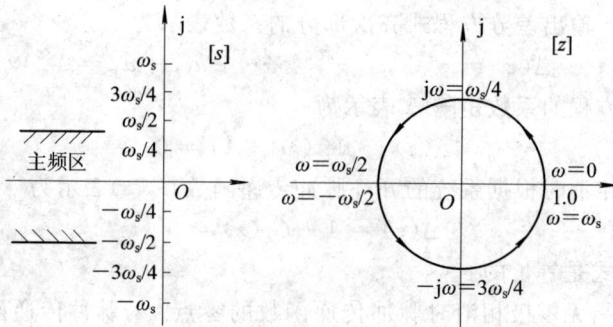

(b) s 平面的虚轴在 z 平面上的映射

图 7-29 s 平面到 z 平面的映射

(2) s 平面左半部分在 z 平面上的映射。

对于 s 平面的左半部分,由于所有复变数 $s=\sigma+j\omega$ 均具有 $\sigma<0$ 的性质,因此映射到 z 平面上的 $z=e^{\sigma T}e^{j\omega T}$ 的模 $e^{\sigma T}$ 均小于 1,不论 ω 取何值,相应的点 z 均处在上述单位圆内。由此得出结论:整个 s 平面的左半部分在 z 平面的映射,是以原点为圆心的单位圆的内部区域。

结合前面的讨论可以看出,s 平面左半部分每一条宽度为 ω_s 的带状区域,映射到 z 平面上都是单位圆内的区域。由于实际采样系统的截止频率很低,远低于采样频率 ω_s,因此一般把 ω 从 $-\frac{\omega_s}{2}$ 到 $+\frac{\omega_s}{2}$ 的带状区域称为主频区,如图 7-29(b)所示,其他的则称为次频区。

(3) s 平面右半部分在 z 平面上的映射。

　　对于 s 平面的右半部分，由于所有复变数 $s=\sigma+\mathrm{j}\omega$ 均具有 $\delta>0$ 的性质，因此映射到 z 平面上的 $z=\mathrm{e}^{\sigma T}\mathrm{e}^{\mathrm{j}\omega T}$ 的模 $\mathrm{e}^{\sigma T}$ 均大于 1，不论 ω 取何值，相应的点 z 均处在上述单位圆外。因此，整个 s 平面右半部分在 z 平面上的映射是以原点为圆心的单位圆外部区域。

　　根据上述讨论，可得出如表 7-2 所示的对应关系。

表 7-2　z 平面与 s 平面的映射关系对应表

s 平面	z 平面	稳定性讨论
$\sigma=0$，虚轴	$r=1$，单位圆	稳定边界
$\sigma<0$，左半部分	$r<1$，单位圆内	稳定
σ 为常数，虚轴的平行线	r 为常数，圆心圆	稳定
$\sigma>0$，右半部分	$r>1$，单位圆外	不稳定
$\omega=0$，实轴	正实轴	不稳定
ω 为常数，实轴的平行线	端点为原点的射线	不稳定

3. 离散系统稳定的充要条件

　　根据在 s 平面系统稳定的条件是极点 $\sigma<0$ 可知，离散系统稳定的条件是 $r<1$，即所有的闭环极点均应分布在 z 平面的单位圆内。只要有一个闭环极点在单位圆外，系统就不稳定；有一个在单位圆上时，系统处于稳定边界。

　　判断系统稳定与否，对于一、二阶系统，可以直接解出特征根，再加以鉴别。对于高于二阶的系统，直接求解特征根的方法不可取，目前已有一些间接判定的方法可采用。

　　【例题 7-23】　在图 7-30 所示系统中，设采样周期 $T=1$ s，试分析当 $K=4$ 和 $K=5$ 时系统的稳定性。

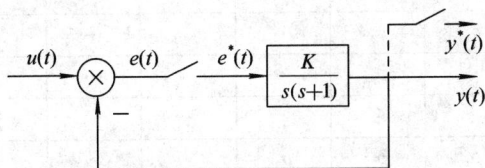

图 7-30　采样系统结构图

　　解　系统连续部分的传递函数为

$$G(s)=\frac{K}{s(s+1)}$$

则

$$G(z)=z\left[\frac{K}{s(s+1)}\right]=\frac{Kz[1-\mathrm{e}^{-T}]}{(z-1)(z-\mathrm{e}^{-T})}$$

所以，系统的闭环脉冲传递函数为

$$\phi_\sigma(z)=\frac{Y(z)}{U(z)}=\frac{G(z)}{1+G(z)}=\frac{Kz(1-\mathrm{e}^{-T})}{(z-1)(z-\mathrm{e}^{-T})+Kz(1-\mathrm{e}^{-T})}$$

系统的闭环特征方程为

$$(z-1)(z-\mathrm{e}^{-T})+Kz(1-\mathrm{e}^{-T})=0$$

　　① 将 $K=4$，$T=1$ 代入方程，得

$$z^2 + 1.16z + 0.368 = 0$$

解得

$$z_1 = -0.580 + j0.178, \quad z_2 = -0.580 - j0.178$$

z_1、z_2 均在单位圆内，所以系统是稳定的。

② 将 $K=5$，$T=1$ 代入方程，得

$$z^2 + 1.792z + 0.368 = 0$$

解得

$$z_1 = -0.237, \quad z_2 = -1.555$$

因为 z_2 在单位圆外，所以系统是不稳定的。

4. 判定离散系统稳定的代数方法

1）朱利（Jury）判据

朱利判据是根据 z 平面内特征式 $D(z)$ 的系数来判别特征根是否全位于单位圆内，从而判别系统是否稳定。

设系统的闭环特征式为

$$D(z) = a_0 + a_1 z + a_2 z^2 + \cdots + a_n z^n \tag{7-73}$$

a_i 为系数，n 为阶次，且有 $a_n > 0$。首先将各系数排成朱利阵列，如表 7-3 所示。

表 7-3　朱利阵列

行数	z^0	z^1	z^2	$\cdots$	z^{n-k}	$\cdots$	$\cdots$	z^{n-1}	z^n
1	a_0	a_1	a_2	$\cdots$	a_{n-k}	$\cdots$	$\cdots$	a_{n-1}	a_n
2	a_n	a_{n-1}	a_{n-2}	$\cdots$	a_k	$\cdots$	$\cdots$	a_1	a_0
3	b_0	b_1	b_2	$\cdots$	b_{n-k}	$\cdots$	$\cdots$	b_{n-1}	/
4	b_{n-1}	b_{n-2}	b_{n-3}	$\cdots$	b_{k-1}	$\cdots$	$\cdots$	b_0	/
5	c_0	c_1	c_2	$\cdots$	c_{n-k}	$\cdots$	c_{n-2}	/	/
6	c_{n-2}	c_{n-3}	c_{n-4}	$\cdots$	c_{k-2}	$\cdots$	c_0	/	/
$\vdots$	$\vdots$	$\vdots$	$\vdots$	$\cdots$	$\vdots$		$\vdots$		
$2n-5$	p_0	p_1	p_2	p_3	/				
$2n-4$	p_3	p_2	p_1	p_0	/				
$2n-3$	q_0	q_1	q_2	/					
$2n-2$	q_2	q_1	q_0	/					

表中 $k=0,1,\cdots,n$。第一行为对应的方程系数。第二行及后面的偶次行的元素，分别为其前一行元素反顺序排列而得到。阵列中各元素定义如下：

$$b_k = \begin{vmatrix} a_0 & a_{n-k} \\ a_n & a_k \end{vmatrix}, \quad c_k = \begin{vmatrix} b_0 & b_{n-1-k} \\ b_{n-1} & b_k \end{vmatrix}, \quad d_k = \begin{vmatrix} c_0 & c_{n-2-k} \\ c_{n-2} & c_k \end{vmatrix} \quad \cdots$$

$$\cdots \quad q_0 = \begin{vmatrix} p_0 & p_3 \\ p_3 & p_0 \end{vmatrix}, \quad q_1 = \begin{vmatrix} p_0 & p_2 \\ p_3 & p_1 \end{vmatrix}, \quad q_2 = \begin{vmatrix} p_0 & p_1 \\ p_3 & p_2 \end{vmatrix}$$

系统稳定的充要条件是：

$$D(1) > 0, \quad D(-1) \begin{cases} > 0, & n \text{ 为偶数} \\ < 0, & n \text{ 为奇数} \end{cases}$$

且满足

$$\left.\begin{aligned} & |a_0| < a_n \\ & |b_0| > |b_{n-1}| \\ & |c_0| > |c_{n-2}| \\ & \vdots \\ & |q_0| > |q_2| \end{aligned}\right\} \quad 共(n-1) 个约束条件 \qquad (7-74)$$

当上述条件均满足时，系统是稳定的。

【例题 7-24】 已知采样系统的闭环特征方程为

$$D(z) = z^3 + 2z^2 + 1.31z + 0.28 = 0$$

试判别该系统的稳定性。

解 $D(1) = 4.59 > 0$，$D(-1) = -2.31 + 2.28 = -0.03 < 0$，$(n=3)$ 朱利阵列如下：

行数	z^0	z^1	z^2	z^3
1	0.28	1.31	2	1
2	1	2	1.31	0.28
3	−0.92	−1.63	−0.75	
4	−0.75	−1.63	−0.92	

表中第三行元素为

$$b_0 = \begin{vmatrix} 0.28 & 1 \\ 1 & 0.28 \end{vmatrix} = -0.92, \quad b_1 = \begin{vmatrix} 0.28 & 2 \\ 1 & 1.31 \end{vmatrix} = -1.63, \quad b_2 = \begin{vmatrix} 0.28 & 1.31 \\ 1 & 2 \end{vmatrix} = -0.75$$

第四行只要将第三行元素反顺序排列即可。

现由式(7-74)判别 $n-1$ 个约束条件：

$$|a_0| = 0.28, \quad a_n = 1, \quad 所以 |a_0| < a_n$$
$$|b_0| = 0.92, \quad |b_2| = 0.75, \quad 所以 |b_0| > |b_{n-1}|$$

所有条件均满足，因此系统是稳定的。

【例题 7-25】 已知系统的闭环特征方程为

$$D(z) = 45z^3 - 117z^2 + 119z - 39 = 0$$

试判别该系统的稳定性。

解 $D(1) = 8 > 0$，$D(-1) < 0$，$(n=3)$ 朱利阵列如下：

行数	z^0	z^1	z^2	z^3
1	−39	119	−117	45
2	45	−117	119	−39
3	−504	624	−792	
4	−792	624	−504	

表中第三行元素为

$$b_0 = \begin{vmatrix} -39 & 45 \\ 45 & -39 \end{vmatrix} = -504, \quad b_1 = \begin{vmatrix} -39 & -117 \\ 45 & 119 \end{vmatrix} = 624, \quad b_2 = \begin{vmatrix} -39 & 119 \\ 45 & -117 \end{vmatrix} = -792$$

又因为 $|a_0|=39<a_n=45$，而 $|b_0|=504$，$|b_2|=792$，$|b_0|<|b_2|$，所以此条件不满足，系统是不稳定的。

2）劳斯判据在 z 域中的应用

连续系统中的劳斯判据是判别根是否全在 s 左半平面，从而确定系统的稳定性。而在 z 平面内，稳定性取决于根是否全在单位圆内。因此，劳斯判据是不能直接应用的，如果将 z 平面再复原到 s 平面，则系统的方程中又将出现超越函数。所以我们想法再寻找一种新的变换，使 z 平面的单位圆映射到一个新的平面的虚轴之左。此新的平面我们称为 w 平面，在此平面上，我们就可直接应用劳斯稳定判据了。

作双线形变换

$$z = \frac{w+1}{w-1} \tag{7-75}$$

同时有

$$w = \frac{z+1}{z-1} \tag{7-76}$$

其中 z、w 均为复变量，写做：

$$\left.\begin{array}{l} z = x + \mathrm{j}y \\ w = u + \mathrm{j}v \end{array}\right\} \tag{7-77}$$

将式（7-77）代入式（7-76），并将分母有理化，整理后得

$$w = u + \mathrm{j}v = \frac{x+\mathrm{j}y+1}{x+\mathrm{j}y-1} = \frac{[(x+1)+\mathrm{j}y][(x-1)-\mathrm{j}y]}{(x-1)^2+y^2} = \frac{x^2+y^2-1-2\mathrm{j}y}{(x-1)^2+y^2}$$

$$= \frac{x^2+y^2-1}{(x-1)^2+y^2} - \mathrm{j}\frac{2y}{(x-1)^2+y^2} \tag{7-78}$$

w 平面的实部为

$$u = \frac{x^2+y^2-1}{(x-1)^2+y^2}$$

w 平面的虚轴对应于 $u=0$，则有

$$x^2+y^2-1=0$$

即

$$x^2+y^2=1 \tag{7-79}$$

式（7-79）为 z 平面中的单位圆方程，若极点在 z 平面的单位圆内，则有 $x^2+y^2<1$，对应于 w 平面中的 $u<0$，即虚轴以左；若 $x^2+y^2>1$，则为 z 平面的单位圆外，对应于 w 平面中的 $u>0$，就是虚轴以右，如图 7-31 所示。

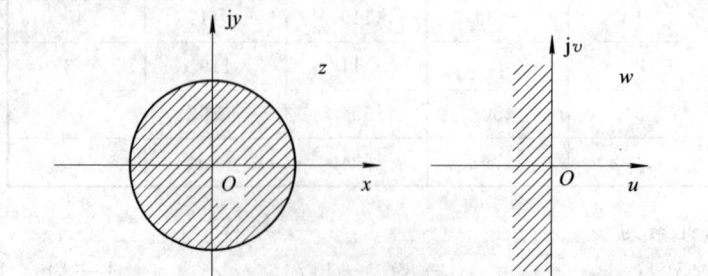

图 7-31　由 z 平面到 w 平面的映射

　　上述对应关系还可以从 w 平面的向量几何图形中得到。如图 $7-32$ 所示，若在 w 左半平面中有任意一点 w_1，则由向量相加关系可以得到：

$$| w_1 + 1 | < | w_1 - 1 |$$

则

$$| z_1 | = \frac{| w_1 + 1 |}{| w_1 - 1 |} < 1$$

表明点 w_1 在左半平面时，相应的 z_1 点一定在单位圆内。

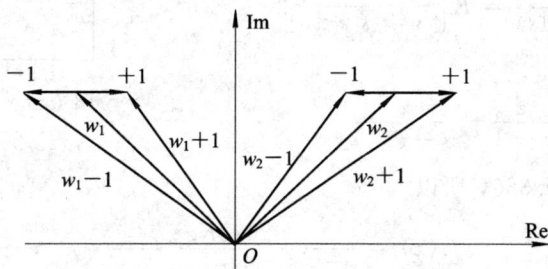

图 $7-32$　z、w 平面之间对应关系的图解说明

　　同理，若有点 w_2 在 w 右半平面，则

$$| w_2 + 1 | > | w_2 - 1 |$$

所以

$$| z_2 | = \frac{| w_2 + 1 |}{| w_2 - 1 |} > 1$$

即点 w_2 在右半平面时，相应的 z_2 点一定在单位圆外。

　　利用上述变换，可以将特征方程 $D(z) = 0$ 转换成 $D(w) = 0$，然后就可直接应用连续系统中所介绍的劳斯稳定判据来判别离散系统的稳定性。

　　【例题 7 - 26】　设系统的特征方程同例 $7-25$，为

$$D(z) = 45z^3 - 117z^2 + 119z - 39 = 0$$

试用 w 平面的劳斯判据判别稳定性。

　　解　将

$$z = \frac{w+1}{w-1}$$

代入特征方程得

$$45\left(\frac{w+1}{w-1}\right)^3 - 117\left(\frac{w+1}{w-1}\right)^2 + 119\left(\frac{w+1}{w-1}\right) - 39 = 0$$

两边乘 $(w-1)^3$，化简后得

$$D(w) = w^3 + 2w^2 + 2w + 40 = 0$$

可得如下劳斯表：

w^3	1	2	0
w^2	2	40	0
w^1	-18	0	
w^0	40		

因为第一列元素有两次符号改变，所以系统不稳定，结论同上例。正如连续系统中介绍的那样，劳斯判据还可以判断出有多少个根在 w 右半平面。本例有两次符号改变，即有两个根在 w 右半平面，也即有两个根在 z 平面的单位圆外，这是劳斯判据的优点之一。

【例题 7-27】 已知系统结构如图 7-33 所示，采样周期 $T=0.1$ s。试判别系统稳定时，K 的取值范围。

解 因为

$$G(s) = \frac{K}{s(1+0.1s)} = K\left[\frac{1}{s} - \frac{1}{s+10}\right]$$

查表得

$$G(z) = K\left[\frac{z}{z-1} - \frac{z}{z-e^{-10T}}\right]$$

因为 $T=0.1$ s，$e^{-1}=0.386$，所以

图 7-33 系统结构图

$$G(z) = \frac{0.632Kz}{z^2 - 1.368z + 0.368}$$

单位反馈系统的闭环传递函数为

$$\phi(z) = \frac{G(z)}{1+G(z)}$$

特征方程为

$$D(z) = 1 + G(z) = 0$$

即

$$z^2 + (0.632K - 1.368)z + 0.368 = 0$$

朱利判据的稳定条件如下：

由 $D(1)>0$ 得

$$1 + 0.632K - 1.368 + 0.368 > 0$$

则 $0.362K>0$，所以

$$K>0$$

由 $D(-1)>0(n=2)$ 得

$$1 - (0.632K - 1.368) + 0.368 > 0$$

则 $0.632K<2.736$，所以

$$K<4.32$$

由 $|a_0|=0.368<a_n=1$，因此系统稳定时，K 的取值范围为

$$0 < K < 4.32$$

由于此例中，采样信号未经过保持器直接加到系统中，故实际上应取 $0<K/\tau<4.32$，其中 τ 为脉冲宽度。

可以看出，当系统中没有采样器时，$K>0$，二阶连续系统总是稳定的。有了采样器后，系统稳定时 K 的范围就有了限制，加大 K 会导致系统不稳定。通常，减小采样周期 T，使系统工作尽可能接近于相应的连续系统，那么增益 K 的取值范围可以加大。

此例还可以用 w 平面的劳斯判据来判别稳定性。因为

$$D(z) = z^2 + (0.632K - 1.368)z + 0.368 = 0$$

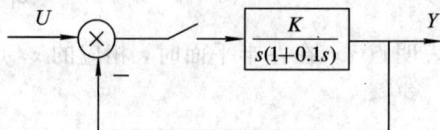

将 $z = \dfrac{w+1}{w-1}$ 代入上式，得

$$\left(\frac{w+1}{w-1}\right)^2 + (0.632K - 1.368)\left(\frac{w+1}{w-1}\right) + 0.368 = 0$$

化简后得

$$0.632Kw^2 + 1.264w + (2.736 - 0.632K) = 0$$

可得如下劳斯表：

w^2	$0.632K$	$2.736 - 0.632K$
w^1	1.264	
w^0	$2.736 - 0.632K$	

为使第一列各元素均大于零，即

$$K > 0,\ 2.736 - 0.632K > 0$$

所以

$$0 < K < 4.32$$

实际上应取 $0 < K/\tau < 4.32$，结论同前。

上面我们直接应用了连续系统的劳斯判据来判别系统稳定性。实际上，一旦获得了 w 平面的特征式 $D(w)$ 后，那么凡是适用于连续系统的判据，均可用来判别采样系统的稳定性。

若有

$$D(w) = 1 + G(w) = 0$$

设 $w = j\omega_p$，其中 ω_p 其中为虚拟频率，则可以用频率法中的奈奎斯特判据、伯德图来判别稳定性，并可求稳定裕度；还可用来分析采样系统的动态性能及进行校正等。总之，我们在连续系统中采用的分析方法均可用于 w 平面上的采样系统分析。

7.6.2　稳态误差计算

离散系统的稳态误差一般分为采样时刻处的稳态误差、与采样时刻之间纹波引起的误差两部分。仅就采样时刻处的稳态误差来说，其分析方法与连续系统类似，同样可以用终值定理来求取，并与系统的型别、参数及外作用的形式有关。下面仅讨论单位反馈系统在典型输入信号作用下的采样时刻处的稳态误差。

设采样系统的结构图如图 7 - 34 所示。$G(s)$ 是系统连续部分的传递函数，$e(t)$ 为连续误差信号，$e^*(t)$ 为采样误差信号。

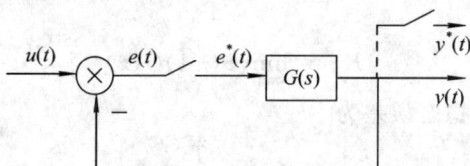

图 7 - 34　单位反馈采样系统

系统的误差脉冲传递函数为

$$\Phi_{\sigma r}(z) = \frac{E(z)}{U(z)} = \frac{1}{1 + G(z)}$$

由此可得误差信号的 z 变换为

$$E(z) = \Phi_{\sigma r}(z)U(z) = \frac{1}{1 + G(z)}U(z)$$

假定系统是稳定的，即 $\Phi_{\sigma r}(z)$ 的全部极点均在 z 平面的单位圆内，则可用终值定理求出采样时刻处的稳态误差为

$$e_{ss} = e(\infty) = \lim_{z \to 1}(z - 1)E(z) = \lim_{z \to 1}(z - 1)\frac{1}{1 + G(z)}U(z) \tag{7-80}$$

下面分别讨论三种典型输入信号作用下的系统的稳态误差。

1. 单位阶跃输入信号作用下的稳态误差

由 $u(t) = 1(t)$，可得

$$U(z) = \frac{z}{z - 1}$$

将此式代入式(7-80)，得稳态误差为

$$e_{ss} = \lim_{z \to 1}(z - 1)\frac{1}{1 + G(z)} \cdot \frac{z}{z - 1} = \lim_{z \to 1}\frac{z}{1 + G(z)} \tag{7-81}$$

与连续系统类似，定义

$$K_p = \lim_{z \to 1}G(z) \tag{7-82}$$

为静态位置误差系数，则稳态误差为

$$e_{ss} = \frac{1}{1 + K_p} \tag{7-83}$$

从 K_p 定义式中可以看出，当 $G(z)$ 中有一个以上 $z = 1$ 的极点时，$K_p = \infty$，则稳态误差为零。也就是说，系统在阶跃输入信号作用下，稳态误差为零的条件是 $G(z)$ 中至少要有一个 $z = 1$ 的极点。

2. 单位斜坡输入信号作用下的稳态误差

由 $u(t) = t$，可得

$$U(z) = \frac{Tz}{(z - 1)^2}$$

将此式代入式(7-80)，得稳态误差为

$$e_{ss} = \lim_{z \to 1}(z - 1)\frac{1}{1 + G(z)} \cdot \frac{Tz}{(z - 1)^2} = \lim_{z \to 1}\frac{Tz}{(z - 1)[1 + G(z)]} = \lim_{z \to 1}\frac{T}{(z - 1)G(z)}$$

$$\tag{7-84}$$

定义

$$K_v = \lim_{z \to 1}(z - 1)G(z) \tag{7-85}$$

为静态速度误差系数，则稳态误差为

$$e_{ss} = \frac{T}{K_v} \tag{7-86}$$

从 K_v 定义式中可以看出，当 $G(z)$ 中有两个以上 $z = 1$ 的极点时，$K_v = \infty$，则稳态误差为零。也就是说，系统在斜坡输入信号作用下，稳态误差为零的条件是 $G(z)$ 中至少要有两

个 $z=1$ 的极点。

3. 单位抛物线输入信号作用下的稳态误差

由 $u(t)=\dfrac{1}{2}t^2$，可得

$$U(z) = \frac{T^2 z(z+1)}{2(z-1)^3}$$

将此式代入式(7-80)，得稳态误差为

$$e_{ss} = \lim_{z \to 1}(z-1)\frac{1}{1+G(z)}\frac{T^2 z(z+1)}{2(z-1)^3} = \lim_{z \to 1}\frac{T^2}{(z-1)^2 G(z)} \tag{7-87}$$

定义

$$K_a = \lim_{z \to 1}(z-1)^2 G(z) \tag{7-88}$$

为静态加速度误差系数，则稳态误差为

$$e_{ss} = \frac{T^2}{K_a} \tag{7-89}$$

从 K_a 定义式中可以看出，当 $G(z)$ 中有三个以上 $z=1$ 的极点时，$K_a=\infty$，则稳态误差为零。也就是说，系统在抛物线函数输入信号作用下，稳态误差为零的条件是 $G(z)$ 中至少要有三个 $z=1$ 的极点。

从上面的分析中可以看出，采样系统采样时刻处的稳态误差与输入信号的形式及开环脉冲传递函数 $G(z)$ 中 $z=1$ 的极点数目有关。在连续系统的误差分析中，曾以开环传递函数 $G(s)$ 中 $s=0$ 的极点数目(即积分环节数目)v 来命名系统的型别。由于在 z 平面上 $G(z)$ 中 $z=1$ 的极点数与 s 平面上 $G(s)$ 中 $s=0$ 的极点数是相等的，因此，$G(z)$ 中 $z=1$ 的极点数就是系统的型别号 v，对于 $G(z)$ 中 $z=1$ 的极点数为 $0,1,2,\cdots,v$ 的采样系统，分别称为 $0,1,2,\cdots,v$ 型系统。

总结上面的讨论结果，列成表 7-4。从表中可以看出，除了采样时刻处的稳态误差与采样周期 T 有关外，其它规律与连续系统相同。

表 7-4　采样时刻处的稳态误差

系统型别	$u(t)=1(t)$ 时	$u(t)=t$ 时	$u(t)=\frac{1}{2}t^2$ 时
0	$\dfrac{1}{1+K_p}$	∞	∞
1	0	$\dfrac{T}{K_v}$	∞
2	0	0	$\dfrac{T^2}{K_a}$

【例题 7-28】　采样系统的方框图如图 7-35 所示。设采样周期 $T=0.1$ s，试确定系统分别在单位阶跃、单位斜坡和单位抛物线函数输入信号作用下的稳态误差。

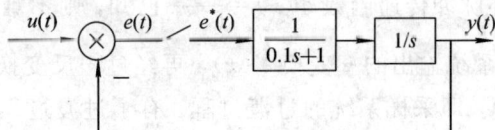

图 7-35　采样系统结构图

解　系统的开环传递函数为

$$G(s) = \frac{1}{s(0.1s+1)}$$

系统的开环脉冲传递函数为

$$G(z) = z[G(s)] = \frac{z(1-\mathrm{e}^{-1})}{(z-1)(z-\mathrm{e}^{-1})} = \frac{0.632z}{(z-1)(z-0.368)}$$

为应用终值定理，必须判别系统是否稳定，否则求稳态误差没有意义。系统闭环特征方程为

$$D(z) = 1 + G(z) = 0$$

即

$$(z-1)(z-0.368)+0.632z=0$$
$$z^2 - 0.736z + 0.368 = 0$$

令 $z=\dfrac{w+1}{w-1}$ 代入上式，求得

$$D(w) = 0.632w^2 + 1.264w + 2.104 = 0$$

由于系数均大于零，因此系统是稳定的。先求出静态误差系数：

静态位置误差系数为

$$K_p = \lim_{z\to1}G(z) = \lim_{z\to1}\frac{0.632z}{(z-1)(z-0.368)} = \infty$$

静态速度误差系数为

$$K_v = \lim_{z\to1}(z-1)G(z) = \lim_{z\to1}\frac{0.632z}{z-0.368} = 1$$

静态加速度误差系数为

$$K_a = \lim_{z\to1}(z-1)^2G(z) = \lim_{z\to1}(z-1)\frac{0.632z}{z-0.368} = 0$$

所以，不同输入信号作用下的稳态误差为

单位阶跃输入信号作用下　　　$e_{ss} = \dfrac{1}{1+K_p} = 0$

单位斜坡输入信号作用下　　　$e_{ss} = \dfrac{T}{K_v} = \dfrac{0.1}{1} = 0.1$

单位抛物线输入信号作用下　　$e_{ss} = \dfrac{T^2}{K_a} = \infty$

实际上，若从结构图判别出系统属 1 型系统，则可根据表 7-5 的结论，直接得出上述结果，而不必逐步计算。

7.6.3　动态性能的定量计算与定性分析

如果采样系统的闭环脉冲传递函数 $\Phi(z) = \dfrac{Y(z)}{U(z)}$ 已知，则不难求出在一定的输入信号 $u(t)$（或 $u^*(t)$）作用下，系统输出的 z 变换 $Y(z)$，再经过 z 反变换，可求得系统输出的时间序列 $y(kT)$（或 $y^*(t)$），即采样系统的过渡过程。有了过渡过程 $y(kT)$，便可确定系统的稳态和动态性能指标，例如超调量、衰减比、稳定时间以及稳态误差等。

下面分析采样系统在单位阶跃输入信号作用下的过渡过程。

　　设采样系统的结构图如图 7 - 36 所示。图中 $G_p(s)$ 和 $G_h(s)$ 分别为被控对象与零阶保持器的传递函数。假定控制器的传递函数 $G_c(s) = K_p = 1$，采样周期 $T = 1$ s。

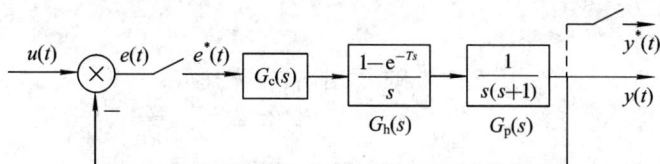

图 7 - 36　采样系统结构图

　　因为保持器与被控对象之间没有采样器，所以系统的闭环脉冲传递函数为

$$\Phi(z) = \frac{Y(z)}{U(z)} = \frac{G_h G_p(z)}{1 + G_h G_p(z)}$$

因为

$$G_h(s) G_p(s) = (1 - e^{-Ts}) \frac{1}{s^2(s+1)}$$

进行 z 变换，并将 $T = 1$ 代入，得

$$G_h G_p(z) = z\left[(1 - e^{-Ts}) \frac{1}{s^2(s+1)}\right] = \frac{e^{-1} z + 1 - 2e^{-1}}{z^2 - (1 + e^{-1}) z + e^{-1}} = \frac{0.368z + 0.264}{z^2 - 1.368z + 0.368}$$

因此求得

$$\Phi(z) = \frac{G_h G_p(z)}{1 + G_h G_p(z)} = \frac{0.368z + 0.264}{z^2 - z + 0.632}$$

系统输出的 z 变换为

$$Y(z) = \Phi(z) U(z) = \frac{0.368z + 0.264}{z^2 - z + 0.632} U(z)$$

因为 $u(t) = 1(t)$，所以 $U(z) = z/(z-1)$，代入上式，求得系统输出的 z 变换为

$$Y(z) = \frac{0.368z + 0.264}{z^2 - z + 0.632} \cdot \frac{z}{z-1} = \frac{0.368z^2 + 0.264z}{z^3 - 2z^2 + 1.632z - 0.632}$$

用综合除法进行幂级数展开，得

$$Y(z) = 0.368z^{-1} + z^{-2} + 1.4z^{-3} + 1.4z^{-4} + 1.147z^{-5} + 0.895z^{-6} + 0.803z^{-7}$$
$$+ 0.871z^{-8} + 0.998z^{-9} + 1.082z^{-10} + 1.085z^{-11} + 1.035z^{-12} + \cdots$$

取 $Y(z)$ 的 z 反变换，求得系统的单位阶跃响应序列值为

$$c(0) = 0 \qquad c(1) = 0.368 \qquad c(2) = 1$$
$$c(3) = 1.4 \qquad c(4) = 1.4 \qquad c(5) = 1.147$$
$$c(6) = 0.895 \qquad c(7) = 0.863 \qquad c(8) = 0.871$$
$$c(9) = 0.998 \qquad c(10) = 1.082 \qquad c(11) = 1.085$$
$$c(12) = 1.035 \qquad \cdots$$

　　根据这些系统输出在采样时刻的值，可以大致描绘出系统单位响应的近似曲线（因为不能确定采样时刻之间的输出值），如图 7 - 37 所示。从图中可以看出，系统的过渡过程具有衰减振荡的形式。输出的峰值发生在阶跃输入后的第 3、4 拍之间，最大值 $C_{\max} \approx c(3) = c(4) = 1.4$，第二个峰值发生在第 11、12 拍之间，其值为 $C_{\max2} \approx c(11) = 1.085$。由此可得出响应的最大超调量为

$$\sigma\% = \frac{C_{max} - c(\infty)}{c(\infty)} \times 100\% = \frac{1.4 - 1.0}{1.0} \times 100\% = 40\%$$

递减比为

$$n = \frac{\sigma\%}{\sigma_2\%} = \frac{0.4}{0.085} = 4.7$$

稳定时间为

$$t_s(5\%) \approx 12T$$

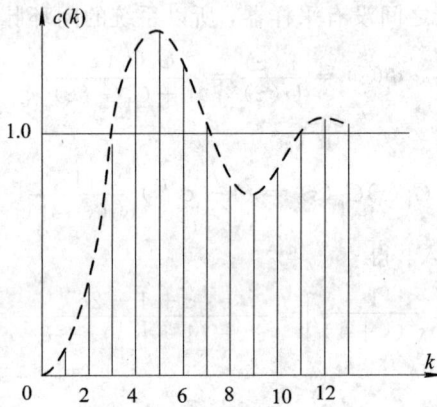

图 7-37　图 7-36 系统的单位阶跃响应近似曲线

系统在阶跃输入下的稳态误差可按下面的方法求出：

因为此系统为单位反馈系统，所以有

$$\Phi_{cr}(z) = \frac{E(z)}{U(z)} = \frac{U(z) - Y(z)}{U(z)} = 1 - \Phi(z) = 1 - \frac{0.368z + 0.264}{z^2 - z + 0.632}$$

$$= \frac{z^2 - 1.368z + 0.368}{z^2 - z + 0.632}$$

由此求得误差信号的 z 变换为

$$E(z) = \Phi_{cr}(z)U(z) = \frac{z^2 - 1.368z + 0.368}{z^2 - z + 0.632} \cdot \frac{z}{z - 1}$$

应用 z 变换的终值定理，可以求得系统在阶跃输入信号作用下的稳态误差为

$$e_{ss} = \lim_{z \to 1}[(z-1)U(z)] = \lim_{z \to 1}\left[(z-1)\frac{z^2 - 1.368z + 0.368}{z^2 - z + 0.632} \cdot \frac{z}{z-1}\right] = 0$$

由此可见，用 z 变换法分析采样系统的过渡过程，求取一些性能指标是很方便的。但是，如果所得性能指标不满足要求，欲寻求改进措施，或者要探讨系统参数对性能的影响，则从响应曲线就难以获得应有的信息。

正如同连续系统分析类似，要准确地分析和计算出系统的性能指标，在多数情况下是非常困难的。如果能了解闭环极点位置与系统过渡过程之间的关系，则对于分析和设计系统是十分重要的。根轨迹法是利用当系统中某参数变化时系统闭环特征根的变化轨迹，研究该参数对系统性能的影响的方法。而当该参数为确定值时，就可知道闭环特征根的分布情况，据此评价系统的动态性能。无论对于连续系统还是采样系统，都是如此。

设采样系统的典型方框图如图 7 - 38 所示，则其闭环特征方程为

$$1 + GH(z) = 0 \qquad (7-90)$$

系统的开环脉冲传递函数 $GH(z)$ 一般是 z 的有理分式，即

图 7 - 38　典型采样系统

$$GH(z) = K_{\mathrm{L}} \frac{(z-z_1)(z-z_2)\cdots(z-z_m)}{(z-p_1)(z-p_2)\cdots(z-p_n)}$$

式中：p_1，p_2，$\cdots$，p_n——采样系统的开环极点；

　　　z_1，z_2，$\cdots$，z_m——采样系统的开环零点；

　　　K_{L}——根轨迹增益，是和开环放大系数成比例的一个数。

根据开环零、极点确定系统的闭环极点，应求解系统的特征方程式(7 - 90)，从该式可得出在 z 平面上绘制采样系统根轨迹的条件为

幅值条件　　　　　$|GH(z)| = 1$

相角条件　　　　　$\angle GH(z) = (2k+1)\pi \qquad k = 0, 1, 2, \cdots$ 　　　(7 - 91)

从式(7 - 90)可以看出，采样系统中闭环特征方程与开环脉冲传递函数之间的联系，与连续系统中完全相同，所以，采样系统 z 平面根轨迹的绘制，完全可以套用连续系统的 s 平面根轨迹的绘制规则与步骤，这里不再重复。但有一点需要注意，采样系统的稳定边界是单位圆。在求根轨迹与单位圆的交点时，不能直接利用劳斯判据。

在具体讨论根轨迹分析法以前，需要了解以下两个问题。

1. 闭环极点位置与系统过渡过程的关系

研究系统闭环极点(特征根)在 z 平面上的位置与系统阶跃响应过渡过程之间的关系，可以定性地了解系统参数对动态性能的影响，这对系统分析和校正均具有指导意义。

设系统的方框图如图 7 - 38 所示，则系统的闭环脉冲传递函数为

$$\Phi(z) = \frac{Y(z)}{U(z)} = \frac{G(z)}{1 + GH(z)}$$

一般情况下，闭环脉冲传递函数 $\Phi(z)$ 可以表示为两个多项式之比的形式，即

$$
\begin{aligned}
\Phi(z) = \frac{Y(z)}{U(z)} &= \frac{b_m z^m + b_{m-1} z^{m-1} + \cdots + b_1 z + b_0}{a_n z^n + a_{n-1} z^{n-1} + \cdots + a_1 z + a_0} \\
&= K \frac{(z-z_1)(z-z_2)\cdots(z-z_m)}{(z-p_1)(z-p_2)(z-p_n)} \\
&= K \frac{\displaystyle\prod_{i=1}^{m}(z-z_i)}{\displaystyle\prod_{j=1}^{n}(z-p_j)} = K \frac{P(z)}{D(z)} \qquad (7-92)
\end{aligned}
$$

式中：$z_i(i = 1, 2, \cdots, m)$——系统的闭环零点；

　　　$p_j(j = 1, 2, \cdots, n)$——系统的闭环极点；

　　　K——常系数，即系统稳态放大系数。

对于实际系统来说，有 $n \geqslant m$。式中，z_i 和 p_j 可以是实数或复数。为了简化讨论，假定 $\Phi(z)$ 无相重极点，则系统在单位阶跃输入信号作用下，输出的 z 变换为

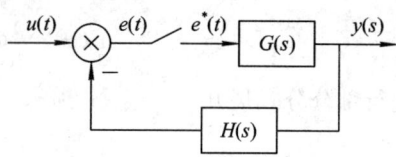

$$Y(z) = \Phi(z)U(z) = K\frac{P(z)}{D(z)} \cdot \frac{z}{z-1}$$

进行部分分式展开

$$Y(z) = K\frac{P(z)}{D(z)} \cdot \frac{z}{z-1} + \sum_{j=1}^{n}\frac{C_j z}{z-p_j}$$

取 $Y(z)$ 的 z 反变换，即可求得系统输出在采样时刻的离散值为

$$c(kT) = K\frac{P(1)}{D(1)} + \sum_{j=1}^{n}C_j p_j^k \qquad (k = 0, 1, 2, \cdots)$$

式中第一项为 $c(kT)$ 的稳态分量；第二项为 $c(kT)$ 的暂态分量，其中各子分量的形式决定于闭环极点的性质及其在 z 平面上的位置。闭环极点位置与系统过渡过程之间的关系表示在图 7 - 39 及图 7 - 40 中。

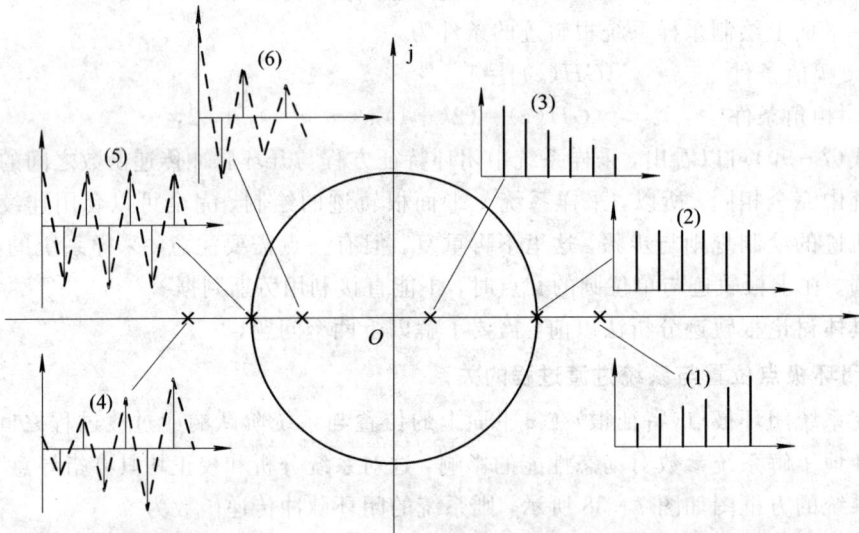

图 7 - 39　实数极点对应的暂态分量

现分别讨论如下：

（1）设 p_j 为正实数，则对应的暂态分量按指数规律变化。又当：

① $p_j > 1$ 时，系统将是不稳定的。

② $p_j = 1$ 时，极点在单位圆与正实轴的交点上，对应的响应分量为等幅序列，系统处于稳定边界。

③ $p_j < 1$ 时，极点在单位圆内的正实轴上，对应的响应分量按指数规律衰减，且极点越靠近原点，其值越小且衰减越快。

（2）设 p_j 为负实数，则对应的暂态分量按正负交替方式振荡。因为当 k 为偶数时，$c_j p_j^k$ 为正值，而当 k 为奇数时，$c_j p_j^k$ 为负值。振荡角频率为采样频率的一半，即 $\omega = \frac{1}{2}\omega_s = \frac{\pi}{T}$。这种情况下，过渡过程特性最坏。又当：

① $p_j < -1$ 时，极点在单位圆外的负实轴上，对应的响应分量为正负交替发散振荡形式。

② $p_j = -1$ 时，极点在单位圆与负实轴的交点上，对应的响应分量为正负交替等幅振

荡形式。

③ $-1 < p_j < 0$ 时，极点在单位圆内的负实轴上，对应的响应分量为正负交替收敛振荡形式。

实数极点对应的暂态分量如图 7-39 所示。

（3）当 p_j 为复数时，必为共轭复数，p_j 和 p_{j+1} 成对出现，p_j、$p_{j+1} = |p_j| e^{\pm j\theta_j}$，对应的暂态响应分量为余弦振荡形式，振荡角频率与共轭复数极点的幅角 θ_j 有关（$\omega = \theta_j / T$），θ_j 越大，振荡角频率越高。又当：

① $|p_j| > 1$ 时，极点在单位圆外的 z 平面上，对应的响应分量为增幅振荡形式，系统将是不稳定的。

② $|p_j| = 1$ 时，极点在单位圆上，对应的响应分量为等幅振荡形式，系统处于稳定边界。

③ $|p_j| < 1$ 时，极点在单位圆内，对应的响应分量为衰减振荡形式。

复数极点及其对应的暂态分量如图 7-40 所示。

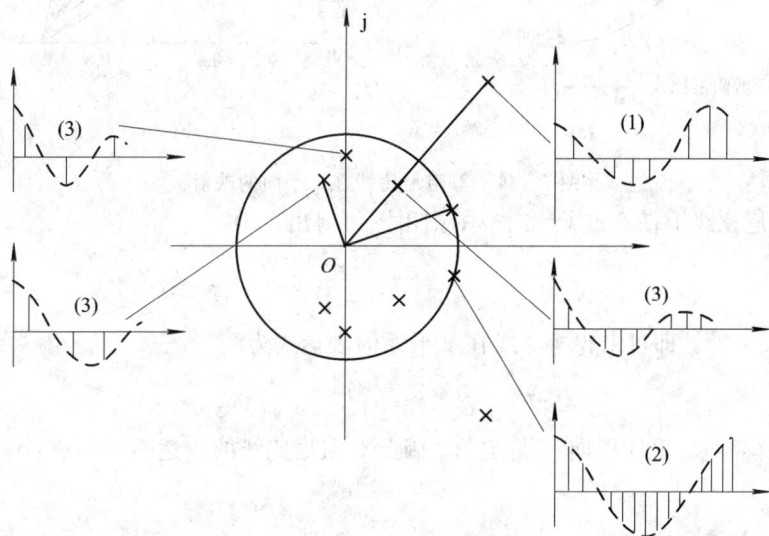

图 7-40　复数极点对应的暂态分量

通过以上分析可知，为了使采样系统具有良好的过渡过程，其闭环极点应尽量避免配置在单位圆的左半部，尤其不要靠近负实轴。闭环极点最好配置在单位圆的右半部，而且是靠近原点的地方，这样，系统的过渡过程进行的较快，因而系统的快速性较好。

2. s 平面等阻尼比线在 z 平面上的映射

阻尼比 ξ 是二阶系统最重要的特征参数，它对系统的动态性能有决定性的影响。对于高阶系统，由于其主导极点一般是共轭复数极点，因而与其相应的阻尼比对高阶系统的动态性能起着主要作用。对于采样系统闭环极点在 z 平面的分布，若仅从系统的绝对稳定性方面考虑，则只要位于单位圆内就可以了。但是，一般对控制系统都要求有一定的稳定裕量，因而要求闭环极点左离 s 平面虚轴有一定的距离，与之相对应，在 z 平面上的闭环极点则应限制在以原点为圆心，半径小于 1 的圆内。不仅如此，一般还要求控制系统的过渡过程具有一定的衰减程度，即要求系统的阻尼比 ξ 不小于某值，于是又把系统在 s 平面的极点限制在两条等阻尼比线所形成的夹角之间。那么，与此相应，在 z 平面上，系统极点应处于什么位置才能满足对于阻尼比 ξ 的要求呢？为此必须弄清楚 s 平面的 ξ 线在 z 平面上的映射。

在 s 平面上，等阻尼比线是通过原点与实轴负方向夹角为 $\theta = \arccos\xi$ 的直线，如图 7-41(a) 所示。显然，等阻尼比 ξ 越大，θ 角越小。

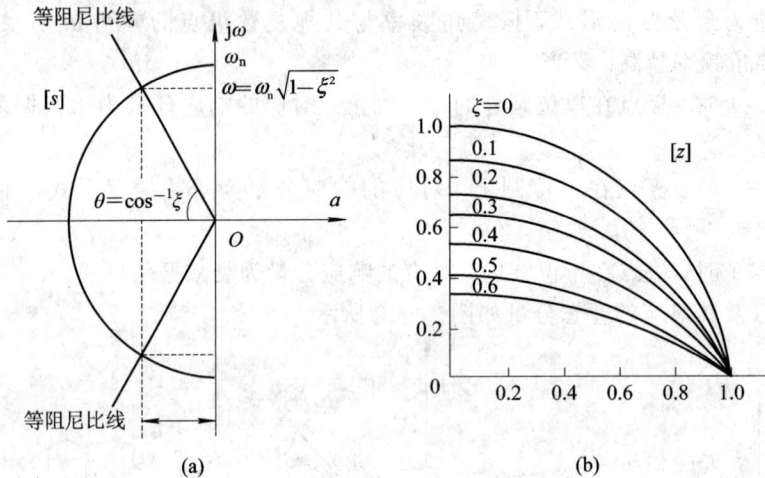

图 7-41　等阻尼比线在 z 平面的映射

设等阻尼比线上任意点 $s = a + j\omega$，则由图可得出

$$a = \frac{-\omega\xi}{\sqrt{1 - \xi^2}} \tag{7-93}$$

将此式代入 $z = e^{Ts}$，即可求得等 ξ 线在 z 平面的表达式为

$$z = e^{Ts} = e^{T\left(\frac{-\omega\xi}{\sqrt{1-\xi^2}} + j\omega\right)} = e^{\frac{-T\omega\xi}{\sqrt{1-\xi^2}}} \cdot e^{j\omega T} \tag{7-94}$$

对于同一采样系统，采样周期 T 是定值，因此等阻尼比线的表达式可写成：

$$z = e^{-a\omega} e^{jb\omega} \tag{7-95}$$

式中：$a = \dfrac{\xi T}{\sqrt{1 - \xi^2}} = $ 常数；

$b = T = $ 常数；

$e^{-a\omega}$——复变数 z 的模，当 ω 增加时，其值随之按指数规律衰减；

$b\omega$——复变数 z 的幅角，随 ω 线性变化。

式 (7-95) 表示的是 z 平面上的一条对数螺旋线。不同阻尼比的等阻尼比线如图 7-41(b) 所示，图中只绘出了等阻尼比线的第一象限部分。

3. 根轨迹法分析采样系统示例

设采样系统方框图如图 7-42 所示。图中保持器与被控对象的传递函数分别为

$$G_h(s) = \frac{1 - e^{-Ts}}{s}, \quad G_p(s) = \frac{K}{s(0.05s + 1)(0.1s + 1)}$$

试用根轨迹法确定系统稳定的临界 K 值，并确定使系统具有 $\xi = 0.7$ 阻尼比的 K 值。采样周期 $T = 0.1$ s。

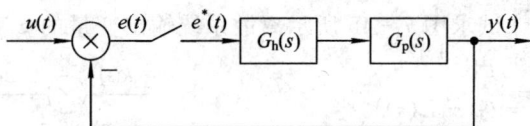

图 7 - 42　采样系统方框图

由图可知，系统连续部分的传递函数为

$$G(s) = G_\text{h}(s)G_\text{p}(s) = \frac{K(1 - \mathrm{e}^{-0.1s})}{s^2(0.05s + 1)(0.1s + 1)}$$

取 $G(s)$ 的 z 变换，求得采样系统的开环脉冲传递函数为

$$G(z) = \frac{0.0146K(z + 0.12)(z + 1.93)}{(z - 1)(z - 0.368)(z - 0.135)}$$

$$= \frac{K_\text{L}(z + 0.12)(z + 1.93)}{(z - 1)(z - 0.368)(z - 0.135)}$$

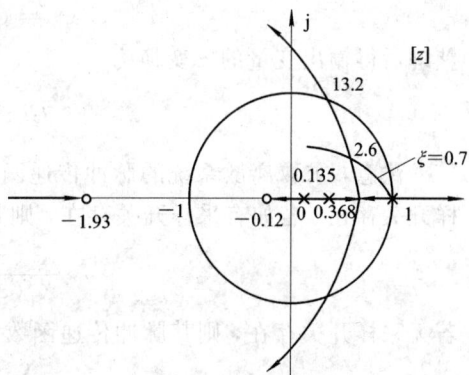

图 7 - 43　采样系统根轨迹图

式中 $K_\text{L} = 0.0146K$，为根轨迹增益。根据 $G(z)$ 的两个零点和三个极点，按根轨迹规则可画出采样系统的根轨迹如图 7 - 43 所示。由根轨迹与单位圆的交点及根轨迹的幅值条件，可求得系统稳定的临界放大系数 $K_\text{max} = 13.2$。在图 7 - 43 的 z 平面上，画出 $\xi = 0.70$ 的等阻尼比线，求得根轨迹与等阻尼比线交点处的 K 值为 2.6。

7.7　解题示范

【例题 7 - 29】　试求图 7 - 44 所示离散系统的脉冲传递函数 $C(z)/R(z)$。

解　由图 7 - 44 得

$$C(s) = E^*(s)G(s)$$

对上式求取 z 变换得

$$C(z) = E(z)G(z)$$

又因为

$$E(s) = R(s) - B^*(s) = R(s) - C^*(s)H(s)$$

所以

$$E(z) = R(z) - C(z)H(z)$$

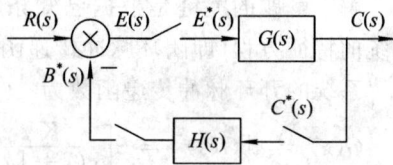

图 7 - 44　离散系统结构图

整理后求得输出变量的 z 变换为

$$C(z) = \frac{G(z)R(z)}{1 + G(z)H(z)}$$

最后，给定离散系统的脉冲传递函数 $C(z)/R(z)$，可求得

$$\frac{C(z)}{R(z)} = \frac{G(z)}{1 + G(z)H(z)}$$

【例题 7-30】 试求图 7-45 所示离散系统输出变量的 z 变换。

解　从图 7-45 可写出：

$$C(s) = G(s)E(s)$$

$$E(s) = R(s) - B(s)$$

$$B(s) = H(s)C^*(s)$$

由上列三式得

$$C(s) = G(s)R(s) - G(s)H(s)C^*(s)$$

求 z 变换，得

图 7-45　离散系统结构图

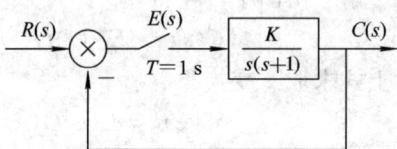

$$C(z) = GR(z) - GH(z)C(z)$$

整理后得输出变量的 z 变换为

$$C(z) = \frac{GR(z)}{1 + GH(z)}$$

注意，求取离散系统的脉冲传递函数时，一定要明确在相邻两个串联环节间是否有采样开关存在。若如有采样开关存在，则其脉冲传递函数为

$$\frac{X_2(z)}{X_1(z)} = G_1(z)G_2(z)$$

若无采样开关存在，则其脉冲传递函数为

$$\frac{X_2(z)}{X_1(z)} = G_1G_2(z)$$

注：脉冲传递函数 $G_1(z)G_2(z)$ 为分别对 $G_1(s)$、$G_2(s)$ 求取 z 变换后的乘积。而脉冲传递函数 $G_1G_2(z)$ 则是先对 $G_1(s)$、$G_2(s)$ 求乘积 $G_1(s)G_2(s)$，然后再对乘积求取 z 变换。

另外，还需特别注意，在系统输出变量的 z 变换 $G(z)$ 中，若系统输入变量的 z 变换单独存在，则可由 $C(z)$ 求取脉冲传递函数 $C(z)/R(z)$。若系统输入变量的 z 变换在 $C(z)$ 表达式中不单独存在，则该系统在输出变量 $c(t)$ 与输入变量 $r(t)$ 间不存在脉冲传递函数。

【例题 7-31】 已知系统如图 7-46 所示，试分析系统的稳定性。

解　解题的关键是根据已知条件求出离散控制系统的特征方程（即闭环脉冲传递函数的分母）。

系统的开环脉冲传递函数为

$$G(z) = z[G(s)] = z\left[\frac{K}{s(s+1)}\right]$$

图 7-46　离散控制系统

$$= z\left[\frac{K}{s} - \frac{K}{s+1}\right] = \frac{Kz(1 - e^{-T})}{(z-1)(z-e^{-T})}$$

其闭环脉冲传递函数为

$$\frac{C(z)}{R(z)} = \frac{G(z)}{1 + G(z)}$$

则其特征方程为

$$1 + G(z) = 0, \quad (z-1)(z-e^{-T}) + Kz(1 - e^{-T}) = 0$$

因为 $T=1$ s，所以 $e^{-1} = 0.368$。

（1）当 $K=1$ 时，代入上式并整理得

$$z^2 - 0.736z + 0.368 = 0$$

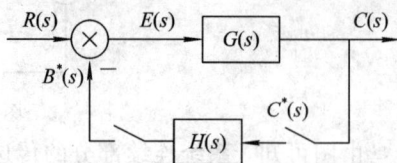

$$z_{1,2} = -0.368 \pm j0.482$$

由于 $|z_{1,2}| = \sqrt{0.368^2 + 0.482^2} = 0.607 < 1$，所以系统是稳定的。

（2）当 $K=5$ 时，特征方程为 $z^2 + 1.792z + 0.368 = 0$，$z_1 = -0.237$，$z_2 = -1.555$。由于 $|z_2| = 1.555 > 1$，因此系统是不稳定的。

（3）下面分析稳定时 K 的取值范围。

将 $z = \dfrac{w+1}{w-1}$ 代入特征方程为

$$(z-1)(z-e^{-T}) + Kz(1-e^{-T}) = 0$$

整理得

$$0.632Kw^2 + 1.264w + (2.736 - 0.632K) = 0$$

列劳斯表：

w^2	$0.632K$	$2.736-0.632K$
w^1	1.264	
w^0	$2.736-0.632K$	

为使系统稳定，要求劳斯表中第一列的系数均大于零，于是有

$$0 < K < 4.32$$

【例题 7-32】　某二阶系统 $G(z) = \dfrac{2z^2 - 3.4z + 1.5}{z^2 - 1.6z + 0.8}$，利用 MATLAB 软件求其阶跃响应。

解　输入：

```
num=[2  -3.4  1.5];
den=[1  -1.6  0.8];
dstep(num,den)              //功能：求离散系统的单位阶跃响应
title('Discrete Step Response')
```

执行后得到如图 7-47 所示的阶跃响应曲线。

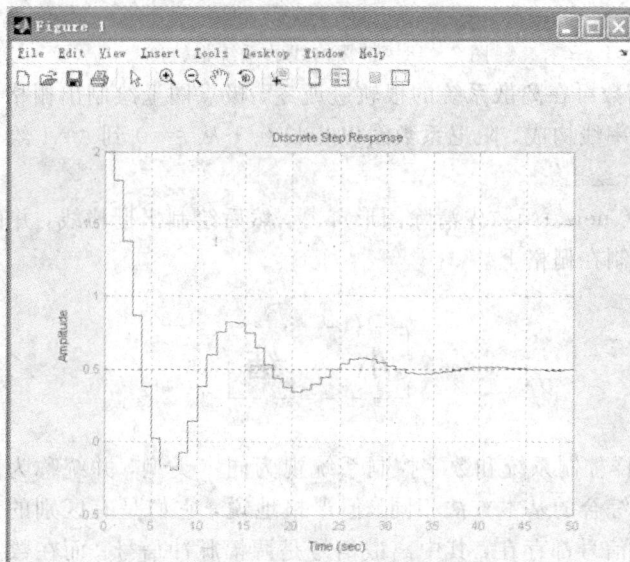

图 7-47　离散系统的阶跃响应曲线

【例题 7 - 33】 有系统 $G(z) = \dfrac{2z^2 - 3.4z + 1.5}{z^2 - 1.6z + 0.8}$，绘制根轨迹。

解　输入：

```
num=[2  -3.4  1.5];
den=[1  -1.6  0.8];
axis('square')
zgrid('new')
rlocus(num, den);
title('Root Locus')
```

执行后得到如图 7 - 48 所示的根轨迹。

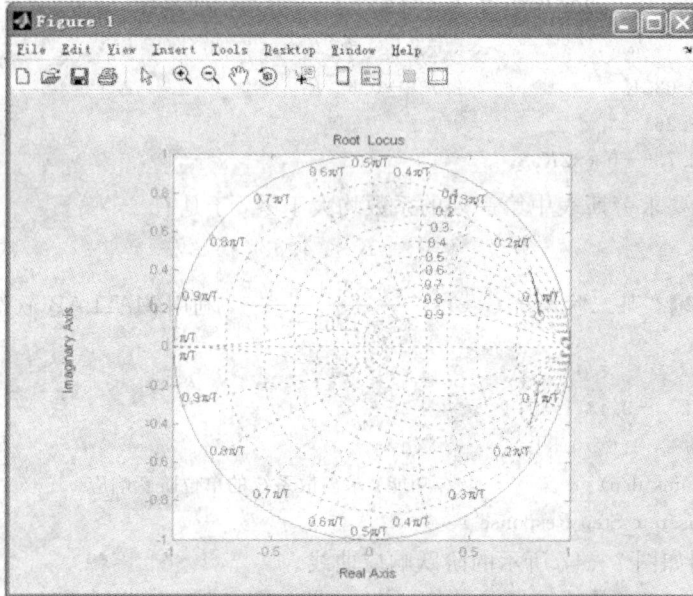

图 7 - 48　带栅格线的系统根轨迹

说明：zgrid 函数可在离散系统的根轨迹或零、极点图上绘制出栅格线，栅格线由等阻尼系数线和自然频率线构成，阻尼系数线以步长 0.1 从 $\xi=0$ 到 $\xi=1$ 绘出，自然频率线以步长 $\pi/10$ 从 0 到 π 绘出。

上例中，zgrid('new')函数先清除图形屏幕，然后绘制出栅格线，并设置成 hold on，使后续绘图命令能绘制在栅格上。

小　　结

(1) 一般将采样控制系统和数字控制系统视为同一类型，并统称为离散控制系统。这主要是指其分析与综合的基本方法相同。但严格地说，它们是有区别的。因为在采样控制系统中连续与离散信号都存在，其中离散信号是调幅脉冲信号；而在数字控制系统中可能全是离散信号，也可能存在离散与连续两种信号，但其中离散信号是以数码形式出现的。

（2）和连续系统一样，离散系统所要研究的问题也是系统的控制性能，只是由于离散系统含有离散信号，因此采用的数学工具和研究方法跟连续系统有所不同。离散系统的数学模型是差分方程和脉冲传递函数。而在系统分析中，广泛应用基于 z 变换原理的脉冲传递函数。本章详细阐述了系统数学模型的建立以及脉冲传递函数的计算问题，并提出了一种简单实用的求闭环系统脉冲传递函数的方法。

（3）由于 z 变换只能反映采样点上的信息，不能描述采样间隔中的状态，因此使用 z 变换法分析系统，当周期 T 很小时，才能使 $y(t)$ 与 $y^*(t)$ 基本接近，否则会带来较大的误差。所以香农采样定理只是一个低限，实际应用中，采样角频率 ω_s 比 ω_{max} 大得多。

（4）由 s 域到 z 域的映射，可得到 z 域中的稳定条件及朱利判据；而由 z 域到 w 域的映射，则可直接应用连续系统中所有的判别稳定性的方法。

习　题

7-1 试求下列函数的 z 变换：

(1) $f(t)=1-e^{-at}$ (2) $f(t)=\cos\omega t$ (3) $f(t)=a^{t/T}$

(4) $f(t)=te^{-at}$ (5) $f(t)=t^2$

7-2 求下列拉氏变换式的 z 变换（式中 T 为采样周期）：

(1) $F(s)=\dfrac{s+3}{(s+1)(s+2)}$ (2) $F(s)=\dfrac{1}{(s+2)^2}$ (3) $F(s)=\dfrac{1}{s^2}$

(4) $F(s)=\dfrac{K}{s(s+a)}$ (5) $F(s)=\dfrac{1}{s^2(s+a)}$ (6) $F(s)=\dfrac{\omega}{s^2-\omega^2}$

(7) $F(s)=\dfrac{e^{-nTs}}{s+a}$

7-3 求下列函数的 z 反变换（式中 T 为采样周期）：

(1) $F(z)=\dfrac{z(1-e^{-T})}{(z-1)(z-e^{-T})}$ (2) $F(z)=\dfrac{z}{(z-1)^2(z-2)}$

(3) $F(z)=\dfrac{z}{(z+1)^2(z-1)^2}$ (4) $F(z)=\dfrac{2z(z^2-1)}{(z^2+1)^2}$

(5) $F(z)=\dfrac{0.5+3z+0.6z^2+z^3+4z^4+5z^5}{z^5}$

7-4 求下列函数的初值与终值：

(1) $F(z)=\dfrac{z^2}{(z-0.8)(z-0.1)}$ (2) $F(z)=\dfrac{1+0.3z^{-1}+0.1z^{-2}}{1-4.2z^{-1}+5.6z^{-2}-2.4z^{-3}}$

(3) $F(z)=\dfrac{z^2}{(z-0.5)(z-1)}$

7-5 用 z 变换法求解下列差分方程，结果以 $f(k)$ 表示：

(1) $f(k+2)+2f(k+1)+f(k)=u(k)$, $f(0)=0$, $f(1)=0$, $u(k)=k(k=0,1,2,\cdots)$

(2) $f(k+2)-4f(k)=\cos k\pi$ $(k=0,1,2,\cdots)$, $f(0)=1$, $f(1)=0$

(3) $f(k+2)+5f(k+1)+6f(k)=\cos\dfrac{k}{2}\pi$ $(k=0,1,2,\cdots)$, $f(0)=0$, $f(1)=1$

7－6　求下列函数的脉冲传递函数：

(1) $G(s)=\dfrac{K}{s+a}$　　　　　　　　　(2) $G(s)=\dfrac{K}{s(s+a)}$

(3) $G(s)=\dfrac{K}{(s+a)(s+b)}$　　　　(4) $G(s)=\dfrac{\omega_0^2}{s^2+2\xi\omega_0 s+\omega_0^2}$

7－7　求题图 7－1 所示系统的脉冲传递函数 $\varPhi(z)=\dfrac{Y(z)}{U(z)}$，假定图中采样开关是同步的。

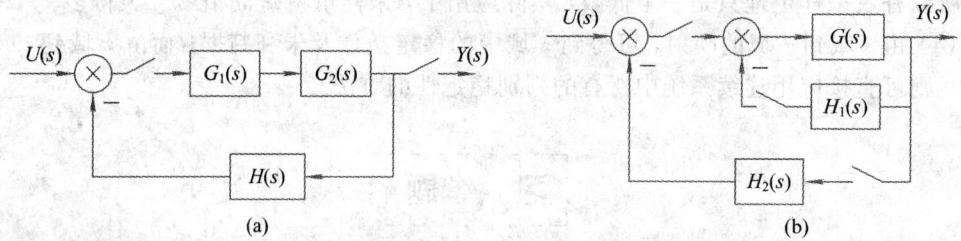

题图 7－1　系统结构图

7－8　求题图 7－2 所示系统的开环脉冲传递函数 $G(z)$ 与传递函数 $\varPhi(z)$，其中 $T=1$ s。

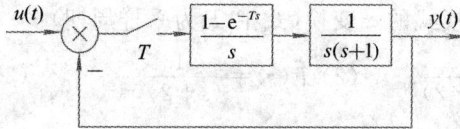

题图 7－2　离散系统结构图

7－9　求题图 7－3 所示系统的闭环脉冲传递函数以及 $X(z)$ 与 $U(z)$ 之间的脉冲传递函数。

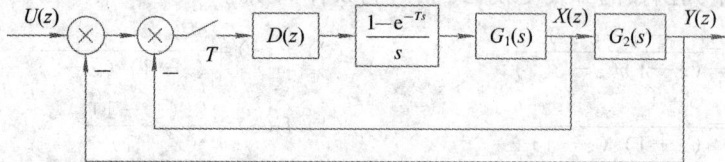

题图 7－3　离散系统结构图

7－10　求控制器传递函数的 w 变换表达式：$G_c(s)=\dfrac{10}{s+10}$。

7－11　已知系统结构如题图 7－4 所示，$T=1$ s。

(1) 当 $K=8$ 时，分析系统的稳定性；

(2) 求 K 的临界稳定值。

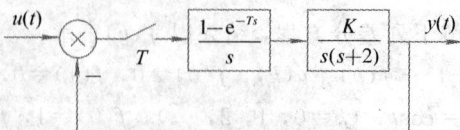

题图 7－4　离散系统结构图

7-12 已知系统结构如题图 7-5 所示，试求 $T=1$ s 及 $T=0.5$ s 时，系统临界稳定时的 K 值，并讨论采样周期 T 对稳定性的影响。

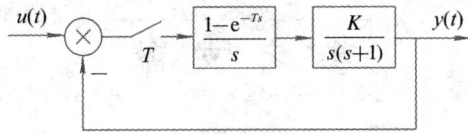

题图 7-5 离散系统结构图

参 考 文 献

［1］ 张晋格. 自动控制原理. 哈尔滨：哈尔滨工业大学出版社，2003.
［2］ 李明富. 自动控制原理. 北京：人民邮电出版社，2008.
［3］ 王划一. 自动控制原理. 北京：国防工业出版社，2001.
［4］ 冯巧玲. 自动控制原理. 北京：北京航空航天大学出版社，2003.
［5］ 胡寿松. 自动控制原理. 北京：国防工业出版社，2000.
［6］ 卢京潮. 自动控制原理典型题解析及自测试题. 西安：西北工业大学出版社. 2003.
［7］ 胡寿松. 自动控制原理习题解析. 北京：科学出版社，2007.
［8］ 陈晓平. matlab 及其在电路与控制理论中的应用. 合肥：中国科学技术大学出版社，2004.
［9］ 刘玲腾. 自动控制系统及应用. 北京：清华大学出版社，2007.